新版改訂 溶接・接合技術入門

溶接学会・日本溶接協会編

産報出版

一般社団法人溶接学会および一般社団法人日本溶接協会
『新版 溶接・接合技術入門』改訂編集委員会

委員長		高橋邦夫
副委員長		小川和博
委　員		高橋雅士
委　員(執筆者)		
	第1章	田中　学
	第2章	才田一幸
	第3章	田川哲哉
	第4章	安西敏雄
委　員(査読者)		
	第1章	浅井　知
		三田常夫
	第2章	大北　茂
		小溝裕一
	第3章	大畑　充
		野原和宏
		南二三吉
	第4章	北側彰一
		高野元太

まえがき

　溶接・接合は，建築鉄骨，橋梁，造船・海洋構造物，自動車，車両，重機械，圧力容器，発電機器などのあらゆる工業分野にとって欠かすことのできない技術です。生産技術が高度化していく現在，溶接・接合技術には，十分な基礎知識に基づく設計と，施工および品質に対する信頼性の高い管理体制が求められています。

　ISO 9000 シリーズで求められるような溶接品質の確保には，溶接法，溶接機器，材料，力学や設計，品質管理・施工管理といった溶接技術の基礎知識はもちろんのこと，溶接ロボットに代表される完全自動化溶接技術などの最新の溶接技術の知識を有し，経験に裏打ちされた十分な職務能力を有する溶接技術者と優れた溶接技能者の従事が不可欠です。その一助として，一般社団法人日本溶接協会では，ISO14731/JIS Z 3410/WES 8103 に基づく溶接管理技術者の認証を行っています。

　この認証制度は，1972 年（昭和 47 年）に溶接施工技術者として発足し，1998 年（平成 10 年）に溶接管理技術者と改称され，現在に至っております。2019 年（平成 31 年）1 月現在で，約 1,300 名の特別級溶接管理技術者，約 8,200 名の 1 級溶接管理技術者，約 25,800 名の 2 級溶接管理技術者が国内外で活躍しています。また，40 年以上にわたる溶接管理技術者の認証実績は，国外，特に東南アジア地域においても高く評価され，2019 年 1 月現在，タイ，フィリピン，インドネシア，マレーシア，シンガポール，台湾，ミャンマーの 7 つの国・地域でも認証活動が行われています。

　日本溶接協会では，国内外で活躍できる溶接管理技術者の育成を目的として，溶接・接合技術の教育を行っており，1 級および特別級のテキストとして『溶接・接合技術総論』を，2 級のテキストとして『新版 溶接・接合技術入門』を採用しています。絶えず進歩する溶接技術や国内外規格の最新動向に対応するため，この度，『新版 溶接・接合技術入門』を見直し，本書を発刊することとなりました。

　上記認証制度における教育内容は日本溶接協会 溶接管理技術者教育委員会において絶えず検討されております。本書は，その知見を踏まえ，溶接技術の基礎知識を学ぶ技術者の教科書として，溶接学会 教育委員会と合同で編集委員会を

2   まえがき

設置し，編纂したものです。溶接・接合技術の基盤となる構成はそのままに，この10年間で進歩した溶接技術や改正された国内外の規格類への対応を盛り込みました。

　執筆ならびに査読は，溶接管理技術者認証制度に精通された方々にお願いし，著者ならびに査読者をメンバーとする編集委員会で討論を重ね，執筆から出版に至るまで，短期間で完成に至ることができました。ひとえに執筆者ならびに査読者諸氏のご熱意とご尽力よるものと感謝申し上げます。また，出版にあたり，本書の出版に快諾・ご尽力を頂いた，溶接学会関係各位，日本溶接協会関係各位，産報出版株式会社関係各位に厚く御礼申し上げます。

　昭和から平成，そして新しい時代が始まろうとする現在，産業はグローバル化し，技術は高度化・複雑化する一方，老朽化した溶接構造物の建て替えや補修のニーズも国内外で増えています。溶接・接合はそれらの信頼性を担保するためのコア技術としてますます重要になっています。本書がそれらに対応する溶接管理技術者に大いに役立つことを期待します。

　　　　　　　　　　　　　　　　　　2019年（平成31年）1月
　　　　　　　　　　　　　　　溶接学会・日本溶接協会合同編集委員会
　　　　　　　　　　　　　　　委員長　　高橋　邦夫

目　　次

第 1 章　溶接法および溶接機器 ………………………………… 9

1.1　溶接法とその分類 ……………………………………………… 9
1.2　アーク溶接の基礎 ……………………………………………… 10
　1.2.1　アーク溶接の分類と基本的事項 ………………………… 10
　1.2.2　アークの性質 ……………………………………………… 13
　1.2.3　溶接アーク現象 …………………………………………… 20
　1.2.4　溶滴移行の形態 …………………………………………… 24
　1.2.5　溶接ビードの形成 ………………………………………… 26
1.3　アーク溶接機器 ………………………………………………… 28
　1.3.1　アーク溶接電源の外部特性 ……………………………… 28
　1.3.2　溶接電源の種類 …………………………………………… 31
　1.3.3　ワイヤ送給方式 …………………………………………… 34
　1.3.4　溶接電源とワイヤ送給制御の組合せ …………………… 34
　1.3.5　溶接電源の取扱い ………………………………………… 36
1.4　アーク溶接法の原理と特徴 …………………………………… 37
　1.4.1　非溶極式ガスシールドアーク溶接 ……………………… 37
　1.4.2　溶極式ガスシールドアーク溶接 ………………………… 43
　1.4.3　被覆アーク溶接 …………………………………………… 49
　1.4.4　サブマージアーク溶接 …………………………………… 50
　1.4.5　その他のアーク溶接法 …………………………………… 52
1.5　その他の溶接法の原理と特徴 ………………………………… 54
　1.5.1　エレクトロスラグ溶接 …………………………………… 54
　1.5.2　抵抗溶接 …………………………………………………… 55
　1.5.3　電子ビーム溶接 …………………………………………… 59
　1.5.4　レーザ溶接 ………………………………………………… 60
　1.5.5　摩擦を利用した溶接 ……………………………………… 62
1.6　アーク溶接ロボットと溶接の自動化 ………………………… 64
　1.6.1　アーク溶接ロボット ……………………………………… 64
　1.6.2　アーク溶接用センサ ……………………………………… 66

4　目　次

1.7　切断法 ……………………………………………………………… 70
　1.7.1　切断法の分類……………………………………………… 70
　1.7.2　ガス切断……………………………………………………… 70
　1.7.3　プラズマ切断……………………………………………… 72
　1.7.4　レーザ切断………………………………………………… 73
　1.7.5　ウォータージェット切断………………………………… 74

第2章　金属材料の溶接性ならびに溶接部の特性……………77

2.1　溶接用鋼材の種類と性質 ……………………………………… 77
　2.1.1　炭素鋼の基礎………………………………………………… 77
　2.1.2　溶接構造用鋼………………………………………………… 82
　2.1.3　鋼のじん性…………………………………………………… 90
2.2　炭素鋼および低合金鋼溶接部の組織と特性 ……………… 92
　2.2.1　溶接入熱と冷却速度……………………………………… 92
　2.2.2　溶接金属の成分と凝固組織……………………………… 93
　2.2.3　溶接熱影響部の組織と性質……………………………… 94
2.3　溶接欠陥とその制御 …………………………………………… 100
　2.3.1　溶接欠陥の種類…………………………………………… 100
　2.3.2　低温割れ…………………………………………………… 102
　2.3.3　高温割れ…………………………………………………… 105
　2.3.4　再熱割れ…………………………………………………… 107
　2.3.5　その他の溶接割れ………………………………………… 108
　2.3.6　ポロシティ（気孔）とその対策………………………… 109
　2.3.7　溶接性と試験方法………………………………………… 109
2.4　溶接材料の種類と選定 ………………………………………… 111
　2.4.1　被覆アーク溶接材料……………………………………… 111
　2.4.2　ガスシールドアーク溶接材料…………………………… 117
　2.4.3　サブマージアーク溶接材料……………………………… 122
2.5　ステンレス鋼の溶接 …………………………………………… 124
　2.5.1　ステンレス鋼の種類と性質……………………………… 124
　2.5.2　オーステナイト系ステンレス鋼の溶接………………… 128
　2.5.3　マルテンサイト系，フェライト系ステンレス鋼の溶接……… 133
　2.5.4　二相ステンレス鋼の溶接………………………………… 135

目　次　　5

　　　2.5.5　異材溶接と肉盛溶接···135
　2.6　アルミニウムおよびアルミニウム合金の溶接　···········137
　　　2.6.1　アルミニウム合金の種類と溶接材料····················137
　　　2.6.2　アルミニウム合金の溶接性·····························138
　　　2.6.3　アルミニウム合金の溶接施工·························140

第3章　溶接構造の力学と設計 ································· 143

　3.1　材料力学の基礎　···143
　　　3.1.1　荷重と内力，応力···143
　　　3.1.2　ひずみの定義と応力との関係····························146
　3.2　静的強度　···148
　　　3.2.1　引張試験···148
　　　3.2.2　様々な外力を受ける部材の応力························150
　　　3.2.3　溶接継手の静的強度·····································155
　3.3　ぜい性破壊　···157
　　　3.3.1　鋼材のぜい性破壊···157
　　　3.3.2　延性─ぜい性遷移とじん性······························159
　　　3.3.3　溶接継手のぜい性破壊とその防止······················161
　3.4　疲労強度　···162
　　　3.4.1　疲労···162
　　　3.4.2　疲労試験···163
　　　3.4.3　溶接継手の疲労···165
　3.5　クリープと腐食　···166
　3.6　残留応力と溶接変形　···167
　　　3.6.1　熱応力と溶接残留応力·····································167
　　　3.6.2　残留応力分布···171
　　　3.6.3　溶接変形···171
　　　3.6.4　残留応力の影響···174
　　　3.6.5　残留応力の除去（溶接後熱処理）····················175
　　　3.6.6　溶接変形の影響と防止方法······························175
　3.7　溶接継手の種類と表示方法　···································176
　　　3.7.1　溶着金属形状と部材形状の関係に基づく溶接種類の分類と名称······177
　　　3.7.2　溶接継手の種類···182

6　　目　　次

　　　3.7.3　溶接記号 ………………………………………………… 185
　3.8　溶接継手設計の基礎 ………………………………………… 193
　　　3.8.1　継手設計 …………………………………………………… 193
　　　3.8.2　強度計算 …………………………………………………… 195
　　　3.8.3　溶接継手の強度計算例 ………………………………… 200
　3.9　設計規準の実例 ……………………………………………… 203
　　　3.9.1　すみ肉溶接のサイズ，長さの必要値に関する規定 …… 204
　　　3.9.2　理論のど厚，有効溶接長さの定義に関する規定 ……… 205
　　　3.9.3　許容応力に関する規定 ………………………………… 206
　　　3.9.4　溶接構造の疲労設計 …………………………………… 207
　3.10　溶接構造の力学・設計に関連する参考知識 …………… 210

第4章　溶接施工・管理 ……………………………………… 215

　4.1　溶接の品質マネジメントシステム ………………………… 215
　　　4.1.1　溶接施工・管理の重要性 ……………………………… 215
　　　4.1.2　品質マネジメントシステムの歴史 …………………… 217
　　　4.1.3　設計品質と製造品質 …………………………………… 223
　4.2　溶接施工計画 ………………………………………………… 225
　　　4.2.1　溶接施工要領の決定およびその承認 ………………… 227
　　　4.2.2　溶接作業量の見積り …………………………………… 233
　　　4.2.3　日程計画 …………………………………………………… 234
　　　4.2.4　溶接設備計画 …………………………………………… 234
　　　4.2.5　要員計画 …………………………………………………… 236
　　　4.2.6　試験，検査計画 ………………………………………… 240
　　　4.2.7　溶接コスト計画 ………………………………………… 241
　4.3　溶接施工管理 ………………………………………………… 244
　　　4.3.1　材料の管理 ……………………………………………… 244
　　　4.3.2　溶接材料の管理 ………………………………………… 245
　　　4.3.3　溶接設備の管理 ………………………………………… 247
　　　4.3.4　溶接技能者の管理 ……………………………………… 247
　　　4.3.5　材料加工と溶接準備の確認 …………………………… 248
　　　4.3.6　溶接作業の管理 ………………………………………… 257
　　　4.3.7　溶接結果の確認と記録 ………………………………… 273

目　次　　7

4.4　溶接変形の防止と矯正　……………………………………………………… 275
　4.4.1　溶接変形の防止対策…………………………………………………… 275
　4.4.2　溶接変形の矯正方法…………………………………………………… 277
4.5　溶接欠陥の防止　……………………………………………………………… 279
　4.5.1　溶接欠陥とその影響…………………………………………………… 279
　4.5.2　溶接欠陥の防止対策…………………………………………………… 279
4.6　補修溶接　……………………………………………………………………… 287
　4.6.1　補修溶接の手順………………………………………………………… 287
　4.6.2　溶接欠陥の除去………………………………………………………… 288
　4.6.3　補修溶接の施工条件…………………………………………………… 289
　4.6.4　補修溶接部の検査……………………………………………………… 289
4.7　安全，衛生　…………………………………………………………………… 289
　4.7.1　溶接の安全，健康障害………………………………………………… 289
　4.7.2　熱・光・飛散物，ヒュームおよび有害ガスからの保護……………… 291
　4.7.3　感電の防止……………………………………………………………… 298
　4.7.4　火災，ガス爆発などの防止…………………………………………… 301
　4.7.5　作業環境に応じた安全衛生対策……………………………………… 302
　4.7.6　ロボット溶接の安全…………………………………………………… 305
　4.7.7　レーザ溶接・切断の安全……………………………………………… 306
4.8　溶接部の非破壊試験法と検査　……………………………………………… 309
　4.8.1　非破壊試験と非破壊検査……………………………………………… 309
　4.8.2　溶接部の外観試験（目視試験）……………………………………… 310
　4.8.3　溶接部の表面および表面直下の非破壊試験………………………… 312
　4.8.4　溶接内部の非破壊試験………………………………………………… 317
　4.8.5　非破壊試験法の特性と適用…………………………………………… 324
　4.8.6　新しい非破壊試験技術………………………………………………… 325

　　索引　……………………………………………………………………………… 329

第1章

溶接法および溶接機器

1.1 溶接法とその分類

　溶接は，種々なエネルギーを利用して冶金的に接合する方法であり，「二個以上の部材の接合部に，熱，圧力もしくはその両者を加え，さらに必要であれば適当な溶加材も加えて，連続性をもつ一体化された1つの部材とする操作」とされている。また溶接は，その接合機構面から，「融接」，「圧接」，および「ろう接」に細分される。これら溶接の3形態をまとめると，図1.1のようになる。

　融接は，被溶接材（母材）の接合部を加熱，溶融して，母材の溶融金属あるい

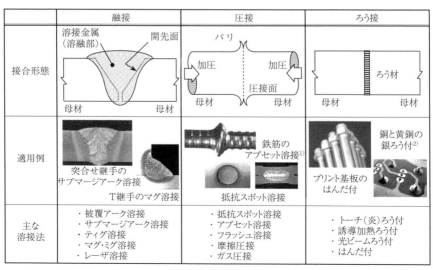

図 1.1　溶接における接合形態

10   第1章 溶接法および溶接機器

は母材と溶加材を融合させた溶融金属を生成し，その溶融金属を凝固させることによって接合する方法である。

圧接は，接合部へ摩擦熱や電気抵抗による抵抗発熱（ジュール熱）などの熱エネルギーを加えた後に，機械的圧力を付加して接合する方法である。

ろう接は，母材より低融点の溶加材（ろう材）を溶融し，その毛細管現象（毛管現象ともいう）を利用して，接合面の隙間にろう材を充填することによって母材を溶融せずに接合する方法であり，はんだ付はその代表例の1つである。

アーク溶接に代表される融接は，連続的に一体化された継手部を形成できるため，

① 継手効率（継手強度）が高い。
② 継手構造を簡素化することができる。
③ 優れた気密性や水密性をもつ。
④ 厚さに対する制約をほとんど受けない。
⑤ 材料を節減でき，経済的である。

などの長所をもつ。しかし，継手部の加熱あるいは溶加材の添加などの影響を受けるため，

① 溶接金属という新しい異質な材料が生成される。
② 溶接熱によって，母材の性質が局所的に変質する。
③ 局部的な加熱と冷却によって溶接変形が発生する。
④ 残留応力が発生し，継手強度に悪影響を及ぼすことがある。
⑤ 溶接品質に対する外観での良否の確認が困難である。

などの短所も併せもつ。

1.2 アーク溶接の基礎

1.2.1 アーク溶接の分類と基本的事項

溶接法には様々なものがあり，それぞれの特徴・特性あるいは機構などに応じて分類される。それらのうち最も広く種々の産業分野で活用されている溶接法は，電気アーク放電を応用したアーク溶接法であり，**図1.2**のように分類される。

アーク溶接法は，アークを発生する電極の特性によって大別され，電極の溶融

がほとんど生じない「非溶極式（非消耗電極式）溶接」と，電極が連続的に溶融，消耗する「溶極式（消耗電極式）溶接」の2種類に分類される。

非溶極式溶接での電極はアークを発生させるためにのみに用いられ，それ自体はほとんど溶融しない。したがって，図1.3 (a) のように溶着金属の添加が必要な場合には溶加材を別途加えなければならない。しかし，溶接電流と溶加材（棒またはワイヤ）の添加量は，それぞれ独立に変化させることができ，溶接条件選定の自由度は大きい。ただし，溶加材の溶融は，一般に，アークおよび溶融

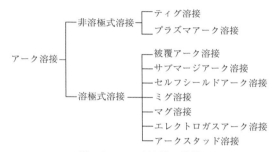

図1.2　アーク溶接の分類

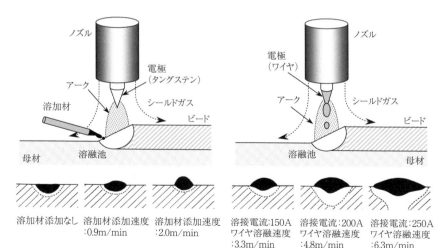

(a) 非溶極式溶接　　　　　　　　(b) 溶極式溶接

図1.3　非溶極式溶接と溶極式溶接

池からの熱伝導によって行うため，非溶極式溶接の作業能率は比較的低い。

一方，溶極式溶接での電極はアークを発生させると同時に，それ自体が溶融して溶着金属を形成するため，高能率な溶接作業を行うことが可能である。ところが，図1.3（b）に示すように電極（ワイヤ）の溶融速度は溶接電流に強く依存し，それぞれを独立に制御することができない。このため，溶接条件選定の自由度は制限され，適切な溶接条件の設定には熟練が要求される。

また，アーク溶接法には，溶接するときの溶接部（溶接金属および熱影響部を含んだ部分の総称）に対する姿勢があり，溶接姿勢と呼ばれる。溶接姿勢には，**図1.4**に示すように，下向，横向，立向，上向の4つの姿勢がある。また，4つのすべての姿勢を総称する場合は全姿勢と呼ぶ。なお，一般的には下向姿勢での溶接が最も作業性や効率面で優れているため，下向姿勢での溶接が可能であれば，下向姿勢での溶接を行うことが標準的である。

溶融金属中に大気（空気）が混入すると，**図1.5**（a）に示すように，ポロシティ（ブローホールおよびピット）発生の大きな要因となる。またポロシティが発生しなくても，じん性が低くなる。すなわち，母材を溶融して溶接するアーク溶接では，大気中の窒素（N_2）や酸素（O_2）から溶融金属を保護することが重要である。溶融金属を大気から保護する手法は，図1.5（b）に示すように，「フラックスを利用する方法」と「シールドガスを利用する方法」に大別される。

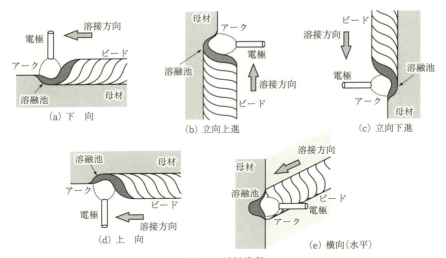

図1.4　溶接姿勢

1.2 アーク溶接の基礎　*13*

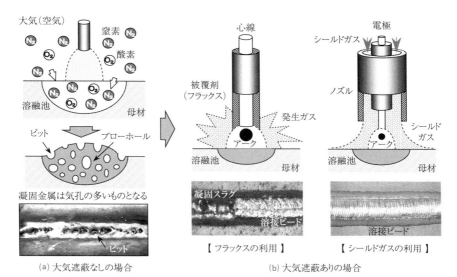

図1.5　溶融金属の大気からの保護

　フラックスを利用する方法では，被覆剤（フラックス）の溶融によって発生するガスと溶融池表面に形成されるスラグが溶融金属を大気から保護する。ただし，ビード表面は凝固スラグで覆われるため，溶接後にその除去が必要である。一方，シールドガスを利用する方法では，アルゴンや炭酸ガス，あるいはそれらの混合ガスなどを溶接部とその近傍に吹き付け，溶融金属を大気から保護する。フラックスを用いないためスラグの除去がほぼ必要なく，自動化やシステム化などにも比較的容易に対応することができ，広範囲な産業分野での適用が拡大している。なお，シールドガスを利用して溶融金属を大気から保護するアーク溶接法は，「ガスシールドアーク溶接」と総称される。

1.2.2　アークの性質

　大気圧（1気圧）のガスは，一般的に，室温において電気的に絶縁体である。一方，水（H_2O）は，0℃以下では固体の氷であるが，0℃から100℃の間は液体の状態で，100℃を越すと気体（ガス）の水蒸気になる。このように物質は温度変化によってその状態を変化させるが，さらに水蒸気を加熱すれば H_2O 分子が解離・電離してガス中にイオンや電子といった電気を帯びた粒子が発生し，絶縁

体が導電体に変わる。電気を流すガスは固体，液体，気体とは異なった性質を示すことから，第四の状態であるといわれている。この状態をプラズマと呼び，プラズマでは電子の数とイオンの数が等しくなり，全体的には電気的に中性になる。

ガスは室温において電気的絶縁体であるものの，1立方センチメートルあたり1～100個というごくわずかな電子が存在している。図1.6のように，ガスで満たされた陰極と陽極の間に高電界（大気圧で5～10kV/cm程度）を印加することにより電界で加速されたごくわずかな電子が空間中のガス分子を次々に衝突電離させ，電子やイオンが急激に増殖される。このようにして，瞬間的にガスの導電性が上昇すること（絶縁破壊）により両電極間で連続的に電流が流れるようになる。これを気体放電と呼び，その1つがアーク放電で，そのガスの状態はプラズマになっている。以上のアークの発生方法は，直流高電圧を印加する方法である。他方，図1.7に示すように，両電極を接触（短絡）させて通電し，そのまま

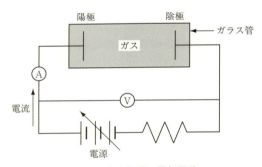

図1.6　直流放電の電気回路

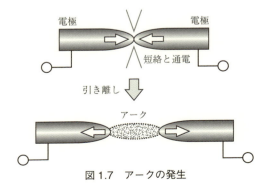

図1.7　アークの発生

の状態で引き離すと電極間にアークが発生する。これは，電極の接触通電による方法である。

　ガス分子の電離反応は吸熱反応であり，エネルギーを必要とする。アーク放電によって発生したプラズマをアークプラズマと呼ぶが，アークプラズマを維持しているエネルギーは，アークプラズマという電気抵抗体を流れる電流によって生ずる抵抗発熱（ジュール熱）ということができる。図1.8に大気圧アルゴン（Ar）のティグアークの電流－電圧特性を示す。アーク長によって抵抗体の長さが違うのでそれに合わせてアーク電圧も変化するが，おおむね10V～20V程度でありアークの電力（電流×電圧）としては1kW～10kW程度になる。このエネルギーが数mm程度の陰極－陽極両電極間に投入されるため，ガスが十分に加熱され高温のプラズマ状態になる。アークプラズマの温度については多くの研究者によって測定されており，図1.9に示すように10,000℃を超える高温になっている。溶接電流100A，アーク長5mmの大気圧Arのティグアークにおいて最大で約16,000℃となり，同時に約$2 \times 10^{17} \mathrm{cm}^{-3}$の電子密度になっている。これは室温におけるガス中の電子の個数に比べて，1,000兆倍以上に達するものである。したがって，アーク放電は天文学的な数の電子やイオンが無数に存在する電気伝導性の高いプラズマである。

　アーク放電では，その内部構造として一般的に3つの領域に分けて考えられる場合が多く，それらを図1.10に示す。アーク空間は陰極降下領域，アーク柱領

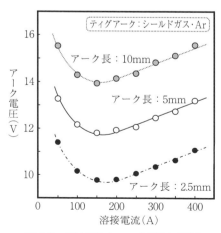

図1.8　溶接電流とアーク電圧の関係

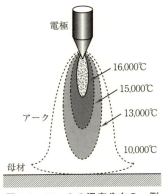

図1.9 アークの温度分布の一例

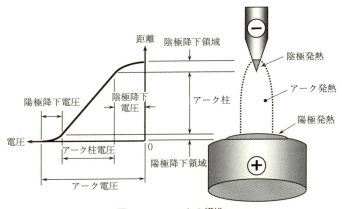

図1.10 アークの構造

域,陽極降下領域の3つの領域で構成されており,それぞれの領域には陰極降下電圧,アーク柱電圧,陽極降下電圧と呼ばれる電位差が存在し,それらの総和がアーク電圧として定義される。また,それぞれの空間的厚みの総和はアーク長として定義される。アーク柱領域が mm 程度であるのに対し,陰極降下領域および陽極降下領域は μm 程度で,極めて微小な領域である。アークの大部分を占めるアーク柱領域は,プラズマで電子の数とイオンの数が等しい状態になっている。しかし,陰極や陽極の近傍では,電子の数とイオンの数にわずかな違いが生じている。プラスの電気を帯びたイオンが集まってくる陰極近傍では,イオンの数が電子の数より多くなる(イオンシースが形成される)ため,プラスの空間電

荷が発生し，その結果，アーク柱に比べて強い電界を有する陰極降下領域が生じることになる。逆に，マイナスの電気を帯びた電子が集まる陽極近傍では，電子の数がイオンの数より多くなる（電子シースが形成される）ため，マイナスの空間電荷が発生し，その結果，アーク柱に比べて強い電界を有する陽極降下領域が生じる。

アークプラズマでは，**図1.11**に示すようにプラズマ組成の温度変化が熱力学的に求められるため，アークプラズマにおける電気伝導率，熱伝導率，比熱などの輸送係数や熱力学特性の温度変化も導くことが可能になる。例として，**図1.12**にヘリウム（He）とArの電気伝導率を示す。プラズマ中の電子の数，すなわち，電子密度はアーク放電の電気抵抗率（電気伝導率）に直結している。図1.11にみるように，10,000℃以下の温度領域でのHeの電子密度は，同じ温度でのArの電子密度に比べて圧倒的に小さい。この違いは図1.12の電気伝導率の違いに直結し，10,000℃以下の温度領域でのHeの電気伝導率が著しく小さいことがわかる。これは，HeとArの電離エネルギーがそれぞれ24.6eV，15.8eVであり，Heの電離エネルギーがArのそれに比べて1.5倍以上も大きい，すなわち，Heの方がArに比べて電離しにくいことに起因している。

前掲図1.8のArティグアークの電流-電圧特性では，アーク長にかかわらず概ね溶接電流150A程度を境に低電流側では電流が低下するとともに電圧が上昇

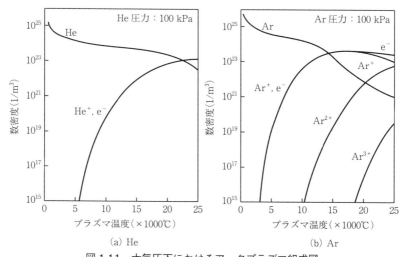

図1.11　大気圧下におけるアークプラズマ組成図

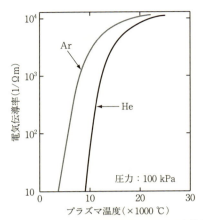

図 1.12　He と Ar の電気伝導率とその温度依存性

する傾向を示し，逆に高電流側では電流とともに電圧が上昇する一般的な傾向を示すことがわかる．これを図 1.12 のプラズマの電気伝導率と合わせて考えると，小電流域ではアークプラズマの温度が低く電気伝導率が小さい．しかしながら，電流の増加とともにプラズマ温度が上昇して電気伝導率も上昇する．これが図 1.8 の電流とともに電圧が低下する傾向に相当する．一方，図 1.12 に示すように，15,000℃以上の高温領域では大気圧下のプラズマとして，その電気伝導率は漸近的に一定値に近づく．高電流側ではプラズマ温度がその領域付近になり，電気伝導率の変化が小さくなる．電気伝導率がほぼ一定になればアーク放電の電流−電圧特性はオームの法則に従って，図 1.8 に示したように，電流とともに電圧が上昇する傾向を示す．

　図 1.13 は，ティグアークを例にアーク電圧と電力に与えるガス種の影響を示したものである．溶接電流 100A とアーク長 5mm はすべて一定である．同じ溶接電流であっても，ガスの種類が違えば，電離エネルギーや解離エネルギーの違いによって，プラズマにするための必要なエネルギーが違ってくる．それがアーク電圧の違いとして表れ，ひいては電力の違いになって表れる．すなわち，Ar に比べて He は電離エネルギーが高いので多くのエネルギーが必要になる．このため，アーク電圧が高くなる．他方，N_2 は電離エネルギーに加えて解離エネルギーまで必要になるので大きなエネルギーを必要とする．このため，アーク電圧が高くなる．アークはガスに電気が流れる放電であり，ガスが違えばアークの特性も変わる．

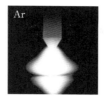 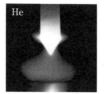

ガス	溶接電流(A)	アーク電圧(V)	電力(kW)
Ar	100	12	1.2
He	100	25	2.5
N_2	100	28	2.8

アーク長：5mm

図 1.13　アーク電圧と電力に及ぼすガス種の影響

アークで発生する単位時間あたりの熱エネルギーはアークの電力に相当するが，このうち実際に母材へ輸送されるエネルギーの比率を「熱効率（またはアークの効率）」という。すなわち，単位時間あたりにアークから母材へ実際に輸送される熱エネルギー q (W) は，アークの電流 I (A)，電圧 U (V)，熱効率 η とすると，

$$q = \eta \times I \times U \tag{1.1}$$

となる。この熱効率の一例を**図 1.14**に示す。アーク溶接法の種類によって熱

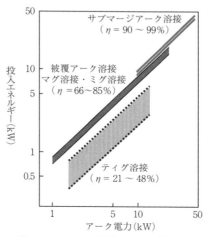

図 1.14　アーク溶接における熱効率

20   第1章 溶接法および溶接機器

効率が異なることがわかる。概略,溶極式溶接の方が非溶極式溶接に比べて熱効率の高い傾向がみられる。その理由は,溶極式溶接では電極先端が溶融し,溶滴移行によって母材に溶着金属を形成するため,電極に輸送された熱エネルギーの一部を溶滴が保有して溶融池に移行するためである。

1.2.3 溶接アーク現象

(1) 電磁的ピンチ効果と熱的ピンチ効果

　平行な導体に同一方向の電流が通電されると導体間には電磁力による引力が発生する。これをローレンツ力という。アークはプラズマで構成された平行導体の集合体とみなせるので,平行導体間に発生するローレンツ力はアークの断面を収縮させる力として作用する。このような作用を電磁的ピンチ効果といい,その力は電磁ピンチ力と呼ばれる。すなわち,電磁ピンチ力は,ローレンツ力がアークや溶接ワイヤの断面収縮に作用する場合の力と言い換えることができる。

　他方,アークはプラズマであるため,高速の冷たいガス流や水冷の器壁によって周囲から強制的に冷却作用を受けると,アーク周囲の温度が低下して電子やイオンの数が減少するため,アーク周囲の導電性が失われる。その結果,アークの電流経路が中心部に制限される。このようにアークが周囲から強い冷却作用を受けると,見かけ上,アークの断面が収縮するように作用するため,この作用は熱的ピンチ効果と呼ばれる。また,シールドガスとしてよく利用されるCO_2は高温になるとCOとOに解離し,より高温になるとCOはCとOに解離する。したがって,炭酸ガスは解離が2回もある比熱の大きなガスであり,プラズマになるために非常に大きなエネルギーを必要とする。このため,電子やイオンの数が豊富なプラズマがアーク中心部に制限されるため,見かけ上,アルゴンのアークに比べてアーク断面が収縮するように見える。CO_2やH_2, N_2などの多原子分子で構成されるガスを使うことによってアークが緊縮する現象も熱的ピンチ効果の1つである。

　電磁的ピンチ効果は,溶接ワイヤにおいても同様である。**図1.15**のように固体部分は電磁ピンチ力を受けても変形することはないが,液体となった先端部の溶滴は電磁ピンチ力の作用で断面が収縮し,溶滴にはくびれが発生してワイヤ端から溶滴を離脱させる駆動力となる。

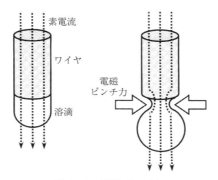

図 1.15　電磁ピンチ力

(2) プラズマ気流とアークの硬直性

　アーク溶接では，**図 1.16** のように電磁的ピンチ効果によって電磁ピンチ力が作用する。ただし，アークの電流路は電極から母材に向かって拡がるため，電流密度の大きい電極近傍での電磁ピンチ力は，電流密度が小さい母材近傍でのそれよりも大きく，アーク柱内部の圧力は母材表面より電極近傍の方が高くなる。このアーク柱内部での圧力差によって高速のプラズマの流れが誘起される。これはプラズマ気流と呼ばれ，シールドガスの一部をアーク柱内に引き込み，電極から母材に向かう高速のガス気流となる。
　プラズマ気流の流速は 300m/s を超えることもあり，溶滴移行や溶込みの形成

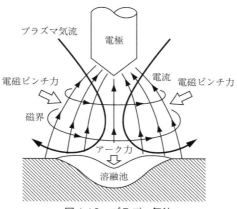

図 1.16　プラズマ気流

に大きく関与する。上向溶接や横向溶接などにおいて、重力の作用にもかかわらず溶融池が適正に保持できるのはプラズマ気流の存在が大きく、プラズマ気流が溶融池に作用する力をアーク力（アーク圧力）と呼ぶ。また、トーチを傾けた場合、**図 1.17**に示すようにアークは母材との最短距離で発生するとは限らず、プラズマ気流の作用でトーチの軸方向に発生しようとする傾向がある。このようなアークの直進性はアークの硬直性という。なお、電磁ピンチ力は電流値に大きく依存し、電流値が小さくなるとその力は低下してプラズマ気流も弱くなる。このため、小電流域でのアークは硬直性が弱まり不安定でふらつきやすくなる。

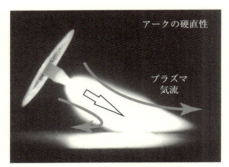

図 1.17　アークの硬直性

（3）磁気吹き

溶接電流によって発生する磁界や母材に残留した磁気がアーク柱を流れる電流に対して著しく非対称に作用すると、アークはローレンツ力によって偏向する。このようなアークの偏向現象をアークの磁気吹きといい、**図 1.18**のようなもの

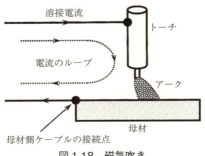

図 1.18　磁気吹き

が代表例として挙げられる。図 1.18 は，母材側ケーブルの接続位置に起因したもので，溶接電流の通電によって形成される電流ループの影響によって生じる現象である。溶接電流のループによって形成される磁界は，ループの外側より内側の方が強くなるため，アークは磁界の弱い方，すなわち電流ループの外側に偏向する。磁気吹きは，磁性材料の直流アーク溶接で発生しやすい現象であり，極性が頻繁に変化する交流アーク溶接や非磁性材料などでの発生は比較的少ない。磁気吹きの防止対策としては，母材へのケーブル接続位置や接続方法の工夫などが挙げられるが，現実的には試行錯誤の繰返しになることが多い。

(4) 交流アーク

交流アーク溶接で見られる特有のアーク現象として，アークの再点弧が挙げられる。すなわち，極性が半サイクルごとに変化し，電流は極性変化時に一瞬必ずゼロとなるため，電流がゼロになるとアークは消滅することになる。したがって，次の半サイクルで反対極性のアークを再点弧しなければ，持続的な交流アークにはならない。アークが再点弧する時の電圧を再点弧電圧といい，**図 1.19** に示すように再点弧電圧 P は，その途中の準定常アーク電圧 Q や通常のアーク電圧 R より高くなる。したがって，交流アークを持続的に発生させるためには，アークの再点弧時に供給される電源電圧（無負荷電圧）P_0 が，再点弧に必要な電圧 P より高くなければならない。後述する可動鉄心形交流アーク溶接機（後掲図 1.28 参照）は，このような条件を満たすように設計されており，溶接電流の位相が無負荷電圧の位相より遅れた関係（低力率）となっている。

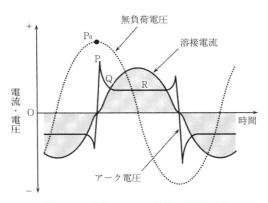

図 1.19　交流アークの電流・電圧波形

1.2.4 溶滴移行の形態

溶極式溶接では溶滴が電極先端から離脱して溶融池へ移行するが，その形態は溶接法，溶接条件あるいはシールドガスの種類などによって異なる。例えば，ソリッドワイヤを用いるマグ溶接とミグ溶接の溶滴移行形態は**図 1.20** のように分類される。

小電流域では，いずれの溶接法においても短絡移行となる。ワイヤ端に形成された小粒の溶滴が溶融池へ接触（短絡）する短絡期間と，それが開放されてアークが発生する期間とを比較的短い周期（80～120回／秒程度）で交互に繰返す。

中電流域では，ワイヤ先端にはワイヤ径より大きい径の溶滴が形成されるグロビュール移行となる。シールドガスに含まれる CO_2 の混合比率が30％以上のマグ溶接では，熱的ピンチ効果によりアーク力による押上げ作用が溶滴の挙動に強く影響するようになる。その結果，ワイヤ先端に形成される大きな溶滴がスムーズに離脱し難くなり，不規則で不安定な挙動を示すため，大粒・多量のスパッタが発生しやすい。このような溶滴の移行形態は**図 1.21** に示すようにグロビュール移行の中でも反発移行と呼ばれる。逆に，CO_2 の混合比率が25％以下のシールドガスを用いるマグ溶接およびミグ溶接の場合，中電流域での溶滴移行は上記の CO_2 混合比率30％以上のマグ溶接とは異なり，ワイヤ端にはワイヤ径より大

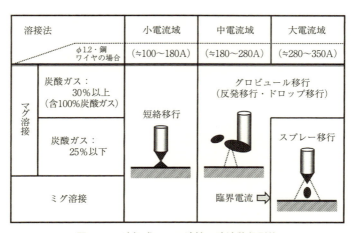

図 1.20　溶極式アーク溶接の溶滴移行形態

1.2 アーク溶接の基礎　25

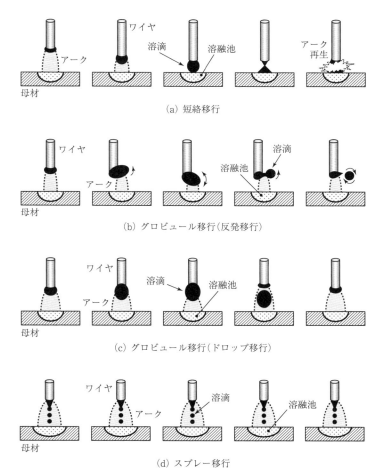

図 1.21　溶滴の主な移行形態

きい溶滴が形成されるが，その移行は比較的スムーズで，スパッタの発生も少ない。このような溶滴の移行形態はグロビュール移行の中でもドロップ移行と呼ばれる。なお，中電流域での溶接を行う場合にはアーク電圧をやや低めに設定し，アーク柱の下半部が母材表面より内部に形成される「埋れアーク」の状態として母材に付着するスパッタを抑制する方法を採用する場合がある。

　大電流域では，CO_2 の混合比率が 25% 以下のシールドガスを用いるマグ溶接およびミグ溶接の場合，電磁ピンチ力が強力に作用してワイヤ端を先鋭化するた

め，スプレー移行となる．ワイヤ先端に形成された溶滴は溶融池と短絡することなく溶融池へ移行するため，スパッタの発生は大幅に減少する．ただし，**図 1.22**に示すようにシールドガス中の CO_2 混合比率が 30% 以上になると，溶滴のスプレー移行化は実現できない．溶滴の移行形態がグロビュール移行からスプレー移行へ推移する電流値は「臨界電流」と呼ばれ，その値はシールドガス中への CO_2 混合比率によって変化する．また，ワイヤ径や材質によっても異なる．

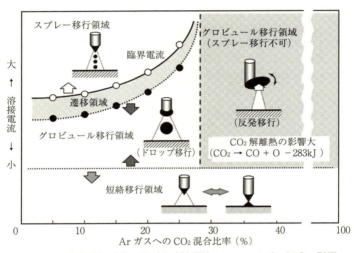

図 1.22　溶滴移行形態に及ぼす溶接電流とシールドガス組成の影響

1.2.5　溶接ビードの形成

アーク溶接の溶融池には，**図 1.23** に示すように，プラズマ気流によるせん断力，電磁力（ローレンツ力），表面張力，浮力が作用し，それらの力のバランスが溶融池金属の流れを支配する．溶融池内の対流にはプラズマ気流のせん断力によって生じる対流，溶融池内を流れる電流によって生じる対流，溶融池の表面温度分布に起因した表面張力勾配によって生じる対流（マランゴニ対流），および溶融池内における密度差によって生じる熱対流の 4 種類がある．なお，マランゴニ対流は母材中に含まれる微量な硫黄（S）や酸素（O）の影響を強く受けることが知られている．

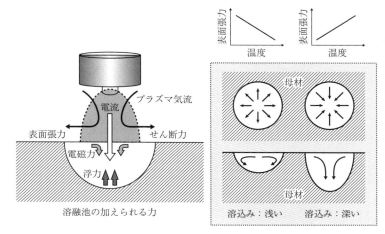

図 1.23　溶込み形状と溶融池の流れ

　このような4種類の対流が複合され，溶融池の周辺部へ向かう溶融金属の流れが形成されると溶込みは幅が広く浅いものとなる。反対に，溶融池の内部に向かう溶融金属の流れが形成されると幅が狭く深い溶込みとなる。ステンレス鋼などのティグ溶接で溶込み深さを増大させる手法に，「A-TIG（またはアクティブ・ティグ溶接）」と呼ばれる手法がある。この溶接法は，酸素（O）の濃度に依存して温度に対する表面張力勾配が逆転する性質を利用し，マランゴニ対流の向きを溶融池の内部に向かう流れに制御することによって溶込み深さを増加させる方法である。酸化チタン（TiO_2）などの酸化物を主体とした活性フラックス（Activating flux）を事前に塗布して溶接する。活性フラックスを塗布して溶接すると，溶込み深さは活性フラックスを塗布しない場合の3倍程度まで増加する。

　溶接ビード形成に及ぼす溶接電流と溶接速度の関係は，一般に**図 1.24**のようになる。小電流かつ高速域では，母材へ十分な入熱が加えられないため溶込み不足を生じる。反対に，大電流かつ低速域では，過大な入熱が母材へ加えられ，溶接金属の溶落ちや穴あきが発生する。大電流かつ高速域では，アークによる溶融池の掘り下げ作用が強く，母材の溶融幅がビード幅より広くなるためアンダカットを生じ，極端な場合にはハンピングが発生する。

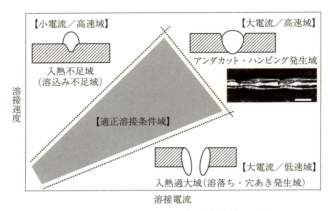

図 1.24　ビード形状に及ぼす溶接条件の影響

1.3　アーク溶接機器

1.3.1　アーク溶接電源の外部特性

　アーク溶接に用いる溶接電源の外部特性（電流－電圧特性）は，「垂下特性」，「定電流特性」，「定電圧特性」の 3 種類に大別される。垂下特性は被覆アーク溶接や太径ワイヤを用いるサブマージアーク溶接などに，定電流特性はティグ溶接やプラズマ溶接などに，定電圧特性はマグ溶接やミグ溶接，細径ワイヤを用いるサブマージアーク溶接などに用いられる。なお，アークは，溶接電源の外部特性とアーク特性が交差する「動作点」で維持される。

　垂下特性電源では，**図 1.25**（a）に示すようにアーク長が L_0 から L_1 に伸びると，動作点が下から上に移動し，アーク電圧は大きく増加（ΔV）するが，溶接電流の減少（ΔI）は少ない。すなわち，垂下特性電源では，アーク長の変化によってアーク電圧は大きく変化するが，溶接電流の変化は比較的小さく，溶接電流の変化に起因する溶込み深さの変動や作業性の変化などを少なくすることができる。

　定電流特性電源の場合も，上記垂下特性電源の場合と同様に，アーク長変動にともなうアーク電圧の変化は大きいが，図 1.25（b）に示すように溶接電流の変化は極めて小さい。垂下特性電源や定電流特性電源では，アーク長変動に対する溶接電流の変化が小さく，その結果，アークの熱源特性の変動が少なくなり，溶

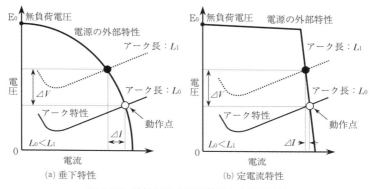

図 1.25 溶接電源の垂下特性と定電流特性

接ビード形成や溶込み深さの変動も小さくなるため，安定した溶接作業が得られやすい。

一方，定電圧特性電源の場合は，**図 1.26** のようにアーク長の変化によるアーク電圧の変化は少ないが，溶接電流が大きく変化する。溶接ビード形成や溶込み深さの安定化という点では，このようなアーク長変化にともなう溶接電流の変動は溶接にとって適しているとはいえないものの，マグ溶接やミグ溶接などの細径ワイヤを用いる溶極式アーク溶接においては，「アーク長を一定に保つ」ために大きく貢献する。

マグ溶接およびミグ溶接では，細径ワイヤを高速で供給して溶接が行われるため，溶接電流に対応させてワイヤの供給（送給）速度を瞬時に制御することは困

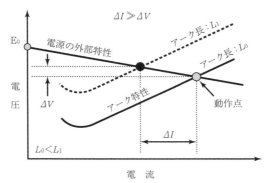

図 1.26 溶接電源の定電圧特性

難である。したがって，ワイヤは一定の速度で送給して，それに見合った溶接電流を通電することによってワイヤを溶融し，送給量と溶融量をバランスさせて，安定なアーク状態を維持する。

例えば，**図1.27**のようにワイヤの送給量WFとその溶融量MR_0がバランスして，アーク長がL_0で維持されている状態から何らかの原因でアーク長がL_1に伸びると，溶接電流はI_0からI_1まで減少してワイヤ溶融量をMR_1まで低減させる。その結果，送給量WFは電流I_1による溶融量MR_1より多くなるため，アーク長を減少させようとする作用が発生する。アーク長の減少にともなって溶接電流は増加するため，アーク長が元の長さL_0に戻ると，溶接電流も当初の値I_0となり，送給量WFと溶融量MR_0は再びバランスしてアーク長は元の長さL_0に復元，維持される。

反対に，アーク長が短くなって長さL_2となった場合には溶接電流が電流I_2まで増加して溶融量をMR_2まで増加させる。その結果，溶融量MR_2は送給量WFより多くなり，アーク長を増大させる作用が発生してアーク長を元の長さL_0に戻す。そして，送給量と溶融量がバランスする元のアーク長まで戻ると，その長さが維持される。

すなわち，細径ワイヤを所定の速度で定速送給する溶極式アーク溶接では，定

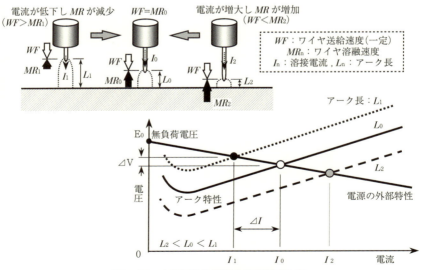

図1.27　定電圧特性電源の自己制御作用

電圧特性電源を用いることによって，アーク長の変化に応じた溶接電流の自動的な変動が発生し，特別なアーク長制御を付加しなくともアーク長を元の長さに復元・維持することができる。定電圧特性溶接電源がもつこのようなアーク長の制御作用を「電源の自己制御作用」という。

1.3.2　溶接電源の種類

(1) 可動鉄心形電源

交流被覆アーク溶接やサブマージアーク溶接には，可動鉄心形電源が用いられる。この電源は図1.28のように主鉄心とその開口部に設けられた移動可能な可動鉄心，主鉄心に巻かれた入力用の一次コイルおよび出力用の二次コイルで構成される。可動鉄心形電源は構造が簡単で，耐久性に優れ，保守も容易である。

出力の調整はハンドルを回して可動鉄心の位置を変化させて行い，可動鉄心を経由する漏洩磁束の増減で出力を変化させる。可動鉄心が引出された位置にあると，可動鉄心への漏洩磁束は少なく，漏洩リアクタンスが小さくなって大きな出力が得られる。反対に，可動鉄心が挿入された位置にある場合は漏洩磁束が多くなり，漏洩リアクタンスが増加して出力は減少する。

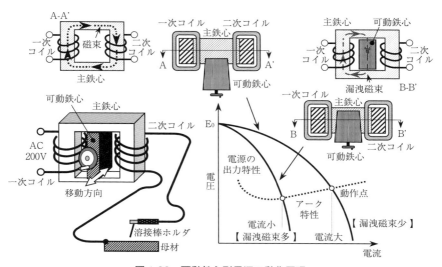

図1.28　可動鉄心形電源の動作原理

なお，可動鉄心形電源は，電源周波数に応じて設計されているため，地域に対応した定格周波数の電源を選定しなければならない。50Hz 地域で 60Hz 地区用の電源を用いると，変圧器の励磁電流が増大するため，定格出力電流に近い大電流で使用した場合にはコイルを焼損する恐れがある。反対に，60Hz 地域で 50Hz 地区用の電源を用いると，変圧器のリアクタンスが増加するため，最大でも定格出力電流より小さい電流しか得られない。

(2) サイリスタ制御電源

ガスシールドアーク溶接で広く使用されているサイリスタ制御電源とインバータ制御電源の構成および特徴を比較して図 1.29 に示す。

サイリスタ制御電源では，商用交流を変圧器で所定の電圧に降圧した後，サイリスタと呼ばれる半導体素子で構成した回路で，交流を直流に変換（整流）すると同時に，その導通時間を制御して出力の大小を制御する。サイリスタ回路から得られる出力は断続的な鋸歯状波であるため，それをリアクタで連続した比較的滑らかな直流に平滑して溶接に用いる。

サイリスタ制御電源は構造が比較的簡単で，遠隔制御やクレータ制御などの出

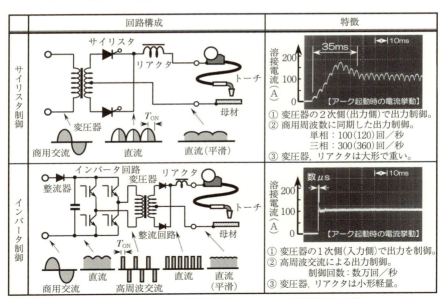

図 1.29　サイリスタ制御電源とインバータ制御電源の比較

力調整も可能であり，耐久性にも優れている．そのため，中・厚板を用いる産業分野を中心に比較的安価なマグ溶接電源として幅広く使用されている．

(3) インバータ制御電源

インバータ制御電源では，商用交流を整流器でいったん直流に変換した後，インバータ回路でその直流を高周波交流に変換する．その高周波交流を変圧器で所定の電圧まで降圧した後，変圧器の出力側に設けた整流回路で再び直流に変換する．このとき得られる直流は，断続的な櫛歯状のものであるため，リアクタで変動の少ない連続した直流に平滑して溶接に用いる．出力の制御は，インバータ回路を構成するトランジスタの導通時間を増減して行う．

インバータ制御電源の回路構成はサイリスタ制御電源より複雑なものとなるが，出力を高速で制御することができる．例えば，インバータ回路で40kHzの高周波交流を作ると，その制御回数は4万回／秒となり，サイリスタ制御の100倍以上の速度で出力を制御できる．図1.29中での溶接電流波形はティグアーク起動時の電流挙動を比較したもので，所定の電流値（100A）へ達するまでにサイリスタ制御では約35msを要するが，インバータ制御では瞬時に数μsで設定値へ到達する．

また，出力制御周波数と変圧器の大きさ（体積）はほぼ反比例する関係があるため，出力制御周波数が高いインバータ制御電源の変圧器は小さくなり，電源は大幅に小形・軽量化される．

アルミニウムやその合金などのティグ溶接に多用されるインバータ制御交流溶接電源は，**図1.30**に示すように2種類のインバータ回路をもつ．一次側イン

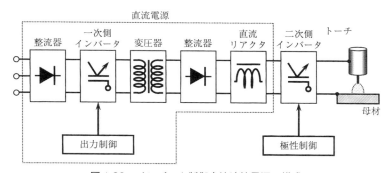

図1.30　インバータ制御交流溶接電源の構成

バータ回路は出力レベルを，二次側インバータ回路は極性を，それぞれ独立に制御する。極めて短い時間で極性を反転させることが可能であるため，位相の遅れや高周波高電圧の重畳など，従来電源における極性反転時の再点弧電圧が不要となり，力率の改善に加えてノイズ発生が大幅に低減される。

1.3.3　ワイヤ送給方式

　ワイヤの送給方式は次のように3種類に分類される。

　「プッシュ式ワイヤ送給」は，マグ溶接およびミグ溶接に多用されている最も標準的なワイヤ送給方式である。溶接トーチの根元部を送給装置に接続し，トーチの先端部までワイヤを押出すようにして送給する。軽装なトーチを確保できるため溶接作業性が損なわれない利点がある。しかし，トーチケーブルの長さが長くなるほどコンジットケーブル内での摩擦抵抗が大きくなり，良好なワイヤ送給性能が低下する傾向がある。また，ワイヤ径1.0mm以下の細径ワイヤやアルミニウム合金などの軟質ワイヤの場合にコンジットケーブル内で座屈により，安定なワイヤ送給が困難になる場合がある。

　「プル式ワイヤ送給」は，溶接トーチとワイヤ送給装置を一体化し，ワイヤをトーチへ引き込むようにして送給する。送給装置とトーチはコンジットケーブルを介さずに直結されるため，上述のような軟質ワイヤでも良好なワイヤ送給性能を得られる。しかし，送給装置と一体化されたトーチは大型化して質量も重くなるため，溶接作業性の面で劣る。

　「プッシュ/プル式ワイヤ送給」は，プッシュ式ワイヤ送給とプル式ワイヤ送給を組み合せた方式で，プル式ワイヤ送給よりさらに良好な送給特性が得られる方式である。近年の溶接ロボットの普及にともない，その稼働率を低下させる要因の1つであるワイヤ送給トラブルに対する有効な対策として適用が拡大している。

1.3.4　溶接電源とワイヤ送給制御の組合せ

　マグ溶接・ミグ溶接における溶接機器では，図1.31に示すように，溶接電流およびアーク電圧をそれぞれ設定するための「つまみ」がリモコンボックスなど

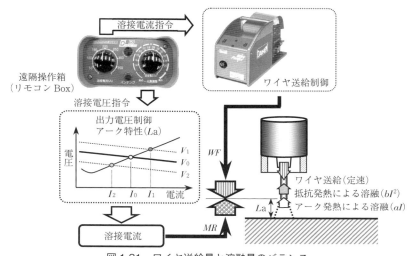

図 1.31　ワイヤ送給量と溶融量のバランス

に設けられている．電流設定つまみはワイヤ送給モータの回転速度を調整するもので，この設定値によって溶接トーチへ送給するワイヤの送給量が決まる．電圧設定つまみは溶接電源の出力レベル（図中の V_0, V_1, V_2）を設定するものであるが，その設定値とアーク特性との関係で通電される電流値（図中の I_0, I_1, I_2）が間接的に決定されることになる．

　マグ溶接・ミグ溶接は溶極式溶接法であるため，ワイヤの送給量と溶融量のバランスを保つことが，アークを安定に維持する重要なポイントとなる．すなわち，アーク状態は，図 1.31 に示すように電流設定つまみに応じた速度で定速供給されるワイヤ送給量 WF と，電圧設定つまみに応じて間接的に決まる溶接電流で支配されるワイヤの溶融量 MR のバランスで決まる．ワイヤ送給量 WF とその溶融量 MR が等しい場合にアーク長は一定に維持されて安定なアーク状態が得られる．

　ワイヤ溶融量 MR は，(1.2) 式のように，アーク発熱による溶融量と，ワイヤ突出し部で発生する抵抗発熱による溶融量との和として与えられる．そして，これら 2 つの溶融量はいずれも溶接電流 I によって支配される．

$$\text{ワイヤ溶融量 } MR = \text{アーク発熱による溶融量} + \text{抵抗発熱による溶融量}$$
$$= aI + bI^2 \quad\quad\quad\quad\quad\quad\quad\quad\quad\quad\quad\quad\quad\quad (1.2)$$

36　第1章　溶接法および溶接機器

〔a, b：定数，I：溶接電流〕

　上述のように，マグ溶接・ミグ溶接における適切なアーク状態の選定は，ワイヤの送給量とその溶融量が等しくなるように電流設定つまみと電圧設定つまみを操作することを意味する。しかし，ワイヤ溶融量 MR を支配する溶接電流 I は，出力電圧によって間接的に決まるため，適切なアーク状態が得られる溶接条件の選定には熟練を必要とする大きい要因となっている。

1.3.5　溶接電源の取扱い

　溶接電源には定格使用率が定められており，むやみに長時間の連続溶接を行うことができない。定格使用率は，JIS C 9300-1 で，「10 分間の断続負荷周期において，定格出力電流を負荷した時間と全時間との比の百分率」と定義されている。

　しかし実際の溶接作業では，常時，定格出力電流で溶接を行うわけではない。そのため，使用する溶接電流に応じて許容される「許容使用率」の値があり，(1.3) 式で表される。

$$許容使用率（\%）= \left(\frac{定格出力電流（A）}{使用溶接電流（A）} \right)^2 \times 定格使用率（\%） \quad\cdots\cdots\cdots\cdots\cdots \quad (1.3)$$

　例えば，定格出力電流 350A，定格使用率 60%の溶接電源を用いて，溶接電流 300A の溶接を行う場合，その許容使用率は (1.4) 式で算出される。

$$許容使用率（\%）= \left(\frac{350（A）}{300（A）} \right)^2 \times 60（\%）\fallingdotseq 82\% \quad\cdots\cdots\cdots\cdots\cdots\cdots\cdots\cdots \quad (1.4)$$

　すなわち，この溶接電源を溶接電流 300A で使用する場合には，8 分間の負荷に対して 2 分間の休止が必要である。

　使用率を考慮せずに連続で使用できる溶接電流の最大値 I_m は，(1.4) 式の許容使用率を 100%として算出する。定格出力電流 500A，定格使用率 60%の溶接電源の場合，下記 (1.5) 式のようである。

$$100（\%）= \left(\frac{500（A）}{I_m（A）} \right)^2 \times 60（\%） \quad\cdots\cdots\cdots\cdots\cdots\cdots\cdots\cdots\cdots\cdots\cdots\cdots \quad (1.5)$$

　この (1.5) 式から (1.6) 式が得られ，

$$I_m(\mathrm{A}) = 500(\mathrm{A}) \times \sqrt{\frac{60(\%)}{100(\%)}} \fallingdotseq 387(\mathrm{A}) \cdots\cdots\cdots\cdots\cdots\cdots\cdots\cdots\cdots \quad (1.6)$$

連続で使用できる溶接電流の最大値 I_m は約 387A となる。したがって，使用する溶接電流を 387A より低い値に抑制すれば，長時間の連続溶接を行っても溶接電源は焼損しない。

上述した使用率の計算は変圧器や巻線の温度上昇を考慮したものである。しかし，溶接電源の主回路に半導体（サイリスタ，トランジスタなど）が用いられている場合は，たとえ短時間でも定格出力電流より大きい電流を通電すると，これらの素子が焼損する恐れがあるため，定格出力電流を超えた電流値での使用は厳禁である。また，使用率は溶接電源に限らず，溶接トーチなどにも適用される。

溶接機器を安全かつ能率よく稼働させるためには定期的な保守や点検を行うことが重要である。溶接電源の故障は，部品の不良，制御回路の不良あるいはケーブル類の断線など，種々な原因によって生じる。他方，ヒューズの溶断，入／出力ケーブルの接続不良，シールドガスホースの変形あるいは冷却水ホースの破損やつまりなど，単純な原因で発生することも多い。

1.4　アーク溶接法の原理と特徴

1.4.1　非溶極式ガスシールドアーク溶接

(1) ティグ溶接

ティグ溶接は，**図 1.32** に示すように，シールドガスに Ar や He などの不活性ガスを用い，高融点金属であるタングステンまたはタングステン合金を非溶極式電極として，母材との間にアークを発生させて溶接する方法である。なお，溶着金属が必要な場合には溶加材（棒またはワイヤ）を別途添加しなければならない。しかし，このことは溶接入熱と溶着量をそれぞれ独立に制御できることを意味し，全姿勢溶接や初層裏波溶接などを比較的容易に行うことができる。

ティグ溶接は，炭素鋼，低合金鋼，ステンレス鋼，ニッケル合金，銅合金，アルミニウム合金，チタン合金，マグネシウム合金など，ほとんどの金属に幅広く適用できる。また，他の溶接法に比べ溶接金属の清浄度が高く，じん性，延性，耐食性に優れるなどの長所をもつ。短所は，溶接速度が一般に遅く，他の溶接方法に比べて能率面で劣ることや，シールドガスに高価な Ar や He を必要とする

38 第1章 溶接法および溶接機器

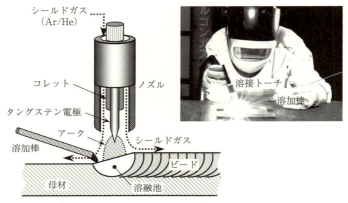

図1.32 ティグ溶接

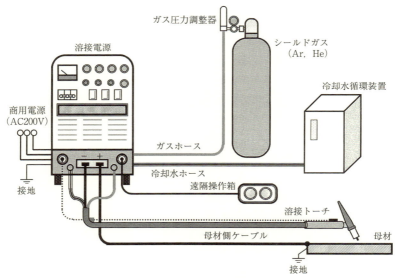

図1.33 ティグ溶接機の構成

ことである。

　ティグ溶接機は，一般的には**図1.33**のように溶接電源，溶接トーチ，リモコンボックス，および母材側ケーブルなどで構成される。溶接電源には，定電流特性電源（前掲図1.25参照）が用いられる。

　電極に用いるタングステン電極棒の種類はJIS規格（JIS Z 3233）に制定され

ており，純タングステンの他に1または2%のトリア（酸化トリウム・ThO_2），酸化ランタン（La_2O_3）および酸化セリウム（Ce_2O_3）などを含むタングステン合金がある。

　ティグアークの起動方法は，図1.34に示す3種類に大別され，一般には母材と非接触でアークを起動できる「高周波高電圧方式」が多用される。しかし，高周波高電圧方式には，強い電磁ノイズを発生するため電波障害を生じやすいという問題がある。生産現場への電子機器やIT機器の導入拡大にともなって，そのノイズ対策が重要な課題となることも多い。「電極接触方式」は，タングステン電極を母材へ接触させて通電を開始し，通電したままで電極を引き上げてアークを起動する方法で，電磁ノイズによるトラブルはほとんど生じない。ただし，アーク起動時に傷損した電極先端部を溶接部に巻込み，溶接欠陥を生じる恐れがある。「直流高電圧方式」は，タングステン電極と母材との間に数kVの直流高電圧を加えて両者間の絶縁を破壊して，母材とは非接触でアークを起動する。しかし，この方式を搭載した溶接電源は比較的高価で，絶縁に関する対策などの制約も受けるため，適用はロボット溶接や自動溶接装置など一部の特殊な用途に限られている。

（a）パルスティグ溶接

　溶接電流を，図1.35に示すように，周期的に変化させて溶接する方法をパル

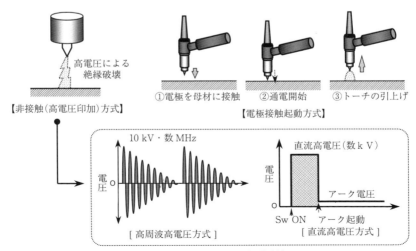

図1.34　ティグアークの起動方法

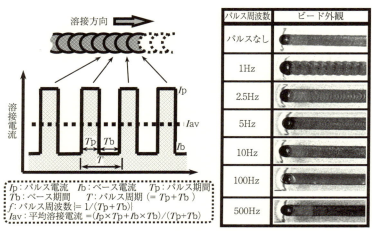

図 1.35 パルスティグ溶接

スアーク溶接という。パルス電流，ベース電流，パルス期間およびベース期間などのパルスパラメータを変化させることによって種々な特性や効果が得られる。

パルスティグ溶接は，パルス周波数によって 10〜20Hz 程度以下の「低周波パルス溶接」，100〜500Hz 程度の「中周波パルス溶接」，および 1kHz 以上の「高周波パルス溶接」に大別される。

低周波パルス溶接では，大電流を通電するパルス期間で母材を溶融し，小電流を通電するベース期間中に溶融池の凝固を促進させる。そのため，姿勢溶接，板厚が異なる差厚継手の溶接あるいは裏波溶接など，母材への入熱制御が必要な場合に効果を発揮する。

パルス周波数を 100Hz 以上に増大させると，アークの硬直性が増加する。中周波パルス溶接はこのような特性を利用したもので，小電流時のアーク不安定やふらつきを抑制し，薄板の高速溶接などに効果がある。

高周波パルス溶接は，アークの硬直性をより一層高めたもので，極小電流での施工が不可欠の極薄板や極小部品の溶接などに用いられる。

(b) 交流ティグ溶接

アーク溶接では電極の極性によってアークの挙動や母材の溶融現象などが異なる。ティグ溶接では，図 1.36 のような特性を示す。電極が陰極となる棒マイナス (EN) 極性では，電極直下の母材に集中した硬直性の強いアークが発生する。その結果，幅が狭く，溶込みの深い溶融部が得られ，電極の消耗も少ないため溶

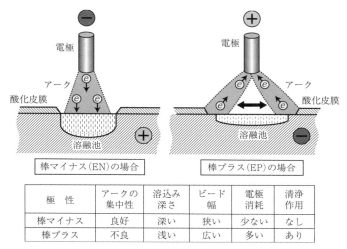

図 1.36 ティグアークにおける極性の影響

接に適した特性が得られる．反対に，電極が陽極となる棒プラス（EP）極性では，同時に複数の陰極点（電子放出の起点）が母材表面に発生し，かつ，激しく動き回る．そのため，アークの集中性は著しく劣化し，溶融部は幅が広く溶込みの浅いものとなる．加えて，タングステン電極は過熱されて電極消耗も極めて多くなるため，一般に，この極性が単独で用いられることはほとんどない．

しかし，棒プラスの極性には，母材表面の酸化皮膜を除去する「クリーニング（清浄）作用」と呼ばれる作用がある．棒プラス極性での陰極点は母材表面に形成されるが，この陰極点は酸化物が存在する箇所に発生しやすい傾向がある．酸化物があると母材の仕事関数が低くなり，電子放出が容易になるためと考えられている．陰極点では著しく高い電流密度になるため，局所的にエネルギーが集中し，極めて短時間に酸化皮膜が局所的に破壊される．酸化皮膜が消滅すると陰極点は新しい酸化物を求めて移動し，別の場所で再び酸化皮膜を局所的に破壊・消滅することになる．これら一連の作用が複数発生する陰極点によって同時に実行されるため，アーク直下（溶融池）周辺には酸化皮膜のない清浄な母材表面が現れる．この現象をクリーニング（清浄）作用という．

このようなクリーニング作用は，強固で高融点の表面酸化皮膜をもつアルミニウムやその合金などの溶接に利用される．したがって，アルミニウムやその合金などの溶接では，両者の極性の特徴を利用できる交流が用いられる．ただし交流

溶接でも，その棒プラス期間中にタングステン電極へ加えられる熱量は大きく，短時間といえども電極は過熱されることとなるため，棒マイナスの直流溶接の場合より太径の電極を使用する。

(2) プラズマアーク溶接

プラズマアーク溶接は，ノズル電極による熱的ピンチ効果を利用して得られる細く絞られたプラズマアークを熱源とする溶接法である。その原理をティグ溶接と比較して**図 1.37** に示す。ノズル電極に設けた直径 1～3mm 程度の小径穴を通してタングステン電極と母材との間にアークを発生させる。一般に，プラズマアークを発生させるための作動ガス（プラズマガス）には Ar を，溶融金属を大気から保護するシールドガスには Ar または Ar + H_2 の混合ガスを用いる。ティグアークは母材に向かって拡がる「ベル形状」を呈するが，プラズマアークは集中した「くさび形状」となるため，幅が狭く深い溶込みを形成する。

溶接電源には，ティグ溶接と同様に直流定電流特性電源を用い，棒マイナス（EN）極性のアークを発生させる。プラズマアークの発生方式には**図 1.38** に示す 2 つの方式がある。(a) は移行式プラズマアークと呼ばれ，タングステン電極とノズル電極との間に高周波高電圧で小電流の「パイロットアーク」を起動し，このパイロットアークを介して，タングステン電極と母材との間にプラズマアー

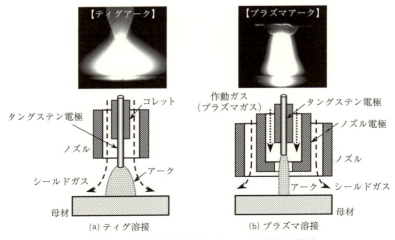

図 1.37　ティグ溶接とプラズマアーク溶接の比較

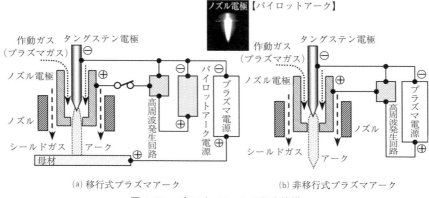

(a) 移行式プラズマアーク　　　(b) 非移行式プラズマアーク

図 1.38　プラズマアークの発生機構

クを発生させる。溶接では，通常，この移行式プラズマアークを用いる。(b) は非移行式プラズマアークと呼ばれ，タングステン電極とノズル電極との間にプラズマアークを発生させる方式である。母材への通電が不要で，非導電材料への適用も可能であるが，熱効率が低く，通常，溶接に用いることはない。表面改質などに用いる「溶射」では，この非移行式プラズマアークが用いられ，「プラズマジェット」と呼ばれることもある。

　比較的大電流を用いる突合せ継手の溶接では，プラズマアークの強いアーク力を利用して，アーク直下に「キーホール」と呼ばれる貫通穴を形成し，このキーホールを維持しながら溶接することによって，裏波ビードを安定に形成できる。この手法を「キーホール溶接」という。ただし，溶接電流を大きくしすぎたり，ノズル電極が母材に接触したりすると，ノズル電極の小径穴を通らずにノズル電極を介してアークが発生する場合がある。これは「シリーズアーク（またはダブルアーク）」と呼ばれる現象である。シリーズアークが発生するとアークの集中性が劣化するとともに，極端な場合にはノズル電極が焼損する。

1.4.2　溶極式ガスシールドアーク溶接

(1) マグ溶接およびミグ溶接

　マグ溶接とミグ溶接は，図 1.39 に示すように，自動送給される細径（直径 0.8 〜 1.6mm 程度の）ワイヤと母材との間にアークを発生させて溶接する方法であ

44　第1章　溶接法および溶接機器

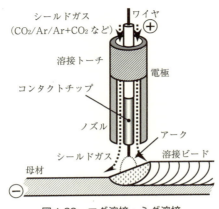

図1.39　マグ溶接・ミグ溶接

る。ワイヤはアークを発生する電極としての役割を果たすとともに，それ自体が溶融して「溶滴移行」によって母材の溶融部と合体して溶融池（溶接金属）を形成する。アークと溶融池はシールドガスによって大気から保護される。

　マグ溶接とミグ溶接は，シールドガスの種類で区別され，炭酸ガス（CO_2）やAr＋CO_2混合ガスなどの活性ガス（高温での化学反応性ガス）をシールドガスとして用いるものを「マグ溶接」，Arなどの不活性ガスをシールドガスとするものを「ミグ溶接」という。CO_2のみをシールドガスに用いる溶接方法は，特に「炭酸ガスアーク溶接」と呼ばれ，マグ溶接とは区別されることもあるが，炭酸ガスアーク溶接はマグ溶接の一種である。また，Arに微量のO_2またはCO_2を添加した混合ガス（Ar＋数%O_2，Ar＋数%CO_2）を用いる場合，慣例的にミグ溶接として取り扱われることもあるが，これらのガスも活性ガスであるため，マグ溶接に分類される。

　マグ溶接とミグ溶接の溶接機は共用で，その代表的な構成は**図1.40**のようである。溶接電源には，一般に直流定電圧特性電源が用いられる。アーク長は定電圧特性電源の自己制御作用（前掲図1.27参照）で自動的に制御されるため，特別なアーク長制御を必要としない。

　溶接トーチは，ワイヤ送給装置を介して溶接電源のプラス（＋）端子に接続される。溶接ワイヤは，ワイヤ送給装置によって定速送給され，溶接トーチのコンジットケーブルに内蔵されたライナーに案内されてトーチ先端部へ導かれる。そして，その先端部に設けられたコンタクトチップから給電されて母材との間に

1.4 アーク溶接法の原理と特徴

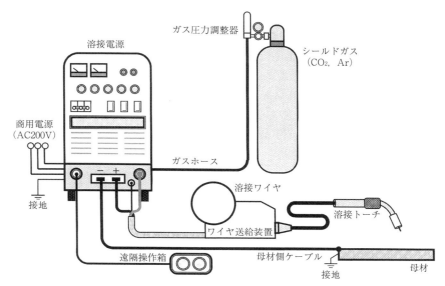

図1.40 マグ溶接機・ミグ溶接機の構成

アークを発生させる。

マグ溶接・ミグ溶接用ワイヤには，ソリッドワイヤとフラックス入りワイヤがある。ソリッドワイヤは，断面同質な中実ワイヤで，種々な化学成分や径のものが製造され，その表面には給電の安定化と防錆を目的とした銅めっきが施されたものが多い。しかし近年，環境面などを考慮した銅めっきなしのワイヤも市販されている。フラックス入りワイヤは，金属外皮の内部にアーク安定剤，スラグ形成剤，脱酸剤および金属粉末などを充填したものである。

マグ溶接とミグ溶接は，細径ワイヤに比較的大電流を通電する高電流密度の溶接方法であるため，溶着速度が速く，深い溶込みを得ることができる高能率な溶接法である。また，連続溶接が可能であること，溶接姿勢の制約を受けることが少ないこと，アークや溶融池を目視観察できること，ロボットなどを用いた自動溶接に適すること，簡便な装置で半自動溶接が可能であること，など数多くの長所をもつ。一方，短所としては，屋外作業などでは横風に対する防風対策が必要であること，磁気吹き現象によりアークが乱れる場合があること，などの事項が挙げられる。

(a) 短絡移行制御

マグ溶接では，溶滴が短絡移行やグロビュール移行する条件（前掲図1.21参照）で溶接を行うことが多く，ワイヤ先端に形成された溶滴が頻繁に溶融池へ短絡する。短絡を開放してアークを発生させるためには大電流の通電が必要であり，ヒューズの溶断と同様に，その通電によって溶滴や溶融金属の一部が周囲に飛散して「スパッタ」となる。スパッタは母材やトーチのノズルなどへ比較的強固に付着して作業性やビード外観を損ねるため，その制御や低減がマグ溶接では重要な課題となる。

短絡をともなうマグ溶接・ミグ溶接では，図1.41（a）に示すように，溶接電流が短絡期間中に増加し，アーク期間中では減少する。このような溶接電流の増加／減少速度がアークの安定性やスパッタの発生などと密接に関係するため，サイリスタ制御電源などでは直流リアクタの特性を工夫して必要な電流変化速度を得ている。また，インバータ制御電源では，その高速制御性を活用して，電子回路で溶接電流の変化速度（di/dt）をフィードバック制御することによって，溶

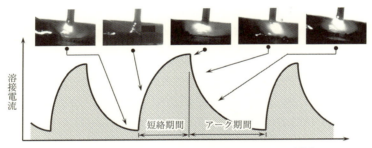

(a) 汎用マグ溶接電源(サイリスタ制御・インバータ制御)

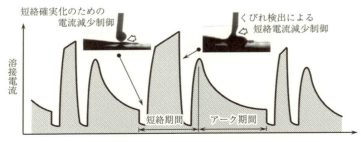

(b) 電流波形制御マグ溶接電源(パラメータ最適化制御)

図1.41　マグ溶接・ミグ溶接における溶接電流波形

接電流波形の最適化を図っている。

電子制御技術の目覚しい進展を活用して，さらに精密な溶接電流の制御を行う溶接電源も開発・実用化されており，溶接現象そのものを対象とした電流波形の制御が行われている。例えば，図1.41 (b) はその一例を示したものであり，短絡期間およびアーク期間中の種々なタイミングで電流波形をきめ細かく制御することによって，スパッタの発生を極限まで抑制している。

(b) パルスマグ溶接・パルスミグ溶接

Arを75%程度以上含む混合ガスをシールドガスとするマグ溶接とミグ溶接では，溶滴のスプレー移行領域（前掲図1.22参照）を利用して**図1.42**に示すようなパルスマグ溶接やパルスミグ溶接も行われる。

パルスマグ溶接・パルスミグ溶接では，溶滴のスプレー移行化に必要な「臨界電流」以上の大電流を通電する期間（パルス期間）と，アークを維持できる程度の小電流を通電する期間（ベース期間）とを所定の周期で交互に繰返して溶接が進行する。溶滴はパルス期間中に生じる強い電磁ピンチ力（前掲図1.16参照）の作用でワイヤ端から離脱し，溶融池へ短絡することなく移行する。そのため，パルスマグ溶接・パルスミグ溶接では，スパッタをほとんど発生させない溶接が可能である。ベース電流はアークを維持するためにのみ用いられ，この期間中で

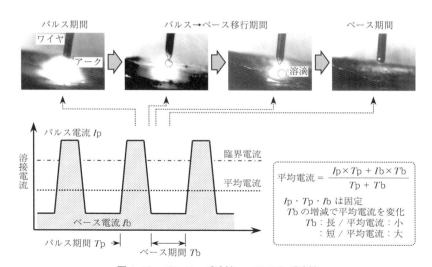

図1.42　パルスマグ溶接・パルスミグ溶接

のワイヤの溶融は極めて少なく，ワイヤの溶融にはほとんど寄与しない。

　パルス電流とパルス期間を適切に選定すれば，パルス電流に同期してワイヤ端から1個の溶滴が規則的に離脱し，溶融池へスプレー移行する。この溶滴の移行形態を「1パルス1溶滴移行」と呼ぶ。この移行形態を実現するためのパルス電流およびパルス期間はワイヤの材質と径によって異なる。他方，溶接電流（平均電流）の調整は，ベース期間（あるいはパルス周波数）を増減させることによって行う。パルス周波数は，通常，50〜500Hz程度の範囲で溶接電流とともに変化し，小電流から大電流にいたる極めて広い電流域で安定したスプレー移行を実現でき，薄板から厚板までの広範囲な継手への適用が可能となる。

(2) エレクトロガスアーク溶接

　エレクトロガスアーク溶接は，立向姿勢で厚板を1パス溶接する高能率な自動ガスシールドアーク溶接である。図1.43に示すように，溶接部の表裏面を水冷銅当て金で挟み，ワイヤと溶融池との間にアークを発生させ，トーチとは別系統でシールドガスを供給して溶接する。溶融池を銅当て金で保持して凝固させ，溶接の進行とともに銅当て金を移動して溶接ビードを形成する。

　シールドガスにはCO_2を用いることが多いが，場合によってはAr＋CO_2，Ar＋O_2，ArあるいはAr＋Heも用いられる。溶接ワイヤには細径のフラック

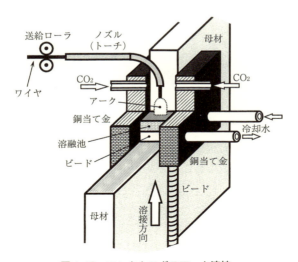

図1.43　エレクトロガスアーク溶接

ス入りワイヤまたはソリッドワイヤを用いる。溶接電源には，直流定電圧特性電源が多用されるが，直流定電流特性電源が用いられる場合もある。

エレクトロガスアーク溶接には次のような長所がある。

① 大電流を使用できるため溶着速度が大きく，高能率である。

② 1パス施工が基本であり，角変形が小さい。

③ 開先精度に対する裕度が比較的大きい。

一方，短所としては次のようなものがある。

① 溶接姿勢は立向に限られる。

② 溶接入熱が大きく継手の軟化やぜい化を生じやすい。

③ 溶接を中断すると修復に時間を要する。

エレクトロガスアーク溶接法は1パス溶接が基本で，その適用板厚は通常10～35mm程度である。しかし，電極揺動や2電極溶接を採用して，より厚板にも適用できる手法も開発され，船の側外板，貯槽タンク，圧力容器，橋梁などの立向突合せ継手の溶接に適用されている。

1.4.3　被覆アーク溶接

被覆アーク溶接は，前述（前掲図1.5参照）のように，金属心線に被覆剤（フラックス）を塗布した被覆アーク溶接棒を電極としてアークを発生させる溶接方法である。溶接棒と母材との間に発生させたアークは，その熱で溶接棒と母材を溶融する。溶接棒に塗布されたフラックスは，溶融されてガスを発生し，溶融金属を大気からシールドする。また同時に溶融スラグを形成し，その溶融スラグは溶融金属との間で冶金反応を行うとともに凝固時のビード形状を整形する。

被覆アーク溶接機の構成は**図1.44**のようであり，溶接電源，溶接棒ホルダおよび溶接ケーブルがその構成要素である。溶接電源には垂下特性または定電流特性のものが用いられる。わが国では可動鉄心形溶接電源（前掲図1.28参照）を使用した交流溶接を用いることが多い。

被覆アーク溶接は簡便な溶接法で適用範囲も広いことから，炭素鋼や合金鋼などの鉄鋼材料をはじめとして，ニッケル合金や銅合金などの非鉄金属材料の溶接にも広く適用されている。溶接は，一般に，溶接作業者が溶接棒ホルダを手動で運棒操作して行うが，傾斜したスライドバーに取付けられた溶接棒ホルダが，溶接棒の消耗につれて自重で下降して自動溶接する「グラビティ溶接」と呼ばれる

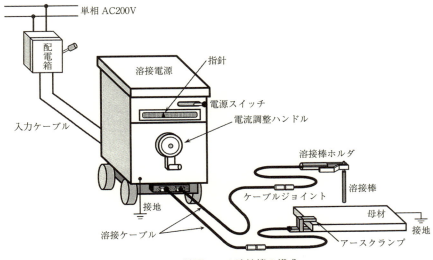

図 1.44　被覆アーク溶接機の構成

方法もある。

　被覆アーク溶接は，長い間アーク溶接の中心的な存在であったが，わが国ではマグ溶接・ミグ溶接の普及にともない，その適用比率は減少している。

1.4.4　サブマージアーク溶接

　サブマージアーク溶接は，図 1.45 に示すように，母材表面の溶接線上に散布

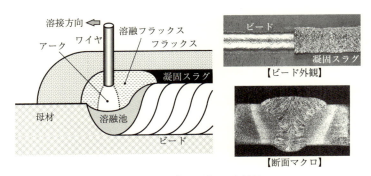

図 1.45　サブマージアーク溶接

した粒状フラックス中に溶接ワイヤを自動送給し，ワイヤと母材との間にアークを発生させて溶接する方法である。すなわち，被覆アーク溶接棒の心線とフラックスを分離させて，自動溶接を可能にした溶接法といえる。

ワイヤには，通常，直径 3.2 ～ 6.4mm 程度の太径ワイヤを用い，数百～千数百 A 程度の大電流を通電することによって，高溶着・高能率な溶接を行うことができ，溶込みの深い溶接ビードが得られる。溶接電源には垂下特性の可動鉄心形交流電源を用いることが多く，可動鉄心をモータで駆動して出力を調整する。この場合，アーク長の制御には「アーク電圧フィードバック制御」が用いられ，アーク電圧が所定の値となるようにワイヤの送給速度を制御してアーク長を一定に保つ。例えば，アーク電圧（アーク長）が所定の値より高く（長く）なるとワイヤ送給速度を速くしてアーク長が短くなるように制御する。

なお，細径ワイヤ（直径 1.2 ～ 1.6mm 程度）を用いるサブマージアーク溶接も一部で採用されている。その場合には，マグ溶接・ミグ溶接と同様にワイヤを定速送給し，定電圧特性電源の自己制御作用（前掲図 1.27 参照）を利用してアーク長を一定に保つ。

サブマージアーク溶接には次のような長所がある。
① 太径ワイヤによる大電流溶接が可能で，溶着速度が極めて大きい。
② 溶込みの深い溶接ができ，能率的である。
③ アークはフラックス中で発生するため，アーク光に対する遮光は不要である。
④ スパッタやヒュームの発生が少ない。
⑤ 風の影響をほとんど受けない。
⑥ 作業者の技量によらず，安定したビード形状と均質な継手品質が得られる。
一方，短所としては次のようなものがある。
① 溶接姿勢は，原則として下向，水平および横向に限られる。
② 継手形状は，直線またはそれに近い形状あるいは曲率半径の大きい曲線などに限定される。
③ フラックスの供給，回収やスラグのはく離，回収作業が必要になる。
④ 溶接入熱が過大になると，熱影響部の軟化やぜい化を生じることがある。
サブマージアーク溶接は 1950 年頃わが国に導入され，高能率な溶接法として主に造船，橋梁，建築分野や大径鋼管の製造に適用されている。また，近年では，デジタル制御の溶接電源が開発され，直流・交流を含む精密な溶接電流波形

の制御により，さらなるサブマージアーク溶接の高度化が期待されている。

1.4.5　その他のアーク溶接法

(1) セルフシールドアーク溶接

セルフシールドアーク溶接は，図1.46に示すように，自動送給されるフラックス入りワイヤを電極として，シールドガスを流さずに大気中で自動または半自動溶接する方法である。ワイヤに内包されたフラックスはアーク熱で溶融され，ガスを発生してアークおよび溶融金属を大気からシールドするとともに，溶融金属を脱酸および脱窒する。

セルフシールドアーク溶接には次のような長所がある。
① シールドガスを必要としない。
② 風の影響を受けにくい。
③ トーチは軽量で操作性が良い。

一方，短所としては次のようなものがある。
① ヒュームの発生量が多い。
② 溶込みが浅い。
③ 継手の機械的性質などが他の溶接法に比べて多少劣る。

セルフシールドアーク溶接は現場溶接作業に適した溶接法であるため，建築鉄

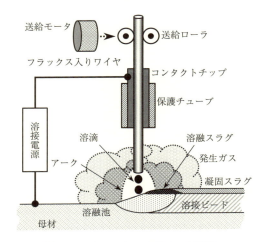

図1.46　セルフシールドアーク溶接

骨，鉄塔，海洋構造物あるいは鋼管杭などの現地溶接に適用されている。

(2) アークスタッド溶接

アークスタッド溶接は，図1.47に示すように，ボルト，丸棒，鉄筋，またはそれと同様な部品（スタッド）そのものを電極として，母材との間にアークを発生させ，電極としたスタッドを母材上に植えつけるようにして溶接する方法である。

セラミック製の補助材（フェルールまたはカートリッジ）をスタッドの先端に取り付けた後，特殊な溶接ガン（スタッド溶接ガン）を用いて，スタッドと母材との間にアークを発生させる。アーク発生から所定時間経過して，スタッドの先端部が十分に加熱された状態になると，その先端部を電磁力やスプリング力などを利用して母材に押付けて溶接部を形成する。フェルールなどの補助材は溶融金属に対する鋳型として，スタッドの全周に均一な溶接部を形成する役割をもつ。溶接部はスタッドの全端面にわたって形成され，周辺部にはフラッシュと呼ばれるバリが発生する。

アークスタッド溶接は，建築鉄骨の梁や床板，橋梁の床板，海洋構造物など広範囲な産業分野で適用されている。

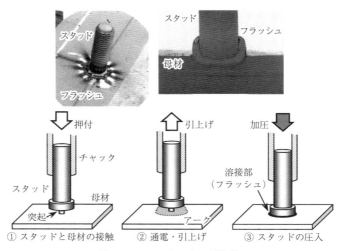

図1.47　アークスタッド溶接

1.5 その他の溶接法の原理と特徴

1.5.1 エレクトロスラグ溶接

　エレクトロスラグ溶接は，図1.48に示すように，溶融したスラグ浴の中にワイヤガイドで案内されたワイヤを連続的に供給し，通電される電流によって生じる溶融スラグの抵抗発熱を利用してワイヤを溶融する溶接法である．溶融金属は表裏面から水冷銅当て金で保持して凝固させ，溶接の進行とともに銅当て金を摺動させて溶接ビードを形成する．溶接開始時にはアークを発生させてフラックスを溶融するが，開先内にスラグ浴が形成されるとアークが消滅して，それ以降は抵抗発熱を利用して母材とワイヤを溶融する．

　エレクトロスラグ溶接は溶接姿勢が，一般に，立向に限定され，エレクトロガスアーク溶接と極めて類似した溶接法である．しかし，熱源は抵抗発熱が主体であり，アークを熱源とするエレクトロガスアーク溶接とは異なる．電極揺動機能が付加された溶接装置を用いると，1電極で100mm程度の板厚まで溶接が可能である．

　エレクトロスラグ溶接は，広い板厚範囲で高能率な1パス溶接が可能であるため，圧延機の架台や鍛造プレスのフレームなどの溶接に適用されている．また建

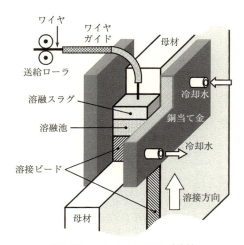

図1.48　エレクトロスラグ溶接

築鉄骨のボックス柱などでは，箱型柱材のダイアフラムの立向溶接に適用されている。

1.5.2 抵抗溶接

抵抗溶接は，通電によって発生する抵抗発熱で接合部を加熱し，温度上昇した接合部に強い力で加圧して接合する溶接法であり，重ね抵抗溶接と突合せ抵抗溶接に大別される。重ね抵抗溶接には抵抗スポット溶接やシーム溶接があり，突合せ抵抗溶接にはアプセット溶接やフラッシュ溶接がある。プロジェクション溶接には重ね抵抗溶接と突合せ抵抗溶接の両者がある。

(1) 抵抗スポット溶接

抵抗スポット溶接は，図 1.49 に示すように，重ねた板（母材）を上下から水冷銅電極で挟み，加圧しながら大電流を短時間通電して，抵抗発熱で母材間に溶融部を形成する溶接法である。形成された碁石状の溶融部は「ナゲット」と呼ばれる。母材表面には溶融部は形成されないが，加圧によって「圧こん」と呼ばれる直径数ミリメートル程度の窪みが発生する。

溶接条件を決定する主要因子は，溶接電流，通電時間，加圧力，および電極先

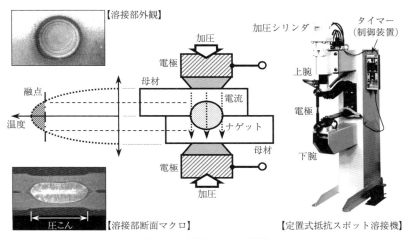

図 1.49　抵抗スポット溶接

端形状であり，電極先端形状以外の因子はタイマー（制御装置）で制御する。溶接電流や加圧力が不適切な場合は「散り」と呼ばれる溶融金属の飛散が発生し，強度不足や溶接欠陥の原因となる。また，通電時間が長過ぎると，過大な熱影響部が形成されて強度が低下する。

抵抗スポット溶接は，ほとんどの金属に適用できるが，特に軟鋼，低合金鋼，高張力鋼，ステンレス鋼およびアルミニウム合金などの薄板に適用されることが多い。

(2) プロジェクション溶接

プロジェクション溶接は，図 1.50 に示すように，重ねた板の一方に突起（プロジェクション）を設け，その突起に電流を集中させて抵抗溶接する方法である。突起は溶接中につぶされて溶接部を形成し，溶接後の母材表面には「圧こん」がほとんど発生しない。

溶接装置の構成は，抵抗スポット溶接の場合とほぼ同様であるが，溶接期間中に突起の形状が変化するため，加圧系には動特性が良好なものを用いる。また，ボルトやナットなどを溶接する場合には，数個の突起を設けて同時に溶接する手法が用いられる。

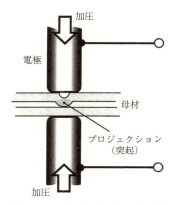

図 1.50　プロジェクション溶接

(3) シーム溶接

シーム溶接は，図 1.51 に示すように，上下に配した一対の回転円盤電極で，

1.5 その他の溶接法の原理と特徴　　57

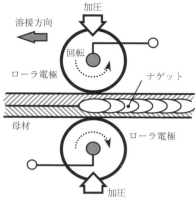

図 1.51　シーム溶接

　重ねた板を加圧しながら通電と電極の移動を交互に繰り返して，断続通電によってナゲットを連続的に形成する抵抗溶接法である．
　シーム溶接は，抵抗スポット溶接の不連続性を解消した抵抗溶接であり，軟鋼，低合金鋼，めっき鋼板，ステンレス鋼，アルミニウム合金など広範囲な材質に適用できる．主に水密性や気密性を必要とする継手の溶接に用いられ，飲料缶などの胴継手溶接，灯油・ガソリン携行缶の組立溶接，二輪車の燃料タンクの溶接あるいはステンレス屋根の溶接などがその代表例である．

(4) アプセット溶接
　アプセット溶接は，突合せ抵抗溶接の代表例であり，**図 1.52** に示すように，

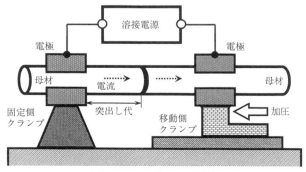

図 1.52　アプセット溶接

溶接部材を対向させて固定側電極と移動側電極それぞれに配置し，整形した接合端面同士を接触させた状態で通電する．抵抗発熱によって接合部近傍が所定の温度（圧接温度）に到達すると，移動側電極を前進させ，接合部を強く加圧して溶接継手を形成する．

接合部断面積が大きくなると，断面全体の均一な加熱が困難となって溶接欠陥を発生しやすい．そのため，アプセット溶接の適用は，接合断面が比較的小さい丸棒（直径10mm以下）などの溶接に限定されることが多い．

(5) フラッシュ溶接

フラッシュ溶接は，抵抗発熱とアーク加熱を利用して比較的大断面積の部材を接合する溶接法であり，その工程は，予熱，フラッシュ，アプセットの3過程で構成される．予熱過程では，母材同士の接触と離反を短時間で交互に繰り返して接合端面を赤熱させる．その後，**図 1.53** に示すように，フラッシュ過程で，短絡とアークを交互に繰り返して接合部材の端面に薄く均一な溶融層を形成する．そして，アプセット過程で，溶融金属を強く加圧して外周部へ押し出すことによって接合部を形成する．

フラッシュ溶接では，大容量の溶接電源と，制御性に優れた電極移動機構を必

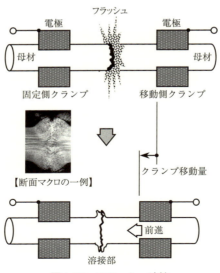

図 1.53　フラッシュ溶接

要とする。しかし，アプセット溶接に比べて溶接部の品質は信頼性が高く，大断面部材を比較的短時間で溶接することができるため，鉄道レール，異形鉄筋，鎖あるいは板材など，鉄鋼材料の接合に適用されている。

1.5.3 電子ビーム溶接

電子ビーム溶接は，**図 1.54** に示すように，加熱した陰極（フィラメント）から放出される電子を高電圧で加速し，電磁コイルで集束させて高エネルギー密度のビームとして，これを真空中で母材へ入射する溶接法である。電子ビームのエネルギー密度はアークの 1,000 倍以上に相当し，母材への入射位置は偏向コイルと呼ばれる電磁コイルで制御する。

電子ビーム溶接には次のような長所がある。
① 小入熱で厚板の 1 パス溶接が可能である。
② 熱影響部が狭く，母材の劣化が少ない。
③ 溶接ひずみや変形が少ない。

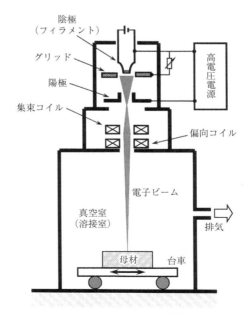

図 1.54　電子ビーム溶接

60　　第1章　溶接法および溶接機器

一方，短所としては次のようなものがある。

① 溶接部を高真空にしなければならない。

② 高い開先精度が要求される。

③ 装置は高価である。

などが挙げられる。

電子ビーム溶接では，小入熱で高品質な継手が高能率で得られることから，自動車部品，宇宙・航空機部品，あるいは圧力容器など，薄板から極厚板まで幅広い溶接継手に適用される。その他，チタン，ジルコニウム，タングステン，モリブデンなどの活性金属や高融点金属に対しても良好な溶接継手が得られる。

1.5.4　レーザ溶接

レーザ溶接は，発振器で作られた波長と位相がそろった光（レーザ光）をレンズで細く絞って入射することによって母材を加熱・溶融する溶接法である。レーザ光は電子ビームの場合と同様に，アークの1,000倍以上に相当する高いエネルギー密度をもち，幅が狭く深い溶込みを形成する。しかも大気中での溶接が可能で，電子ビームにはない長所をもつ。

レーザ溶接には次のような長所がある。

① 大気中での溶接が可能である。

② ミラーまたはファイバーでの伝送が可能である。

③ ビード幅および熱影響部が狭く，溶接変形が少ない。

④ 高融点材料や非金属材料（セラミックスなど）の溶接が可能である。

一方，短所としては次のようなものがある。

① 材料の種類や表面状態などによってレーザ光の吸収率が異なるため，溶込み深さが変化しやすい。

② アルミニウムなど，光の吸収率が低い材料の溶接が困難である。

③ 金属蒸気およびシールドガスがプラズマ化すると，溶込みが減少する。

④ 高精度の開先加工と組立が必要である。

⑤ レーザ光に対する特別の安全対策が必要である。

比較的広範囲な産業分野で実用化されているレーザは，**図1.55**に示す，「炭酸ガスレーザ」，「YAGレーザ」，「ファイバーレーザ」である。炭酸ガスレーザは発振波長$10.6\,\mu$mの気体レーザで，通常，連続発振で使用することが多い。波

1.5 その他の溶接法の原理と特徴

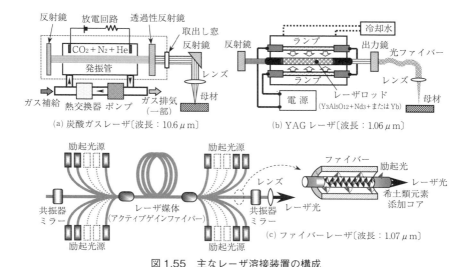

図1.55 主なレーザ溶接装置の構成

長の関係で光ファイバーは使用できないため,レーザ光の伝送には反射鏡を用いる。レーザガスには $CO_2 + N_2 + He$ 混合ガスを用い,循環させて再利用するが,使用時間の経過とともに劣化するため,補充が必要である。

YAGレーザは固体レーザで,YAGロッドと呼ばれるガラス状の結晶ロッドにアークランプ(KrまたはXe)または半導体レーザの光を照射して発生させる。パルス発振および連続発振が可能であり,発振波長は $1.06\mu m$ と短いため,光ファイバーでの伝送が可能である。

ファイバーレーザは比較的新しいレーザで,希土類元素(イッテルビウムYb)が添加されたコアを内蔵した二重構造のファイバーをレーザ媒体として,全光路のファイバーが発振器となるレーザである。内蔵クラッド内の希土類元素添加コアに外付けしたファイバーを介して励起光を照射し,これを外側クラッドとの界面で全反射させながら伝播させることで,発振波長 $1.07\mu m$ のレーザ光が効率よく励起される。これらの他,半導体レーザやディスクレーザなど,従来のものより高性能,高効率な新しいレーザもいくつか開発,実用化されている。

レーザ溶接は,高張力鋼,チタン,アルミニウムなど,ほとんどの金属への適用が進められており,自動車部品や電子部品の小物溶接などに多く用いられてきたが,近年では自動車ボディ,航空機部品,重電プラント部品などにも使用されはじめ,広範囲な産業分野への適用が拡大している。

アーク溶接とレーザ溶接を組み合わせることによって互いの短所を補い，両者の長所を有効に活用して，深溶込みの溶接，ギャップに対する許容値の緩和，溶接欠陥の防止，継手性能の向上あるいは低ひずみ溶接などを実現する手法として，「レーザ・アークハイブリッド溶接」が実用化されている。

1.5.5 摩擦を利用した溶接

(1) 摩擦圧接

摩擦圧接は，図 1.56 に示すように，突合せた2つの部材間に所定の力 P_1 を加えた状態で，その一方（または両方）の部材を回転させ，両者の接触部（接合部）に発生する摩擦熱を利用して部材同士を接合する溶接法である。部材接触部が摩擦熱で十分に加熱され軟化すると，部材の回転を停止し，さらに強い加圧力 P_2 を加えて，軟化した金属を「ばり」として外周部へ排出して接合を完了する。

摩擦熱で軟化した接合部近傍の金属は外周部へ排出されるため，接合面に酸化物や付着物などが存在しても，その影響はほとんど残らない。このような特性を活用して異材継手の接合にも適用されており，鋼とアルミニウム合金，鋼とチタンなど，アーク溶接の適用が困難な継手の接合も可能である。

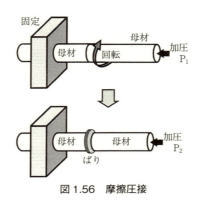

図 1.56　摩擦圧接

(2) 摩擦攪拌接合（FSW）

摩擦攪拌接合（FSW：Friction Stir Welding）は，摩擦熱で軟化した接合部の金属を攪拌・混合して接合する比較的新しい溶接法である。図 1.57 に示すよう

1.5 その他の溶接法の原理と特徴

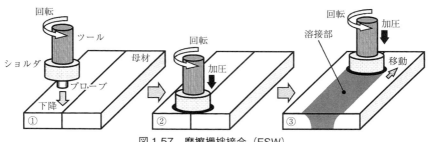

図1.57 摩擦攪拌接合（FSW）

に，ツール先端のプローブを母材表面に接触させ，回転によって生じる摩擦熱で接合部が軟化すると，ツールをそのショルダ部が母材表面に接触するまで圧入する。そして，ツールの回転速度と母材への接触を維持したままの状態で，溶接線に沿ってツールを移動して摩擦熱による接合部を形成する。

ツールはプローブとそれより径が大きいショルダから構成され，プローブは摩擦熱の発生とそれによって軟化した金属の攪拌，ショルダは攪拌された金属の外部への排出を防止する役割をもつ。接合部の温度は母材融点の70〜80％程度まで上昇するが，融点には達しない。

摩擦攪拌接合は，ポロシティの抑制，溶接変形や残留応力の低減，あるいは溶接ヒュームの防止など，アルミニウム合金の溶融溶接で生じやすい問題点の多くを解消できる溶接法として，アルミニウム合金製鉄道車両をはじめとして，船舶，自動車部品あるいはパラボラアンテナなどに適用されている。

FSWの回転ツールを移動せずに接合部を形成する溶接法は「摩擦攪拌点接合（FSSW：Friction Stir Spot Welding）」と呼ばれる。FSSWの作業形態は抵抗スポット溶接に酷似しており，自動車ボデーのアルミニウム合金部材などへの適用が進んでいる。

FSWとFSSWはアルミニウム合金を対象として開発されたが，鉄鋼材料などアルミニウム以外の材料への適用に関する検討も進められている。しかし，融点がアルミニウムより高い材料では，ツールの耐久性が重要な課題となる。

1.6 アーク溶接ロボットと溶接の自動化

1.6.1 アーク溶接ロボット

　アーク溶接への溶接ロボットの適用は1970年代に始まり，当初は主に自動車産業分野が対象であった．その後，建築鉄骨分野，橋梁分野あるいは造船分野などの広範囲な産業分野で自動化，省人化あるいは高能率化などに有効な手段として適用が拡大している．

　アーク溶接ロボットを動作機構で大別すると，「直角座標形」と「多関節形」に分類される．図1.58（a）に示すように，開発当初のロボットは，XYZの3軸に回転と旋回の2軸を加えた5軸の直角座標形ロボットであった．しかし現在，図1.58（b）に示すように，小さい設置面積で比較的広い動作範囲を確保できる6軸以上の多関節形ロボットが主流となっている．

　ロボットの動作制御方式は，位置情報や動作順序などを数値で入力する「数値制御（NC）形」と，あらかじめ溶接ロボットを動作させて教示（ティーチング）した位置情報，動作順序，溶接箇所および溶接条件などをそのまま再現する「プレイバック形」とに大別されるが，プレイバック形が主流を占めている．

　一般に，ティーチング作業は溶接休止中に行われ，その間は溶接作業を行うこ

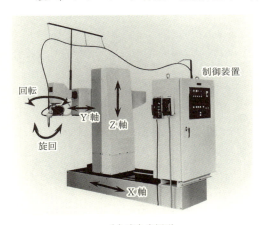
(a) 直角座標形

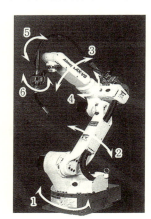
(b) 多関節形

図1.58　主なアーク溶接ロボット

とができない。そのためティーチングはロボットの稼働率低下を招く大きい要因となっており，それを解消するために開発された手法が「オフラインティーチング」である。

オフラインティーチングでは，図1.59に示すように，3次元CADなどで作成した設計データを利用して，コンピュータの画面上でシミュレーション動作を実行し，ロボットへのティーチングプログラムを作成する。作成されたプログラムはロボットの制御装置へ直接伝送され，ロボットの動作や溶接条件の制御に利用される。

実溶接施工時には部材（ワーク）の位置情報（溶接開始点や終了点，溶接継手位置など）について最小限の補正が必要となることもあるが，長い時間を要する基本的なティーチングプログラムの作成はロボットの稼働状況から独立した作業とすることができる。その結果，オフラインティーチングは，溶接ロボットの稼働率向上に大きく貢献することとなる。

アーク溶接ロボットは単体で使用されることが少なく，クランプジグ，ポジショナ，ターンテーブルあるいは移動装置（スライダ，台車）などの周辺装置と組み合わせて使用することが多い。図1.60はその一例を示したもので，ポジショナと組み合わせて溶接姿勢を最適化する場合，門形自走台車と組み合わせて

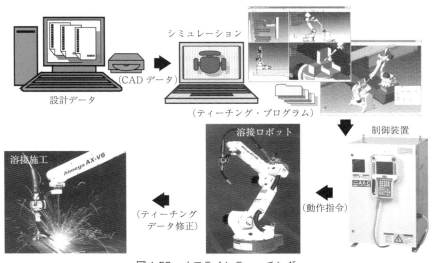

図1.59　オフラインティーチング

66　第1章　溶接法および溶接機器

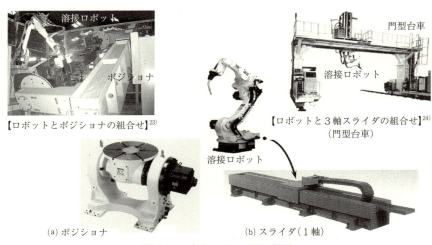

図 1.60　主なロボット周辺機器

ロボットの可動範囲を拡大する場合などが採用されている。

1.6.2　アーク溶接用センサ

　自動アーク溶接では，部材の切断誤差，継手の組立誤差あるいは溶接中に生じるひずみや変形などに応じて，溶接開始・終了位置，溶接中のトーチ位置やウィービング中心位置などを的確に追従させなければならない。そのためには，溶接作業者の目に代わって，溶接線などでの変動情報を自動溶接装置や溶接ロボットへ提供する機器が必要である。その役割を果たすための機器または装置がセンサである。アーク溶接に用いられるセンサは，ワイヤタッチセンサ，アークセンサ，光センサに大別される。これらのセンサは，全自動溶接が基本となるロボット溶接で特に重要な役割を果たす。

(1)　ワイヤタッチセンサ

　ワイヤタッチセンサは，図 1.61 に示すように，溶接ワイヤを利用して母材の位置情報などを認識するセンサで，特別な検出器を必要としない。溶接ワイヤと母材との間に比較的高い電圧を加え，溶接ワイヤが母材へ短絡したときに発生する無負荷電圧から短絡電圧への変化，あるいは，短絡電流の通電を検出して必要

1.6 アーク溶接ロボットと溶接の自動化

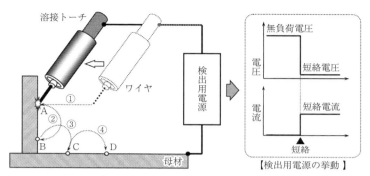

図 1.61 ワイヤタッチセンサの原理

な情報を得る。例えば、図中①〜④で示す動作を順次行うと、たて板上の点 A および B と、下板上の点 C および D の位置がわかり、直線 AB と直線 CD の交点として、このすみ肉継手の溶接線の位置を求めることができる。また、ワイヤタッチセンサは、溶接開始・終了点や開先位置、溶接継手形状などの検出にも利用されている。

(2) アークセンサ

アークセンサは、トーチ高さ（ワイヤ突出し長さ）の変動によって生じる溶接電流またはアーク電圧の変化を利用してトーチの位置情報を得るセンサである。定電圧特性電源を用いてワイヤを定速送給するマグ溶接・ミグ溶接では、トーチ高さ変動に対して自己制御作用（図 1.27 参照）が働く。アークセンサはこの作用を利用したものであり、**図 1.62** にその原理の一例を示す。

トーチ狙い位置（ウィービング中心）が適切であれば、左右のウィービング端でのワイヤ突出し長さは等しいため、その両端で通電される電流 i_{L0} と i_{R0} は等しくなる。しかし、トーチ狙い位置が右側にずれると、ワイヤ突出し長さが短くなる右側端での溶接電流 i_{R1} は、ワイヤ突出し長さが長くなる左側端での溶接電流 i_{L1} より大きくなる。すなわち、ウィービングの両端での溶接電流値が、$i_{L1} < i_{R1}$ の場合はトーチが右に偏心していることを意味するため、両者が等しくなるまでトーチ位置を左側へ移動させる。反対に、$i_{L1} > i_{R1}$ の場合には、左に偏心しているトーチ位置を右側へ移動させてトーチ位置を補正する。

マグ溶接・ミグ溶接のアークセンサは、ウィービングによる溶接電流の変化を

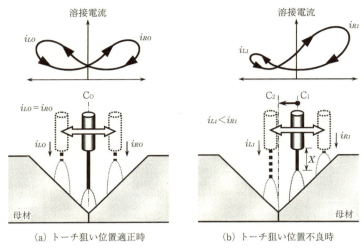

(a) トーチ狙い位置適正時　　　(b) トーチ狙い位置不良時

図1.62　アークセンサの原理

利用したものであり，厚板開先内やすみ肉継手の溶接に対しては極めて有効な手段である．しかし，ウィービング中での電流変化が少ない継手の溶接，例えば，I開先の突合せ溶接や薄板の重ね溶接などへの適用は困難である．

(3) 光センサ

　光センサは，レーザポイントセンサ，光切断センサ，および直視型視覚センサの3種類に分類される．これらのセンサは高価で比較的複雑な構成の装置であるが，他のセンサに比べて多くの情報を得られるため，その適用が増加している．

　レーザポイントセンサは，レーザ光を距離センサとして利用するもので，トーチ－母材間距離の検出などに用いる．適用対象はワイヤタッチセンサとほぼ同様で，溶接線，溶接開始・終了点，開先位置，溶接継手形状などの検出に用いられる．ワイヤタッチセンサに比べ，センシング時間は格段に短く，検出精度にも優れている．

　光切断センサは，図1.63に示すように，溶接線に照射したレーザ光を検出器（カメラ）で認識するセンサである．得られた情報はコンピュータなどで画像処理し，制御情報を溶接機器へ伝達したり，モニタ上に表示したりする．

　直視型視覚センサは，図1.64に示すように，CCDカメラで撮影したアークや溶融池の形状などの映像を画像処理して，得られた情報でトーチ位置や溶接条件

1.6　アーク溶接ロボットと溶接の自動化　69

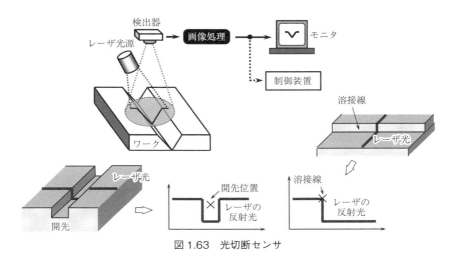

図 1.63　光切断センサ

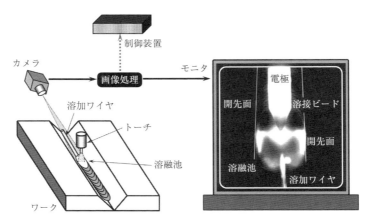

図 1.64　直視型視覚センサ

などを制御するため使用するセンサである。

70   第1章　溶接法および溶接機器

1.7　切断法

1.7.1　切断法の分類

　各種材料の切断法は，**表1.1**に示すように，熱切断と非熱切断に大別される。熱切断と非熱切断の区別は，切断エネルギーによって切断部を溶融するかどうかによって決まる。

　熱切断には，溶接法と同様に，種々な熱エネルギーが活用され，ガス切断は化学反応（酸化反応）熱を利用した切断法，プラズマ切断やワイヤカット放電切断は電気エネルギーを利用した切断法，レーザ切断は光エネルギーを利用した切断法である。また，作動ガスに空気や酸素を用いるプラズマ切断，アシストガスに酸化性ガスを用いるレーザ切断などは，それぞれのエネルギー源に化学反応を複合して切断特性や能率を改善した切断法である。

表1.1　主な切断法の種類とその切断エネルギー

名　称		切断エネルギー
熱切断	ガス切断，パウダ切断	鉄と酸素の化学反応熱エネルギー
	プラズマ切断	アークによる熱エネルギー
	ワイヤカット放電切断	放電による熱エネルギー
	レーザ切断	光による熱エネルギー
非熱切断	ウォータジェット切断　通常水噴流切断	水の運動エネルギー
	ウォータジェット切断　研磨材添加水噴流切断	硬質微粒子の運動エネルギー
	機械的切断（のこぎり盤など）	工具による機械的エネルギー

1.7.2　ガス切断

　ガス切断は，比較的良好な切断品質が得られ，しかもランニングコストが安価で，小型・軽量・簡便な機器で操作性にも優れた切断法である。そのため，炭素鋼や低合金鋼の切断などに，種々の産業分野で適用されている。最大の特徴は，切断部の溶融に必要な熱エネルギーに切断材料自身の化学反応（酸化反応）熱を利用することである。

ガス切断の原理は，図 1.65 に示すように，予熱炎と呼ばれる酸素と燃料ガスとの混合ガス炎で切断部を発火温度（約 900℃）まで加熱し，その部分へ切断酸素を吹付ける。切断酸素は切断材の鋼との間で激しい酸化反応を行い，そのときに発生する反応熱（化学反応熱）で切断材が溶融する。溶融された鉄および酸化鉄スラグは切断酸素で吹き飛ばされ，切断溝の形成によって対象物は切り離される。

予熱炎を形成する燃料ガス（予熱ガス）には，一般にアセチレンが用いられるが，プロパン，ブタン，天然ガス，水素やそれらの混合ガスなども使用される。

ガス切断は鋼を切断するのに優れた方法で，軟鋼の場合には 1,000mm を超える厚板にも適用することが可能である。現在のところ，板厚 50mm 以上の厚鋼板に対する実用的な熱切断法としてはガス切断が最も適している。

しかし，炭素や合金元素を多く含む材料では，それらの元素が切断現象を阻害する因子として作用するため，鋳鉄やステンレス鋼などへのガス切断の適用は困難である。このような材料に対しては，ガス切断の応用である「パウダ切断」が用いられる。パウダ切断では切断酸素に鉄粉を混入させ，その鉄粉の酸化反応を利用して鋳鉄やステンレス鋼などの切断を可能にする。

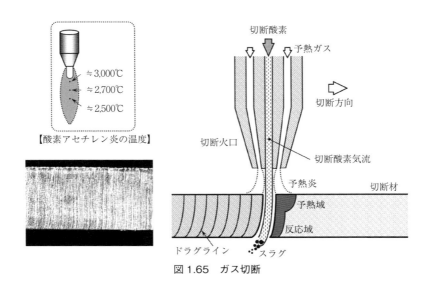

図 1.65　ガス切断

1.7.3 プラズマ切断

プラズマ切断は，ノズル電極の細径穴を通過させて高温化したプラズマアーク（前掲図1.37参照）を利用する熱切断法である。プラズマ溶接との最も大きい相違点は，溶融金属の除去が行われることであり，図1.66に示すように，シールドガスの代わりに高速の補助ガスを溶融部へ吹付ける。

プラズマアークの起動方法には，プラズマ溶接と同様に，電極とノズルの間に発生させた比較的小電流のパイロットアークを利用してメインアークを発生する方式と，ノズルを直接母材に接触させてパイロットアークなしでメインアークを発生する方式がある。前者は中・大容量の切断機に，後者は比較的小容量の切断機に用いられている。

作動ガス（プラズマガス）には，一般に，Ar，Ar + H_2 混合ガス，N_2 あるいは N_2 + H_2O（水）などが用いられる。N_2 や H_2O は溶融溶接の大敵であるが，溶融金属を除去する切断では切断品質を向上させる手段の1つとして，主にステンレス鋼の切断で使用されている。

また，酸化反応熱を利用した高能率な切断を得るために，空気や O_2 を用いる切断法が増加している。空気を用いる切断法は「エアプラズマ切断」と呼ばれ，コンプレッサなどで得られる圧縮空気を作動ガスと補助ガスともに利用する。エアプラズマ切断は比較的小電流でも良好な切断性能が得られることから，手軽で安価な切断方法として種々の分野で適用されている。

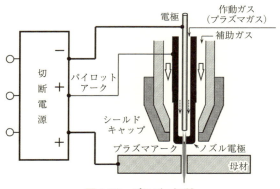

図1.66　プラズマ切断

プラズマ切断の電極には，通常，タングステン電極を用いるが，空気やO_2を用いる場合には，酸化雰囲気でも高い融点をもつハフニウム（Hf）やジルコニウム（Zr）を電極として使用する．タングステンは酸化すると融点が急激に低下し，酸化性ガス中で使用すると著しく消耗して，電極としての役割を果たすことができないためである．なお，HfやZrの熱伝導性は極めて悪いため，一般に，銅シースへ圧入して電極の冷却を促進する．

プラズマ切断には炭素量や合金成分などによる制約はなく，鋳鋼やステンレス鋼はもとより，アルミニウムやその合金などの非鉄金属にも適用することができる．また，ガス切断に比べ，熱影響部や切断溝幅が狭く，切断速度も速い．ただし，プラズマアーク溶接と同様に，切断条件によってはシリーズアーク（またはダブルアーク）が発生する場合があり，切断性能が極端に劣化するとともに，ノズル電極が焼損する．

1.7.4 レーザ切断

レーザ切断は，溶接の場合と同様にして得られたレーザ光（図1.55参照）を利用した切断法である．**図 1.67**に示すように，レンズで集光したレーザ光を母材表面へ照射し，レーザの光エネルギーを熱エネルギーに変換して切断部を局所的に溶融する．それと同時に，アシストガスと呼ばれる補助ガスをレーザ光と同軸で切断部へ噴出する．アシストガスは，レーザ光が照射された部分から溶融・蒸発した切断材料を排除して，切断溝を形成するために用いる．また，飛散物か

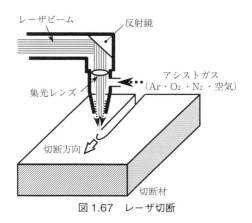

図1.67　レーザ切断

らの集光レンズの保護，化学反応（酸化反応）熱の付与，あるいは，それとは逆に切断面の酸化防止などの役割をもつ。

　アシストガスには，O_2または空気を用いることが多いが，Ar や N_2 も用いられる。炭素鋼，低合金鋼の切断に O_2 や空気を用いると，ガス切断やエアプラズマ切断と同様に，鉄と酸素の酸化反応熱も利用した高能率な切断が可能になる。

　レーザ切断では，その集光系とほぼ同じ微小な幅で切断することができる。面粗度，切断幅，および切断精度ともに優れ，切断速度も比較的速く，母材への熱影響や変形が極めて少ない。このため，変形しやすい薄板の精密切断には最適な切断法である。

1.7.5　ウォータージェット切断

　ウォータージェット切断は，非熱切断法の一種である。**図1.68**に示すように，高圧（100 〜 600MPa 程度）の水を噴射して切断する方法で，「ストレートウォータージェット（通常水噴流）切断」と「アブレシブウォータージェット（研磨材添加水噴流）切断」とに分類される。

名称	ストレートウォータジェット （通常水噴流）切断	アブレシブウォータジェット （研磨材添加水噴流）切断
噴流形成 方法[31]	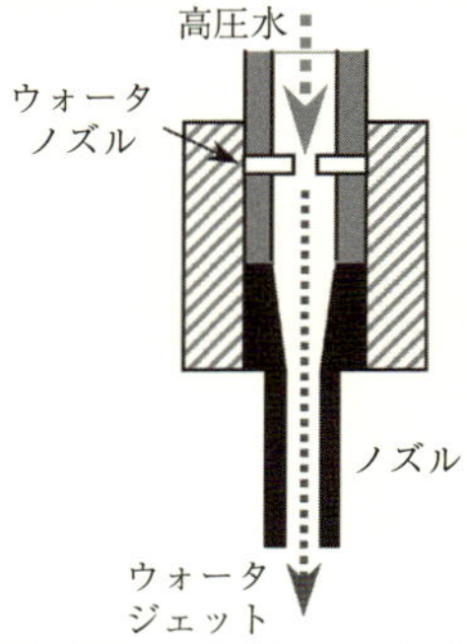	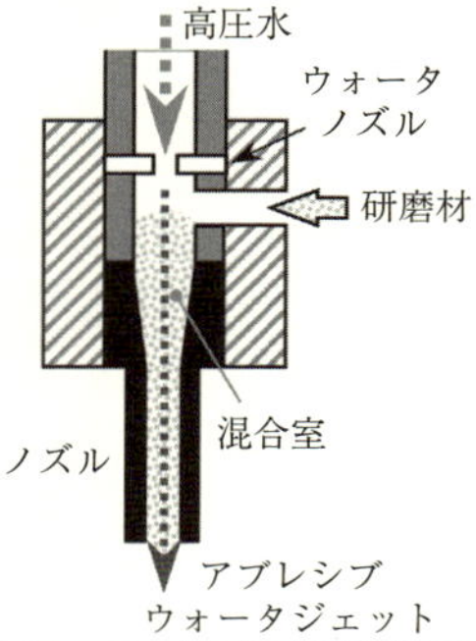
噴流圧力	200〜600 MPa	100〜300 MPa
適用材料	ゴム・皮革・服地・木材紙・ 段ボール・冷凍食品 プラスチック・FRP	金属・セラミックス・ガラス コンクリート・岩石・FRM

図1.68　ウォータージェット切断の種類

ストレートウォータージェット切断は，水噴流のみで切断する方法で，ゴム，皮革，服地，紙，木材，冷凍食品，プラスチック，FRP などの切断に用いられる。

アブレシブウォータージェット切断は，研磨材（アブレシブ）を混入した水噴流を利用した切断法で，水噴流で加速された研磨材と切断材との間で生じる衝突を利用して切断する。ストレートウォータージェット切断では切断できない金属，セラミックス，コンクリート，鉄筋コンクリート，ガラス，岩石などの切断に適用される。

ウォータージェット切断では，金属などに対する切断速度は他の切断法に比べて著しく遅いが，粉じんの発生がなく，熱の発生もほとんどないため切断材への熱影響は生じない。また，複雑な形状の切断にも対処できるなど他の切断法を適用できない対象物や構造物，部材への適用も可能である。

引用・参考文献

[引用文献]
1) 溶接学会・日本溶接協会編：溶接・接合技術総論，産報出版（2016）
2) 溶接学会編：新版溶接・接合技術入門，産報出版（2008）
3) 溶接学会編：新版溶接・接合技術特論，産報出版（2006）

[参考文献]
1) 安藤，長谷川：溶接アーク現象《増補版》，産報（1970）
2) ランカスター編：溶接アークの物理，溶接学会（1990）
3) 溶接学会・溶接アーク物理委員会編：溶接プロセスの物理，溶接学会（1996）
4) 溶接学会編：溶接・接合便覧，丸善（2003）
5) M.N. Hirsh and H.J. Oskam：Gaseous Electronics, Academic Press, New York, (1978), Chapter 5 "Electric Arcs and Arc Gas Heaters" by E. Pfender.
6) 提井：現代のプラズマ工学，講談社，ブルーバックス B-1158（1997）.
7) 赤崎，村岡，渡辺，蛯原：プラズマ工学の基礎，産業図書，(1987).
8) 平岡：混合ガスシールドアークプラズマの発光分光特性とその解析，溶接学会論文集，11（1993），pp.68-74.
9) 平岡，塩飽，黄地：各種分光法によるアークプラズマの温度評価，溶接学会論文集，14（1996），pp.641-648.
10) 平岡：アルゴン－水素混合ガスアークにおける種々の分光スペクトルからのプラズマ状態評価，溶接学会論文集，15（1997），pp.259-266.
11) 武田ら：熱プラズマの利用と局所熱平衡，まてりあ，33（1994），pp.1142-1148.

76   第1章　溶接法および溶接機器

12) 西口，高橋，田中：直流グロー放電の形態観察と放電特性に与える金属蒸発粒子の影響，溶接学会論文集，11（1993），pp.259-266.

13) M. Tanaka and M. Ushio：Observations of the anode boundary layer in free-burning argon arcs, J. Phys. D：Appl. Phys., 32（1999）, pp.906-912.

14) 牛尾：プラズマ利用技術の基礎（Ⅰ），溶接学会誌，60（1991），pp.182-187.

15) M.I. Boulos, P. Fauchais and E. Pfender：Thermal Plasmas, Plenum Press, New York,（1994）.

16) H.R. Griem：Plasma Spectroscopy, McGraw-Hill, New York,（1964）.

17) 田中：サハの式について，溶接技術，44（1996），pp.122-123.

18) 神沢：プラズマ伝熱，信山社サイテック，（1992）.

19) J.S. Chang, R.M. Hobson, 市川，金田：電離気体の原子・分子過程，東京電機大学出版局，（1989）.

20) 田中：TIG 溶接における活性フラックスによる溶込み促進機構，溶接学会誌，71（2002），pp.95-99.

21) 田中：A-TIG 溶接におけるアーク現象，溶接学会誌，74（2005），pp.113-119.

22) 田中，田代：溶接アークの熱的ピンチ効果に関する一考察，溶接学会論文集，25（2007），pp.336-342

23) 三田：はじめてのティグ溶接，産報出版（2012）

24) 日本溶接協会編：新版炭酸ガス半自動アーク溶接，産報出版（2018）

25) 松山，高橋，長谷川：抵抗溶接の基礎と実際，産報出版（2011）

第2章

金属材料の溶接性ならびに溶接部の特性

2.1　溶接用鋼材の種類と性質

2.1.1　炭素鋼の基礎

　鉄鋼材料は，いずれも鉄と炭素（C）の合金であり，炭素の含有量により，以下のように分類される。すなわち，

　① 炭素含有量 0.02mass％以下のものを純鉄

　② 炭素含有量 0.02 ～ 2.14mass％のものを鋼

　③ 炭素含有量 2.14 ～ 6.67mass％のものを鋳鉄

と称している。

　鋼は炭素だけを主な合金元素とする炭素鋼と，炭素以外の合金元素，例えば，Mn，Si，Ni，Cr，Cu，Mo，Nb，V，Al，Ti，B などを添加した合金鋼に大別される。

　合金鋼は添加元素の種類と量により特別な性質を付与した鋼で，合金元素の総量の多少により，低合金鋼と高合金鋼に分けられる。また，特殊鋼という呼び方があるが，これは合金鋼のみならず特別に高度な性能を付与した鋼，例えば，工具鋼，はだ焼鋼などの高級炭素鋼，焼入れ性を保証した Mn 系構造用鋼，硫黄快削鋼なども含まれる。これに対して，構造用として広く使用される炭素鋼を普通鋼と呼んでいる。

　炭素鋼（通常製鋼上の理由で Mn，Si，Al などがある程度添加され，また，P，S などの不純物元素が少量ずつ含有されている）は，炭素含有量によって低炭素鋼（C ≦ 0.30mass％），中炭素鋼（0.30 ＜ C ≦ 0.50mass％），および高炭素鋼（C ＞ 0.50mass％）に分類される。一般に，炭素含有量の増加にともない引張強さ

は上昇するが，伸びやじん性および溶接性は低下する。したがって，現在溶接構造用として広く用いられているのは，低炭素鋼である。

　鋼は鋼塊または鋳片を製造する過程における溶鋼の脱酸の程度により，リムド鋼，セミキルド鋼およびキルド鋼に分類される。リムド鋼は脱酸が不十分なため，酸素含有量が多く，P，S などの不純物が鋼塊中央に偏析しており，溶接性は劣る。一方，キルド鋼は，Si や Al などで強く脱酸した偏析の少ない良質の鋼で，セミキルド鋼は脱酸の程度および性質がそれらの中間に相当する。最近は，鋼材製造技術の発達にともない，溶接用鋼材には溶接性を考慮してキルド鋼が主に用いられる。

　スラブの製造法は分塊（インゴット）法と連続鋳造（CC：Continuous Casting）法に分類されるが，近年は，連続鋳造法の適用が急激に増加しており，品質が安定した鋼を大量生産するのに貢献している。

（1）鉄－炭素系平衡状態図

　平衡状態図は，複数の元素を種々の割合で合金化し，それをある特定の温度で長時間保持したときに，どのような相，組織，構造（結晶構造）にあるかを示す図である。構成される元素の数により，二元系，三元系，…，多元系平衡状態図となる。

　鉄鋼材料において最も重要な合金元素は炭素である。鉄と炭素の二元系平衡状態図（Fe-C 系状態図）を **図 2.1** に示す。縦軸は温度，横軸は炭素含有量を表している。純鉄（図 2.1 中の炭素量が 0mass％付近）は，低温から 911℃ までは α（アルファ）相（体心立方構造でフェライトと呼ばれる）で，911 ～ 1,392℃ の間では γ（ガンマ）相（面心立方構造でオーステナイトと呼ばれる）になる。さらに高温では再びフェライト（α 相と区別して δ（デルタ）相という）となり，1,536℃ で溶融する。このように，ある相から別の相に変化する現象を相変態または単に変態という。なお，体心立方構造は，**図 2.2**（a）に示すように真四角の立方体の各隅と中心（体心）にそれぞれ 1 個ずつ原子が存在する結晶構造であり，面心立方構造は，図 2.2（b）に示すように立方体の各隅と各面の中心（面心）にそれぞれ 1 個ずつ原子が存在する結晶構造である。

　次に，炭素を添加した Fe-C 合金（鋼という）の各相の状態をみる。オーステナイト相は炭素をかなり多量に含有しても（1,147℃ で最大 2.14mass％）単一相で存在するが，フェライト相はごく狭い炭素量範囲（727℃ で最大 0.02mass％）

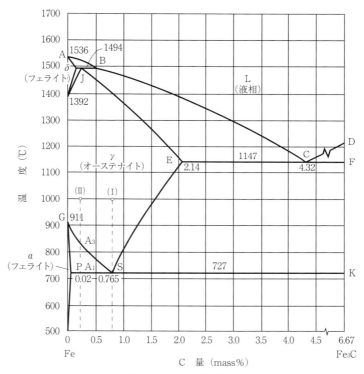

図 2.1 Fe-C 系状態図

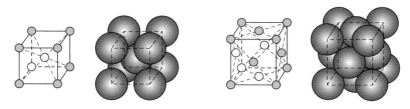

(a) 体心立方構造　　　　　　(b) 面心立方構造

図 2.2 金属の結晶構造

でしか単一相で存在しない。図 2.1 中の GPS で囲まれた領域では，フェライト相とオーステナイト相が混在した状態（二相域）となる。

　いま，例として，2つの鋼（図 2.1 中の（Ⅰ）と（Ⅱ））について，1,000℃から冷却したときの相の変化を述べる。まず，（Ⅰ）の炭素含有量が 0.765mass％の

鋼を1,000℃から徐冷すると727℃まではオーステナイト相で，727℃以下になるとオーステナイト相がフェライト相とFeの炭化物であるFe_3C（セメンタイトという）に分解する。このとき，フェライトとセメンタイトが非常に微細に積層した層状組織となる。これをパーライトという。オーステナイトからパーライトに変化する変態は，パーライト変態と呼ばれる。次に，（Ⅱ）の低炭素鋼である0.2mass％C鋼の場合を考える。図2.3にその相変化を模式的に示す。1,000℃から徐冷してGS線（A_3変態温度という）に達すると，オーステナイト粒界からフェライトが析出（フェライト変態）してくる（初析フェライトという）。さらに温度が下がり，PS線（A_1変態温度という）に達するまで，オーステナイトが徐々に減少し，フェライトが増加する。PS線以下の温度になると，残ったオーステナイトが図2.3にみられるようにパーライト変態し，フェライト＋パーライト組織となる。なお，A_1やA_3変態温度は，実作業の加熱と冷却過程では同一ではない（加熱，冷却速度が大きいため）。加熱過程の場合はc，冷却過程の場合はrの記号を添え，A_{c1}，A_{c3}，A_{r1}，A_{r3}のように表示する。

ここまでは，高温から徐冷した場合を考えたが，鋼をオーステナイト状態から水や油に投入し急冷すると，前述のような相変態は生じず，オーステナイトがマルテンサイトと呼ばれる非常に硬い相に変態（マルテンサイト変態という）する。また，フェライト・パーライト変態とマルテンサイト変態の中間の冷却速度で生成される相がベイナイトである。ベイナイトには，高温側で生成する上部ベ

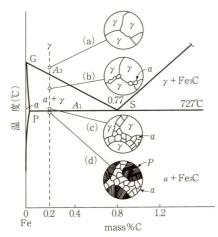

(a) オーステナイト
(b) オーステナイト粒界からのフェライト（初析フェライト）の生成
(c) 粒界におけるフェライトの成長
(d) オーステナイト粒内からのパーライト変態

図2.3　0.2％C鋼の徐冷ミクロ組織の変化

イナイトと低温側で生成する下部ベイナイトがあり，上部ベイナイトはラス状組織（細かな線状組織）でじん性が低いのに対して，下部ベイナイトは非常に微細な組織でじん性は良好である．

(2) 鋼の熱処理

金属材料を適当な温度に加熱・保持して冷却する処理を熱処理という．鋼の性質は熱処理によって大きく変化する．熱処理には，焼ならし（焼準），焼なまし（焼鈍），焼入れ，焼戻しなどがある．図 2.4 に各熱処理の温度，加熱・冷却曲線を示す．なお，熱処理を行う場合は，材料の化学組成，形状，厚さ，加熱時の温度と保持時間，冷却速度などの影響を考慮する必要がある．

(a) 焼ならしと焼なまし

焼ならしは，A_{c3} 温度（図 2.1 中の GS 線）より約 50℃ 高い温度に加熱し，一様なオーステナイト組織にした後，大気中で放冷する．この熱処理は，鋼材のミクロ組織が過熱により粗大化した際の組織の微細化や均一化の目的で行われる．

焼なましは，A_{c3} 温度より 30～50℃ 高い温度に適当時間加熱し，炉中で徐冷する熱処理である．鋼を完全に軟化させたり，結晶粒を均一化するために行われる．また，A_{c1} 温度以下の温度に加熱・保持後に徐冷し，内部の残留応力を除去するための応力除去焼なましもある．

(b) 焼入れと焼戻し

焼入れは，鋼材をオーステナイト温度域から急冷してマルテンサイトを生成さ

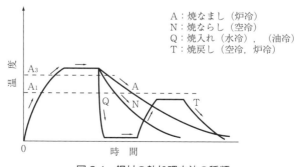

図 2.4　鋼材の熱処理方法の種類

せる熱処理である。焼入れ時の加熱温度は，一般に A_{c3} 温度より $30 \sim 50℃$ 高い温度である。焼入れにより鋼材は非常に硬化し強度が上昇するが，じん性は低下する傾向にある。

焼戻しは焼入れした鋼の内部応力を除去し，硬くて脆いマルテンサイトにじん性を与える熱処理である。マルテンサイト中に過飽和に存在する炭素が焼戻しによって微細な炭化物として析出し，いわゆる焼戻しマルテンサイトに変化して，強度とじん性を兼ね備えた組織になる。

2.1.2 溶接構造用鋼

溶接構造用鋼は鋼板，形鋼，棒鋼，鋼管などとして，船舶，海洋構造物，プラント，容器，橋梁，車輌，建築などあらゆる分野に利用されている。その主な種類は低炭素鋼（軟鋼）と低合金鋼（高張力鋼，高温用鋼，低温用鋼など）である。

（1）低炭素鋼（軟鋼）

低炭素鋼は，0.3mass％以下の炭素を含有しているが，このうち大部分のものは，軟鋼と呼ばれて，一般構造用鋼に多用されている。

一般にいわれている軟鋼とは，焼入れ硬化性をほぼ無視できる範囲の低炭素鋼を意味し，炭素含有量がほぼ 0.25mass％以下の炭素鋼で，引張強さ（第 3 章 3.2.1 参照）が $400N/mm^2$ 級またはそれ以下である。最も代表的な軟鋼として，日本工業規格（JIS）に規定されている一般構造用圧延鋼材（JIS G 3101）の SS400 が広く用いられている。SS 材の強度レベルは，$330 \sim 540N/mm^2$ 級が規定されているが，引張強さ 400 および $490N/mm^2$ 級の圧延鋼板の例を**表 2.1** に示す。SS400 および SS490 の化学組成は P，S 含有量のみを制限し，C，Mn および Si 含有量の規定がないので，一般に溶接割れを生じたり，じん性の低下を引き起こしやすく，重要な大型溶接構造物に使用するのは不適当である。

溶接構造用圧延鋼材（JIS G 3106）の SM 材には，強度レベルとして $400 \sim 570N/mm^2$ 級まで規定されており，その一例を**表 2.2** に抜粋する。SM400 の強度の規格値は SS400 と同じであるが，化学組成は P，S に加え C，Si，Mn についても規定されている。また，SM400B および SM400C は，シャルピー吸収エネルギー（第 3 章 3.3.2 参照）が規定されており，溶接性とじん性を重要視した大型溶接構造物への適用を考慮した鋼材である。SM490Y は，引張強さは

2.1 溶接用鋼材の種類と性質 **83**

SM490 と同じであるが，降伏強さ（第 3 章 3.2.1 参照）を 40N/mm^2（板厚75mm 超えは 30N/mm^2）高めた，いわゆる高降伏点鋼である。

建築構造用圧延鋼材（JIS G 3136）は，SN 材と呼ばれ，新耐震設計法を満足させる性能と溶接性を兼ね備えた建築用の鋼材規格である。SN 材の規格を**表2.3**に抜粋する。引張強さが 400N/mm^2 と 490N/mm^2 の 2 水準が規定され，A 種，B 種，C 種がある。SN 材では，化学組成および機械的性質の引張強さ，降伏点，

表2.1　一般構造用圧延鋼板 JIS 抜粋（JIS G 3101）

種類の記号	化学成分（%）				引張試験							
					降伏点（N/mm^2）				引張強さ（N/mm^2）	伸び		
	C	Mn	P	S	鋼材の厚さ（mm）					鋼材の厚さ（mm）	試験片	伸び（%）
					≦ 16	16 〜 40	40 〜 100	> 100				
SS400	—	—	≦ 0.050	≦ 0.050	≧ 245	≧ 235	≧ 215	≧ 205	400 〜 510	6 〜 16	No.1A	≧ 17
										16 〜 50	No.1A	≧ 21
										> 40	No.4	≧ 23
SS490					≧ 285	≧ 275	≧ 255	≧ 245	490 〜 610	6 〜 16	No.1A	≧ 15
										16 〜 50	No.1A	≧ 19
										> 40	No.4	≧ 21

表2.2　溶接構造用圧延鋼材 JIS 抜粋（JIS G 3106）

種類の記号		化学成分　単位 %				引張強さ（N/mm^2）	降伏点の下限または耐力（N/mm^2）			V シャルピー吸収エネルギー	
		C		Si	Mn		≦16 mm	16〜40 mm	>40 mm	温度（℃）	平均値の下限（J）
		≦50mm	>50mm								
SM400	A	0.23	0.25	—	2.5×C	400〜510	245	235	215		—
	B	0.20	0.22	0.35	0.60〜1.50					0	27
	C	0.18	—	0.35						0	47
SM490	A	0.20	0.22	0.55	1.65	490〜610	325	315	295		—
	B	0.18	0.20							0	27
	C	0.18	—							0	47
SM490Y	A	0.20		0.55	1.65	490〜610	365	355	335*		—
	B									0	27
SM520	B	0.20		0.55	1.65	520〜640	365	355	335	0	27
	C									0	47
SM570		0.18	—	0.55	1.70	570〜720	460	450	430	− 5	47

〔注〕　(1) P および S ≦ 0.035%　　　　　　　　　　　※化学組成数値は上限値を示す
　　　　(2) SM570 の C$_{eq}$ はすべてに適用されるのではなく QT 材のみであることおよびシャルピー吸収
　　　　　　エネルギーは板厚 12mm 越えに適用される　　　　　　＊板厚75mm超えは325N/mm^2

表 2.3　建築構造用圧延鋼材 JIS 抜粋（JIS G 3136）

強度区分 (N/mm²)	種類の記号	C 厚さ(mm) 6≤ ≤50	C 厚さ(mm) 50< ≤100	Si	Mn	P	S	Ceq 厚さ(mm) 6≤ ≤40	Ceq 厚さ(mm) 40< ≤100	P_CM
400	SN400A	≤0.24		—	—	≤0.050	≤0.050	—		—
	SN400B	≤0.20	≤0.22	≤0.35	0.60~1.50	≤0.030	≤0.015	≤0.36		≤0.26
	SN400C	≤0.20	≤0.22			≤0.020	≤0.008	≤0.36		≤0.26
490	SN490B	≤0.18	≤0.20	≤0.55	≤1.65	≤0.030	≤0.015	≤0.44	≤0.46	≤0.29
	SN490C	≤0.18	≤0.20			≤0.020	≤0.008	≤0.44	≤0.46	≤0.29

強度区分 (N/mm²)	種類の記号	降伏点または耐力 N/mm² (鋼材の厚さ mm) 6≤<12	12≤<16	16	16<≤40	40<≤100	引張強さ N/mm²	降伏比 %	伸び% 1A号 ≤16	1A号 16<≤40	4号 40<≤100	シャルピー吸収エネルギー vE (0℃) J	厚さ方向絞り %	超音波探傷試験
400	SN400A	235≤				215≤	400~510	—	17≤	21≤	23≤	—	—	—
	SN400B	235≤	235~355			215~335	400~510	≤80 降伏点上限規定のあるもの	18≤	22≤	24≤	27≤	—	13≤t についてオプション
	SN400C	規格の範囲外	235~355			215~335	400~510	≤80 降伏点上限規定のあるもの	18≤	22≤	24≤	27≤	25≤	JIS G 0901 等級Y
490	SN490B	325≤	325~445			295~415	490~610	≤80 降伏点上限規定のあるもの	17≤	21≤	23≤	27≤	—	13≤t についてオプション
	SN490C	規格の範囲外	325~445			295~415	490~610	≤80 降伏点上限規定のあるもの	17≤	21≤	23≤	27≤	25≤	JIS G 0901 等級Y

伸び，シャルピー衝撃試験の吸収エネルギーが規定されている。これらに加え，B種とC種には，十分塑性変形してから破断するよう，SM材にはない降伏比（降伏点と引張強さの比）が0.8以下と規定されている。また，C種には板厚方向に引張応力を受けるときに発生するラメラテアの防止のため，板厚方向の絞り値も規定されている。また，化学組成では溶接性の観点から炭素当量 C_{eq} や溶接割れ感受性組成 P_{CM}（後述）の上限を規定するとともに，ラメラテア対策として，S含有量の上限値を SM 材よりも大幅に低く規定している。

（2）高張力鋼

　高張力鋼は，炭素以外に少量の合金元素を加えて軟鋼より強度を高めた構造用鋼で，溶接構造物の重量低減，性能向上，溶接施工の効率化を図り，あわせて製

造コストの低減を目的として開発されたものである。高張力鋼の引張強さは，一般に 490N/mm² 以上であり，強度レベル（引張強さ）によって，HT490，HT590，HT780 鋼などがある。なお，引張強さが 980N/mm² を超える鋼は超高張力鋼と呼ばれている。

高張力鋼（HT 鋼）は，従来，圧延のまままたは焼ならし状態で使用されるいわゆる圧延・焼ならし鋼（非調質鋼）と，焼入焼戻しの熱処理によって強度を高める焼入焼戻し鋼（調質鋼）が大部分であった。しかしながら，近年，オーステナイト・フェライト二相域圧延などで強度，じん性を向上させる制御圧延法や，より厳密な条件下で制御圧延を行った直後に水冷などを行って一層の高強度化を図る加速冷却法の技術開発が進み，これらを総称する加工熱処理（TMCP：Thermo-Mechanical Control Process）技術を適用したいわゆる TMCP 鋼が規格化，製造されている。図 2.5 に TMCP 鋼と従来鋼の圧延方法，組織と強度を比較して示す。

焼入焼戻し鋼は圧延・焼ならし鋼に比べ降伏点または耐力（第 3 章 3.2.1 参照）

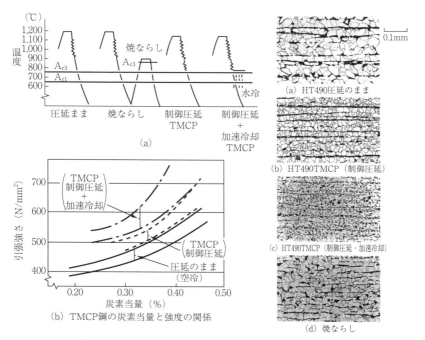

図 2.5　TMCP 鋼と従来鋼の圧延法ならびに強度の比較

が高く，特有の低炭素焼戻しマルテンサイト組織のため，じん性が極めて優れている上に，合金元素添加による溶接性の劣化が少ないという特徴がある。一方，溶接熱による軟化のため，継手強さが低下したり，後述するように溶融境界部（ボンド部）がぜい化するため，溶接入熱に特別の配慮が必要なことや，熱間加工が制限されるなどの欠点もある。TMCP鋼は，図2.5に示すように，強度を維持しつつ炭素当量を下げることができるので，従来鋼に比べて溶接熱影響部の硬化およびじん性の低下が少ないという特徴がある。反面，焼入焼戻し鋼同様，熱影響による軟化や熱間加工の適用には注意が必要である。

　HT鋼やTMCP鋼以外の高張力鋼としては，JIS G 3115のSPV450および490や，日本溶接協会規格（WES 3001）のHW鋼材がある。これらの規格では，記号の数字が降伏点または0.2％耐力を示している。さらに，WES 3001では，高張力鋼の溶接性について，焼入焼戻し鋼および圧延・焼ならし鋼のそれぞれに対して，従来の炭素当量（2.2.3項（3）参照）または最高硬さの規定に代えて，溶接割れ感受性組成 P_{CM}（2.3.2項（1）参照）の値を規定している。

　一般に，高張力鋼では強度レベルが上昇するにともない降伏比（引張強さに対する降伏点または耐力の比）が高くなる傾向にある。**図 2.6** にその関係を示す。降伏比が高すぎると一様伸び（局部収縮（くびれ）を起こすまでの伸び（第3章

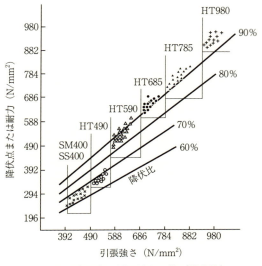

図 2.6　降伏点と引張強さの比（降伏比）

3.2.1 参照))が減少する可能性がある。高張力鋼を有効に適用するため，圧力容器などでは設計応力の基準に降伏点または耐力を採用することが多いが，最近は前述の理由から構造物の安全性を高めるために，降伏比の高い鋼では許容応力を降伏点または耐力より，やや低く採るよう配慮されている。

　高張力鋼は，現在，球形タンク，石油貯槽，ボイラ，発電プラント，圧力容器をはじめ，船舶，車両，橋梁，配管，導管など各種産業用機器に広く用いられている。最近では，使用目的に応じた特別の性能を具備した高張力鋼も多種製造されている。

(3) 低温用鋼

　低温用鋼は，液化ガスの貯蔵や輸送のための大型容器や設備用として開発された溶接構造用鋼であり，低炭素アルミキルド鋼，低合金高張力鋼，低 Ni 鋼，9% Ni 鋼，オーステナイト系ステンレス鋼などがある。低温容器などでは，通常貯蔵する液化ガスの大気圧における沸点がその使用温度と考えられている。**図 2.7**に各種液化ガスの沸点と使用鋼材を示す。これらの鋼は，使用温度で必要なじん性と，溶接性を併せ持つよう考慮されている。JIS 規格では，**表 2.4** に示すように Si-Mn 系低炭素アルミキルド鋼が規定されている。焼入焼戻しにより −60℃まで使用可能なものがある。焼入焼戻し型低合金高張力鋼は，じん性のみならず強度にも優れているので，大容量の LPG（液化石油ガス）圧力容器には，必要

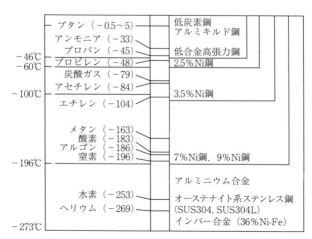

図 2.7　各種液化ガスの沸点および使用対象鋼材

88　第2章　金属材料の溶接性ならびに溶接部の特性

表2.4　低温圧力容器用炭素鋼鋼板（JIS G 3126）

種類の記号	降伏点または耐力（N/mm²）		引張強さ（N/mm²）	最低使用温度（℃）	熱処理	シャルピー試験温度[2]（℃）			
	$t \leq 40$	$40 < t$				$6 < t \leq 8.5$	$8.5 < t \leq 11$	$11 < t \leq 20$	$20 < t$
SLA 235A	≥235	≥215	400～510	−30	焼ならし，熱加工制御[1]	−5	−5	−5	−10
SLA 235B	≥235	≥215	400～510	−45	焼ならし，熱加工制御[1]	−30	−20	−15	−30
SLA 325A	≥325		440～560	−45		−40	−30	−25	−35
SLA 325B	≥325		440～560		焼入焼戻し，熱加工制御[1]	−60	−50	−45	−55
SLA 360	≥360		490～610	−60		−60	−50	−45	−55
SLA 410	≥410		520～640	−60	熱加工制御または焼入焼戻し	−60	−50	−45	−55
試験片の厚さ（t）×幅（mm）						10×5	10×7.5	10×10	10×10

1) 受け渡し当事者間の協定によって行うことができる。
2) 吸収エネルギー（J）が最高値の1/2以上。

不可欠な鋼材である。

　合金元素のうち，Niは鋼の低温におけるじん性を最も改善するため，低温用鋼に広く添加されている。低Ni鋼としては，JIS G 3127に規定された2.5% Ni鋼（SL2N）および3.5% Ni鋼（SL3N）があり，熱処理は主に焼ならしが施される。最低使用温度は前者が−70℃，後者が−101℃である。焼入焼戻しを行った3.5% Ni鋼は−110℃まで使用できる。LNG（液化天然ガス）など使用温度が−150℃以下の用途には，7% Ni鋼（SL7N）や9% Ni鋼（SL9N）が用いられる。9% Ni鋼では，主として焼入焼戻しの熱処理が施される。9% Ni鋼は高強度で高じん性であるが，溶接材料の選択には注意を払う必要がある（Ni合金系溶接材料の使用）。

　このほか，−196℃以下の極低温用材料としては，アルミニウム合金，オーステナイト系ステンレス鋼，インバー合金（Fe-36% Ni合金）などがある。これらの材料は，面心立方構造を有するため優れた低温じん性を有するが，強度の点で制約がある。

(4) 高温用鋼

　高温用鋼に要求される特性は，高温強度とともにクリープ強さ（第3章3.5参

表2.5　高温用鋼の代表例と限界使用温度の目安

鋼　種	炭素鋼	0.5Mo, Mn-0.5Mo 鋼	1Cr-0.5Mo 鋼	$2^{1}/_{4}$Cr-1Mo 鋼
限界使用温度	420℃	480℃	520℃	600℃
規　格	SB410〜480	SB450M，SB480M SBV1A，1B	SCMV-2 SCMV-3	SCMV-4

照），耐高温酸化性などであり，用途や目的に応じて各種の鋼材が使用されている。**表2.5** に代表的な高温用鋼とその限界使用温度を示す。一般に高温用鋼には Mo や Cr が添加されている（Cr-Mo 鋼）。Mo はクリープ強度向上に最も有効な合金元素である。Cr はクリープ強度向上に加え，使用温度で安定な酸化皮膜を形成して耐酸化性を高めるとともに，水素侵食（水素アタックともいう。高温高圧水素環境では，水素が鋼中に侵入し，微小欠陥部に集まり鋼中の炭化物と反応しメタンを生じ，炭化物を分解するほか，その内圧で割れや膨れを生じる現象）を防止する効果がある。また，さらなるクリープ強度の向上を目的として，V を添加した Cr-Mo-V 鋼が開発されている。この鋼では，Mo，Cr による固溶強化に加え，微細な V 炭化物（V_4C_3）による析出強化を併用してクリープ強度を高めている。

(5) 耐候性鋼

　耐候性鋼は車両，建築，鉄塔，橋梁などの溶接構造物に適用される。耐候性に優れた圧延鋼材（SMA）は，JIS G 3114 に規定されている。Cu，Cr，Ni などを添加することにより，使用中に大気との反応により表面に緻密で安定な錆が形成され，それ以上の酸化の進行を抑制する。このため，耐候性鋼では大気中での腐食に耐える性能が大きく向上している。

(6) 耐火鋼

　Mo，Nb，V などを添加して 600℃における耐力が常温での規格耐力の 2/3 以上であることを保証した鋼を耐火鋼と呼ぶ。耐火鋼には，400N/mm^2 級と 490N/mm^2 級の 2 種類があり，耐火被覆（ロックウール吹き付け）の低減や省略が可能となる。

2.1.3 鋼のじん性

一般に，炭素鋼や低合金鋼は温度低下とともに急激にじん性が低下し，溶接構造物は，ぜい性破壊を起こしやすくなる。じん性はVノッチシャルピー衝撃試験における吸収エネルギー値や遷移温度（破面遷移温度，エネルギー遷移温度（第3章3.3.2参照））で表すことが多い。鋼のじん性に及ぼす冶金的因子としては，前述の脱酸方法などの製鋼法のほか，化学組成，熱処理，組織，結晶粒径，熱間および冷間加工，ガス切断や溶接熱の影響などがある。

(1) 化学組成の影響

鋼中の炭素量を下げ，Mn量を高めることによって，じん性は，一般に向上する。すなわち，図2.8に示すように，Mn/C比を増加させると遷移温度は低下する。じん性を向上させる合金元素には，Mnのほかに，Ni，Al，Tiなどがあり，逆に，C，P，Sなどはじん性を低下させる。Niの効果は，鋼の素地の塑性変形を容易にすることにより，微視的な局部応力の増加を抑制することによる。

さらに，焼入れ性の向上，組織の微細化，微細なオーステナイトの生成などを通じて，じん性向上に寄与する場合がある。酸素や窒素などのガス成分は，一般にじん性に悪影響を及ぼすが，微細に分散するTiやAlの酸化物や窒化物は，

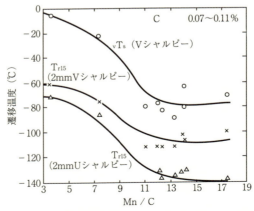

図2.8　低温用軟鋼の遷移温度に及ぼすMn/Cの影響
（T_{r15}は15フート・ポンド（約20J）の吸収エネルギー遷移温度）

結晶粒（オーステナイト粒）成長を阻止して（ピンニング効果），じん性に有効な場合もある。

(2) 熱処理および組織の影響

熱処理により鋼の組織を改善し，じん性を向上させることができる。一般に，鋼は圧延ままより焼ならしの方がじん性は良好であり，焼入焼戻しによる低炭素焼戻しマルテンサイト組織のじん性はさらに優れている。一方，高張力鋼（焼入焼戻し鋼）を溶接後熱処理（PWHT）したときに，じん性が低下することがある。この現象は，PWHT ぜい化と呼ばれ，焼戻しぜい性の一種と考えられている。

(3) 結晶粒度および圧延温度の影響

一般に，鋼のじん性はフェライト粒が微細なほど良好となる。図 2.9 にその傾向を示す。一方，熱間圧延における仕上げ温度が低いと，フェライト粒は微細となり，じん性は改善される。前述の TMCP 鋼はこの効果を利用している。少量の Al や Ti を添加すると，オーステナイト粒やフェライト粒の微細化が生じるため，高じん性な鋼を得ることができる。

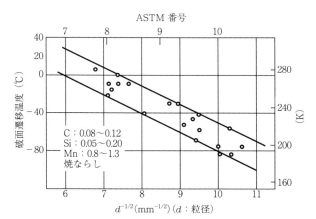

図 2.9　シャルピー試験における破面遷移温度とフェライト粒径の関係

(4) 冷間加工とひずみ時効の影響

低炭素鋼は，冷間加工とその後の時効（ひずみ時効）によって，じん性が著しく低下することがある。

92　第2章　金属材料の溶接性ならびに溶接部の特性

(5) 溶接熱の影響

　溶接やガス切断などの熱加工によって，鋼のじん性は大きく影響を受ける。特に，溶接熱サイクルにより，じん性（および硬さ）は複雑に変化する。その詳細に関しては，2.2.3 項で述べる。

2.2　炭素鋼および低合金鋼溶接部の組織と特性

　溶接部は溶接金属，溶接熱影響部（HAZ）および HAZ 近傍の熱影響を受けない母材（母材原質部）からなる。また，溶接金属と熱影響部の境界を**溶融境界部**または**ボンド部**と呼ぶ。溶接金属は溶接中に溶融凝固した金属である。溶接熱影響部は溶接中に溶融しないが溶接熱の影響で組織や特性が変化した母材部分である。

2.2.1　溶接入熱と冷却速度

(1) 溶接入熱

　溶接アークの熱エネルギーは，近似的には電気的入力を換算した値と考えてよい。そこで，アークの移動速度，すなわち，溶接速度を v（cm/min）とすると，単位溶接長当たりのアークから入る熱量 H（J/cm）は，

$$H = \frac{I \times V}{v} \times 60 \quad\cdots\cdots\cdots\cdots\cdots\cdots\cdots\cdots\cdots\cdots\cdots\cdots\cdots\cdots\cdots\cdots\cdots (2.1)$$

で与えられる。ここで，I は溶接電流（A），V はアーク電圧（V）である。H は溶接入熱と呼ばれる。例えば，溶接電流が 170A，アーク電圧が 25V，溶接速度が 15cm/min であるとすると，溶接入熱は 17,000J/cm となる。

(2) 冷却速度および冷却時間

　溶接部の冷却速度は，溶接入熱，板厚，継手形状，溶接開始前の板の温度（予熱温度・パス間温度（第4章 4.3.6 (2) 参照））などによって大きく変化する。一般に，溶接入熱が小さいほど，板厚が大きいほど，予熱・パス間温度が低いほど，冷却速度は大きくなる。

　溶接部の温度変化を定量的に表す指標として，冷却速度のほかに冷却時間がある。鋼では，通常 800℃ から 500℃ までの冷却時間（$\Delta t_{8/5}$ または $t_{8/5}$ の略号にて表記される），または，540℃ における冷却速度がよく用いられる。

2.2.2 溶接金属の成分と凝固組織

(1) 溶接金属の成分(溶込み率)

溶加材を用いた溶接(特に,異材溶接)において,溶接金属の組成,組織および特性に大きな影響を及ぼす因子として,溶込み率(希釈率ともいう)がある。溶込み率 P (%)は,図 2.10 に示すように,溶接部断面における余盛部分の面積を A,溶込み部分の面積を B とすると,式(2.2)にて定義される。

$$P = \frac{B}{A+B} \times 100 \cdots\cdots\cdots\cdots\cdots\cdots\cdots\cdots\cdots\cdots\cdots\cdots\cdots\cdots\cdots\cdots\cdots\cdots\cdots\cdots\cdots\cdots (2.2)$$

溶接金属は溶着金属と母材が溶融・混合することにより形成するため,溶接金属内が十分撹拌され,均一な組成になっていると仮定すると,溶込み率から溶接金属の組成が算定できる。溶接金属の組成は,溶込み率が小さくなると溶着金属組成に近づき,逆に,溶込み率が大きくなると母材組成に近づく。また,一般に,溶接入熱が増加すると,溶込み率が大きくなる傾向がある。

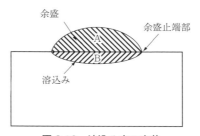

図 2.10 溶込み率の定義

(2) 溶接金属の凝固組織

アーク溶接における溶接金属の凝固組織を模式的に図 2.11 に示す。溶接金属の凝固晶は細長い柱状であることから柱状晶と呼ばれる。柱状晶の内部では方向の揃ったセル,セル状樹枝状晶(セルラーデンドライト),柱状樹枝状晶(柱状デンドライト)などの下部組織(サブ組織)が見られる。また,溶接金属の凝固過程においては,成長する凝固晶の結晶構造が溶接熱影響部のそれと同じであれば,凝固柱状晶が溶接熱影響部の結晶を核(種結晶)として成長するエピタキシャル成長が生じる。

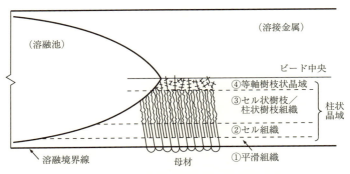

図 2.11 溶接金属内の位置によるサブ組織の変化

2.2.3 溶接熱影響部の組織と性質

(1) 溶接熱影響部の組織

溶接熱影響部では、溶融境界からの距離によって、加熱される最高温度（最高到達温度）とその後の冷却速度が異なるため、組織、硬さなどがそれぞれに応じて連続的に変化する。溶接熱影響部の各位置における熱サイクルと組織の関係を Fe-C 系平衡状態図と対応させて**図 2.12** に示す。鋼の溶接熱影響部の組織を分類すると**表 2.6** のようになる。また、それぞれの組織の光学顕微鏡写真を**図 2.13**

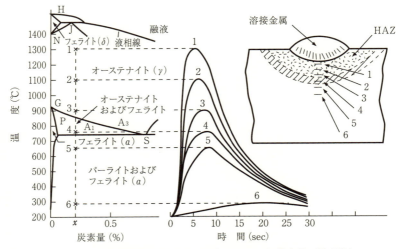

図 2.12 炭素鋼熱影響部の溶接過程における組織変化（模式的）

2.2 炭素鋼および低合金鋼溶接部の組織と特性

表2.6 図2.12に対応した炭素鋼の溶接熱影響部の組織

名称		加熱温度範囲	特徴	位置
溶接金属		溶融温度 (1540℃) 以上	溶融凝固した範囲 柱状晶，樹枝状晶を呈する	−
完全変態域	粗粒域	1250℃以上	融合線に接し，結晶粒が粗大化 小入熱溶接で硬化，大入熱溶接でぜい化	1
	混粒域	1100℃〜1250℃	粗粒域と細粒域の中間の組織	2
	細粒域	900℃〜1100℃	焼ならし効果により結晶粒が細粒化 じん性良好	3
部分変態域 (二相加熱域)		750℃〜900℃	層状パーライトの形状がぼやける 島状マルテンサイト生成によってぜい化することがある	4
未変態域 (母材原質部)		750℃以下	組織は母材と同じ 機械特性は母材とほとんど変わらない	5.6

(a) 溶接金属(1500℃以上)

(b) 粗粒域(1500〜1300℃)

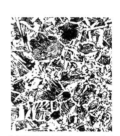
(c) 混粒域(1250〜1100℃)

(d) 細粒域(1100〜900℃)

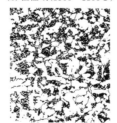
(e) 部分変態域(900〜750℃)

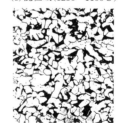
(f) 母材原質部(700℃〜室温)

図2.13 軟鋼溶接部のミクロ組織

に示す。

炭素鋼の溶接熱影響部で約900℃（正確にはA_{c3}温度）以上に加熱された領域は，一度オーステナイトに変態した後に急冷されるため，最高到達温度に応じた大きさの旧オーステナイト粒径をもつ急冷組織となる。特に，最高到達温度1,250℃以上の粗粒域は，結晶粒が著しく粗大化し，合金元素量が多い鋼では，非常に硬い焼入れ組織（マルテンサイト）を生じることが多い。1,100〜900℃

の範囲に加熱された領域は，小さなオーステナイト粒の状態からフェライト＋パーライトに変態した部分であり，結晶粒が微細となることから，細粒域と呼ばれる。なお，1,250〜1,100℃に加熱された領域は，粗粒域と細粒域の中間的な組織および特性を有し，混粒域あるいは中間粒域と呼ばれる。また，900〜750℃（正確には A_{c1} 温度）の範囲（二相域）に加熱された領域は，母材組織のうちパーライト部分のみがオーステナイト化しようとして，パーライトの輪郭がぼやけた形態となる。二相域加熱によりパーライトが一度オーステナイト化し，冷却時に再度パーライトとなった部分に丸みを帯びたセメンタイトが見られることがあるため，旧来，この領域は球状化パーライト域と呼ばれていたが，溶接のような急熱・急冷過程ではほとんど球状化しないため，最近では部分変態域あるいは二相加熱域と呼ばれる。一方，750〜200℃の加熱領域は，組織的には母材原質部と変わりないが，窒素によるひずみ時効（冷間加工した材料に起こる時効）でじん性低下を生じる場合があり，ぜい化域と称されたことがあった。しかしながら，最近の鋼（キルド鋼）では，窒素が固定されているので，ひずみ時効は生じず，A_{c1} 温度以下の加熱域での顕著なじん性劣化は生じない。このため，750℃以下に加熱された領域は，未変態域で母材原質部と特に区別されない。

(2) 連続冷却変態図（CCT 図）

　溶接熱影響部粗粒域の硬さおよびじん性の変化を理解する上で，冷却速度により組織がどのように変化するかを知ることは極めて重要である。冷却速度による組織変化は，**図 2.14** に示す溶接用連続冷却変態図（再現熱影響部連続冷却変態図：SH-CCT 図：Simulated HAZ Continuous Cooling Transformation diagram）により検討できる。この図は，最高加熱温度を溶接ボンド部に近い 1,350℃に急速に加熱した後，800℃程度から種々の冷却速度で冷却したときの鋼の組織変化を示している。例えば，500℃までの冷却時間が 6.5s である図中の R10 曲線（abcd）は，溶接入熱 16.3kJ/cm の被覆アーク溶接相当の冷却曲線に対応し，温度 a 点（570℃）までは，オーステナイト組織（A）であるが，温度区間 a〜b（570〜500℃）でフェライト（F）が析出し，温度区間 b〜c（500〜410℃）で中間段階組織（Zw：ベイナイト）が生じ，温度区間 c〜d（410〜200℃）でマルテンサイト（M）が生じる。その結果，室温組織はフェライト＋ベイナイト＋マルテンサイト混合組織となり，硬さは 395HV となる。このように，溶接用連続冷却変態図を用いることにより，鋼溶接熱影響部の組織変化（室温組織）およ

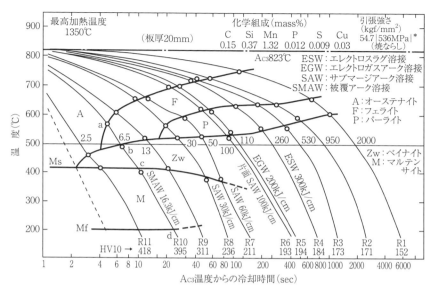

図 2.14　HT490 高張力鋼の溶接用連続冷却変態図（最高加熱温度 1350℃）

び硬さを推定できる。

（3）溶接熱影響部の硬さ

鋼溶接熱影響部では，溶融境界からの距離に応じて組織・冷却速度が変化するため，硬さにも変化が生じる。図 2.15 は Si-Mn 系高張力鋼の溶接ビード断面の硬さ分布を示したものである。溶接熱影響部粗粒域は，マルテンサイト組織となるため著しく硬化している。この硬さのピーク値は溶接熱影響部の最高硬さ（H_{max}）と呼ばれ，鋼の溶接性を表す重要な指標のひとつである。

最高硬さは鋼の化学組成や溶接時の冷却速度または冷却時間（言い換えれば，溶接条件）により，大きく変化する。最高硬さに対する鋼の化学組成の影響を知るための指標として，炭素当量（C_{eq}）が利用されている。炭素当量とは，各合金元素の効果を炭素量に換算した値の総和（単位は mass％）であり，わが国では，次の炭素当量式が一般に用いられている。

$$C_{eq} = C + \frac{1}{6}Mn + \frac{1}{24}Si + \frac{1}{40}Ni + \frac{1}{5}Cr + \frac{1}{4}Mo + \frac{1}{14}V \quad \cdots\cdots\cdots\cdots (2.3)$$

ただし，元素記号は，各合金元素の含有量（mass％）である。

なお，国際溶接学会（IIW）および欧州では，HT490〜580 に対して，次式を

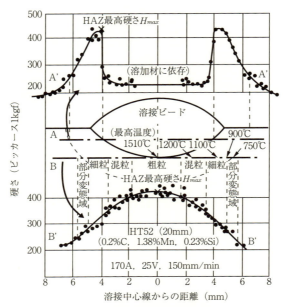

図2.15 鋼ビード溶接部の硬さ分布例

適用している。

$$C_{eq} = C + \frac{1}{6}Mn + \frac{1}{5}(Cr + Mo + V) + \frac{1}{15}(Ni + Cu) \quad \cdots\cdots\cdots\cdots (2.4)$$

図2.16は，多種類の高張力鋼について，炭素当量と最高硬さの関係を示したものである。炭素当量と最高硬さはほぼ正の相関関係があり，炭素当量が高い鋼ほど溶接熱影響部の最高硬さは高くなることがわかる。また，前述のCCT図によると，溶接熱サイクルの冷却速度が大きい，すなわち，冷却時間が短いほど，最高硬さは大きくなる傾向があり，炭素当量と冷却速度の両方を考慮した最高硬さの予測式も提案されている。なお，多層盛溶接の場合は，繰返し加熱（多重熱サイクル）や予熱効果（パス間温度による）により，一般に，最高硬さは単パス溶接の場合に比べて低くなる傾向がある。

（4）溶接熱影響部のじん性

鋼溶接熱影響部におけるシャルピー衝撃値の分布を定性的に**図2.17**に示す。軟鋼を含む低炭素鋼の場合，溶接熱影響部粗粒域ではじん性の劣化が認められる

2.2 炭素鋼および低合金鋼溶接部の組織と特性

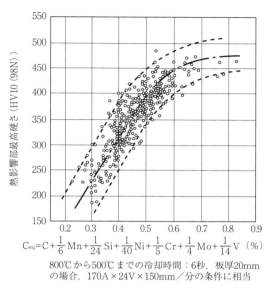

$C_{eq} = C + \frac{1}{6}Mn + \frac{1}{24}Si + \frac{1}{40}Ni + \frac{1}{5}Cr + \frac{1}{4}Mo + \frac{1}{14}V$ （％）

800℃から500℃までの冷却時間：6秒，板厚20mmの場合，170A×24V×150mm／分の条件に相当

図2.16 炭素当量と熱影響部の最高硬さの関係

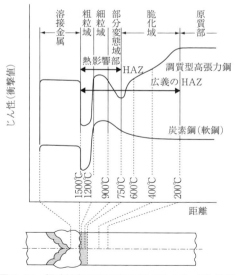

図2.17 鋼溶接部の衝撃値の模式的分布（模式図）

が，細粒域では良好なじん性を示す．一方，HT780級鋼の場合，粗粒域で著し

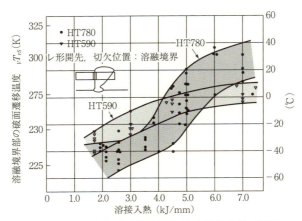

図 2.18 高張力鋼溶融境界部の $_vT_{rs}$ と溶接入熱の関係

いぜい化が認められるが，これは入熱過剰で上部ベイナイトが生成された場合であって，入熱制限（$\Delta t_{8/5}$ 制限）を遵守した溶接では下部ベイナイトが生成し良好なじん性を示す。また，細粒域や部分変態域では一般にじん性は良好である。

溶融境界部を含めた粗粒域におけるじん性低下は，溶融線熱影響部ぜい化（ボンドぜい化）と呼ばれ，鋼の大入熱溶接において，重大な問題点となる場合がある。図 2.18 は，溶接入熱と溶融境界部のVノッチシャルピー破面遷移温度の関係を示したものである。溶接入熱が増加すると，溶融境界部の破面遷移温度は上昇する，すなわち，じん性は低下する傾向を示している。サブマージアーク溶接などの大入熱溶接では，このように溶融境界部のぜい化が生じやすいので，入熱やパス間温度をある値以下に抑える溶接入熱制限が必要となる。溶融境界線熱影響部ぜい化の防止には，溶融境界部での結晶粒の粗大化を抑制するような化学組成を持つ鋼（大入熱溶接用鋼）の採用も有効である。

2.3 溶接欠陥とその制御

2.3.1 溶接欠陥の種類

溶接欠陥の種類と分類を図 2.19 に示す。溶接欠陥には，溶接割れ，ブローホール，スラグ巻込み，融合不良，オーバラップ，アンダカットなど種々のものがある。このうち，溶接割れは溶接欠陥のなかで最も有害なものであり，溶接金

2.3 溶接欠陥とその制御　　101

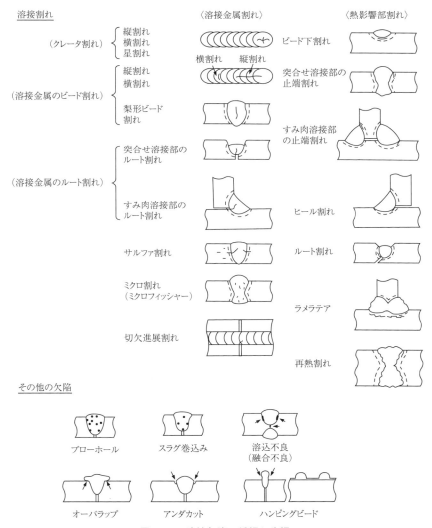

図2.19　溶接欠陥の種類と分類

属に生じる割れと溶接熱影響部に生じる割れがある。溶接割れは，発生時期および発生温度により，低温割れ，高温割れ，再熱割れに分類できる。以下に，代表的な溶接欠陥について述べる。

2.3.2 低温割れ

(1) 割れの種類と割れ発生機構

低温割れは溶接熱影響部あるいは溶接金属において溶接終了後，数分あるいは数日経過してから発生する割れである。低温割れは約300℃以下で発生するとされるが，ほとんどの場合50℃以下である。アーク溶接過程で，溶接金属に吸収された拡散性水素が応力集中部などへ拡散・集積して，水素ぜい性により割れが生じる。水素が拡散・集積するためには時間を要するため，低温割れはいわゆる「遅れ割れ」現象を呈する。低温割れには，突合せ溶接やすみ肉溶接ルート部で生じるルート割れ，ヒール割れ，止端割れやビード下割れなどがある。ルート割れの例を図2.20に示す。

図2.21は，HT780鋼板を突合せ溶接した後，一定荷重を加えながら割れ発生時期を調査し，割れ発生までの時間と負荷した平均引張応力の関係を示したものである。割れは，荷重付加後ある時間経過した後に発生するので，この時間を潜伏時間と呼ぶ。これは，拡散性水素が割れ発生部位に拡散・集積するのに必要な時間と考えられる。また，ある付加応力以下では，割れが発生しなくなる。この応力を割れ発生限界応力という。

低温割れは，溶接部に侵入した拡散性水素，室温付近での引張応力および溶接金属または熱影響部の硬化組織（特に，マルテンサイトの生成）の3つが主要因となって生じる。硬化組織の形成は，鋼材の化学組成に依存する。そこで，硬化量と鋼材の化学組成の関係として，炭素当量に代わる評価指標として溶接割れ感

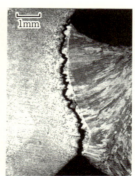

図2.20　ルート割れの一例

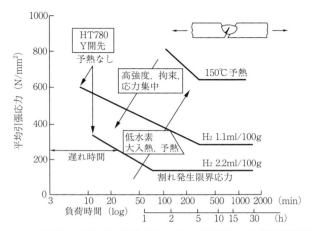

図2.21 HT780鋼の水素による遅れ割れにおける負荷応力と割れ発生時間の関係

受性組成 P_{CM} を導入し、水素量と母材板厚（拘束度、引張応力）を加えた低温割れ評価指標として、以下に示す溶接割れ感受性指数 P_C が提案されている。

$$P_C = P_{CM} + \frac{1}{60}H + \frac{1}{600}t \quad \cdots\cdots\cdots\cdots\cdots\cdots\cdots\cdots\cdots\cdots\cdots\cdots \quad (2.5)$$

$$P_{CM} = C + \frac{1}{30}Si + \frac{1}{20}Mn + \frac{1}{20}Cu + \frac{1}{60}Ni + \frac{1}{20}Cr + \frac{1}{15}Mo + \frac{1}{10}V + 5B \quad (2.6)$$

ここで、H は溶接金属中の水素量（ml/100g）、t は板厚（mm）である。

(2) 割れの防止策

低温割れの発生要因には、①溶接熱影響部の硬化、②溶接部の拡散性水素、③溶接部に生じる引張応力があるので、これらの悪影響を少なくすることが割れ防止のために有効である。その要点を以下に述べる（第4章4.5.2（2）参照）。

(a) 鋼材化学組成の選定

鋼材の P_{CM} が大きくなるほど、溶接熱影響部にマルテンサイトのような硬化組織が生成し、低温割れ発生傾向は大きくなる。したがって、低温割れ防止には、P_{CM} 値を低く抑えることが必要である。

(b) 水素量の低減

低温割れの主因は溶接部の拡散性水素であり、高張力鋼では、強度が増すほど、微量の水素でも割れに影響するようになる。したがって、低温割れ防止に

は，水素量をできるだけ少なくすることが必要である。溶接部の水素を低減させる具体的方法は，低水素系溶接棒の使用を含めて2.4節および第4章で詳しく述べる。

(c) 冷却速度の低減

溶接時の冷却速度の低減は，溶接熱影響部のマルテンサイトの生成傾向を少なくするとともに，溶接部からの水素の拡散放出を促進させる。したがって，溶接入熱を増加させ，予熱温度を高めることによって，冷却速度の低下を図ることは低温割れ防止に有効である。また，溶接直後に溶接部を後熱すること（直後熱（第4章4.3.6 (6) 参照））は，溶接熱影響部の組織改善と水素の拡散放出の効果があり，低温割れ防止に役立つ。

これらの対策のうち，低温割れの防止には，予熱が最も有効である（第4章4.3.6 (1) 参照）。**図2.22** は溶接割れ感受性指数，予熱温度と溶接熱影響部における割れ率の関係を示したものである。図中の直線は予熱限界温度であり，この予熱温度以上で割れがほぼ防止できることがわかる。溶接割れ感受性指数を用いて，溶接ルート部における低温割れを防止するのに必要な予熱限界温度 T_p（℃）は次式で表される。

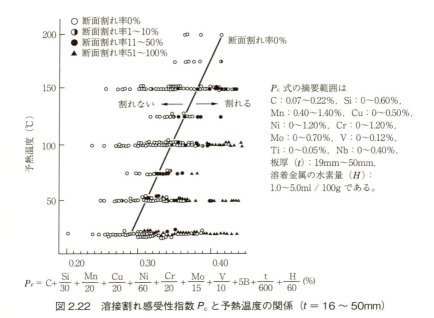

図2.22 溶接割れ感受性指数 P_c と予熱温度の関係（$t = 16 \sim 50$mm）

$$T_\mathrm{P} = 1440 P_\mathrm{c} - 392 \quad\cdots\cdots\cdots\cdots\cdots\cdots\cdots\cdots\cdots\cdots\cdots\cdots\cdots\cdots\cdots\cdots\cdots\cdots\cdots\cdots\cdots\cdots\cdots \quad(2.7)$$

なお，以上の式より求めた予熱限界温度は斜めy型割れ試験を用いたある組成範囲の鋼種を対象とした割れ試験に基づき決定されたものであるため，その利用にあたっては適用範囲に十分注意する必要がある。特に，開先形状が異なる場合やすみ肉溶接部および割れ形態が異なる場合，式（2.5）より求めた溶接割れ感受性指数をそのまま適用することができない。

(d) 溶接部の応力低減

低温割れには，溶接部に生じる拘束応力が重要である。一般には，板厚が大きく，継手形状が複雑なほど拘束応力は増し，割れが起こりやすくなる。

2.3.3 高温割れ

(1) 割れの種類と割れ発生機構

高温割れは高温における延性の乏しい状態において収縮応力が作用したとき発生する割れで，図 2.23 に示すように，発生メカニズムにより液膜が関与する凝

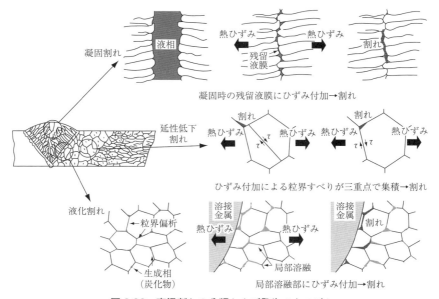

図 2.23　高温割れの分類および発生メカニズム

固割れおよび液化割れと，液膜が関与しない固相状態での延性低下割れに分類できる。このうち，凝固割れは溶接金属において発生し，他の高温割れは溶接金属および溶接熱影響部のいずれにも発生する。高温割れの発生温度は材料によって異なるので明確ではないが，凝固割れや液化割れは融点から固相線温度付近までの凝固脆性温度域と呼ばれる温度域で発生する。これに対して，延性低下割れは固相線温度より低温で再結晶（結晶内部で新たな結晶粒が発生し，成長する現象）温度付近の中間温度域，いわゆる，延性低下温度域で発生する。

凝固割れは材料の凝固過程の終了期に近い，主として結晶粒界に膜状の液相が存在する段階において，凝固収縮や熱収縮により加わるひずみが，材料のもつ変形能以上になった場合に発生する。図 2.24 に示す梨形ビード割れは凝固割れの代表例であり，深溶込みビード（ビード幅と溶込み深さの比が，おおむね 1 以下のビード）に発生しやすい。微量の添加で材料の融点を低下させるような合金元素あるいは不純物元素（特に，P および S）は，低融点液膜の生成を助長し，凝固割れ感受性を増大させる。

一般に，結晶粒界には P，S，Si，Nb などの不純物が偏析したり，炭化物などの生成相が存在しやすく，それらに起因して結晶粒界の融点は粒内より低下しやすい。その結果，これらの材料を溶接した場合，ボンドに近接した熱影響部の結晶粒界が局部的に溶融する。液化した粒界の融点が低いため，溶接金属の最終凝固段階まで液相状態で存在し，固相の粒界を膜状に覆う結果，熱収縮によるひずみが加わった際に，粒界が開口し，割れとなるのが液化割れである。

延性低下割れは溶接熱サイクル過程の固相状態の温度域で付加応力が作用し，粒界が開口する割れである。粒界の強度を低下させる要因としては P，S などの不純物元素の偏析や炭化物，金属間化合物などの析出物が知られている。

図 2.24　高温割れの一例（梨形ビード割れ）

(2) 割れの防止策

高温割れの防止対策には，次のようなものがある（第4章4.5.2（3）参照）。

（a）溶接部の化学組成

① 鋼材および溶接材料に含有される P, S などの不純物元素を極力少なくする。

② 合金元素を調整する。例えば，C, Ni, Si などは高温割れを助長し，Mn は S の悪影響を緩和する。

③ 溶融金属の脱酸，脱硫，脱リンを十分にして，溶接金属の延性低下を防ぐ。

（b）溶接施工上の配慮

① ビードの溶込み形状を適正にする（特に，梨形ビード割れ）。

② 板厚，開先形状，ルート間隔などを過大な拘束応力を生じないように調整する。

③ 溶接電流，電圧，速度，パス間温度，運棒法（溶接棒やワイヤの動かし方。ウィービング，ストリング，ウィッピング，三角，円形運棒などがある）を適正化する。

④ 凝固組織の調整，特に，クレータや溶接棒の継目処理に注意する。

2.3.4 再熱割れ

(1) 割れの種類と割れ発生機構

高張力鋼や Cr-Mo 鋼などの低合金耐熱鋼の溶接構造物は残留応力を除去する目的で溶接後，熱処理を必要とする場合が多い（第4章4.3.6（6）参照）。この熱処理過程で熱影響部の粗粒域で割れ（**図2.25**）が発生する場合がある。この割れは応力除去焼鈍割れもしくは SR 割れと呼ばれる。同様な割れはステンレス鋼やニッケル合金の熱処理過程においても発生することから，これらの割れを総称して再熱割れもしくは溶接後熱処理（PWHT）割れと呼ぶ。また，高温である期間供用された場合にも割れ（時効ぜい化割れ）が生じることがあり，このような実機供用下の割れも再熱割れの一種である。

再熱割れのメカニズムは，次のように考えられている。溶接残留応力は，PWHT 過程ですべり変形（粒界すべり）を生じさせることで解放されるが，この過程で生じる粒界すべりが，粒界三重点に応力集中を誘起する。この集中応力が粒界を剥離させる限界応力（粒界固着力）を上回った場合，粒界が開口し，微小割れが発生する。この微小割れが内部応力（残留応力）を解放しながら粒界を

図 2.25　再熱割れの一例

伝播して巨視的な割れを形成する。したがって，再熱割れを支配する要因は粒内強度，粒界強度（粒界固着力）および残留応力である。微細炭化物などの析出物により粒内が強化されたり，不純物元素の偏析などで結晶粒界が弱化（焼戻しぜい化）するため，これらに関与する合金元素や不純物元素の影響が評価されている。低合金鋼の再熱割れの特徴としては，①割れは熱影響部の粗粒域で発生し，旧オーステナイト粒界を伝播する粒界割れとなる，②厚板溶接部の余盛止端部で発生しやすい，③溶接後，500～650℃の温度域に再加熱された場合に発生するが，特に600℃付近で発生しやすい，などが挙げられる。

(2) 割れの防止策

再熱割れの防止対策には，次のようなものがある（第 4 章 4.5.2 (4) 参照）。
① 再熱割れの発生しにくい化学成分の母材を選定する（析出硬化元素や不純物元素の量）。
② 溶接入熱の低減により熱影響部の粗粒化を抑制する。
③ テンパビード溶接などにより熱影響部組織を改善する（微細化）。
④ ビード止端部を仕上げることにより応力集中を緩和する。

2.3.5　その他の溶接割れ

ラメラテアは，図 2.26 に示すように，鋼板の層状介在物（主として，Mn 硫化

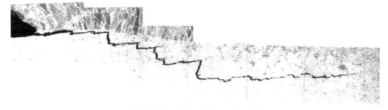

図2.26　ラメラテアの一例

物）が原因で板厚方向に剥離状に生じる熱影響部割れである。S量が低く，板厚方向の絞り値の高い鋼材を選定することは，この種の割れ防止に効果的である。なお，水素もラメラテアの発生に関与するとの報告もある（第4章4.5.2 (5) 参照）。

2.3.6　ポロシティ（気孔）とその対策

　溶接過程では，アーク雰囲気中で溶融金属が高温にさらされるため，多量の酸素，窒素，水素などのガス成分を吸収・溶解する。金属中へのガスの溶解度は，凝固する際に大幅に減少する。このため，発生したガスの一部が表面まで浮き上がれずに（溶接では一般に凝固速度が速いため），溶接金属内に捕らえられたものがポロシティである。ポロシティには，球状の空洞であるブローホール，芋虫状のウォームホール，表面まで穴のあいたピットなどがある。

　鋼の溶接の場合のポロシティの原因は，主として一酸化炭素と水素で，窒素も関与することがある。これらのガスのほか，被溶接材表面の塗装や錆なども発生原因となる。

　ポロシティの対策としては，①適切なガスシールドを施し大気の混入を低減，②溶接入熱を大きくして凝固速度を低減，③開先の清浄化や溶接材料の吸湿管理，などがある（第4章4.5.2 (6) 参照）。

2.3.7　溶接性と試験方法

(1) 溶接性の定義

　溶接性とは，鋼などの溶接の難易を示す工作上の溶接性（狭義の溶接性で接合性ともいう）と，完成した溶接継手が使用目的に十分耐えられるかという使用性能に関する溶接性（広義の溶接性という）に分けられる。

工作上の溶接性として考慮すべきものには，溶接金属および熱影響部の割れをはじめポロシティ，スラグ巻込み，溶接部の形状や外観不良などがある。
　一方，使用性能上の溶接性には母材および溶接部の機械的性質すなわち延性，じん性のほか，その使用目的に応じて疲労強度，高温強度，耐食性などが要求される。

(2) 溶接性試験

　鋼の溶接性を調査する最も簡単な方法は，熱影響部の最高硬さを求める方法である。**図 2.27** に示す JIS Z 3101 に規定するもののほか，冷却速度または冷却時間を変えたときの値を求める方法としてテーパ硬さ試験が JIS に規定されている (JIS Z 3115)。
　溶接性を評価するには，溶接割れ試験が最も重要である。溶接割れ試験には，高温割れ，低温割れと再熱割れ，溶接金属用と熱影響部用のほか，突合せ継手とすみ肉継手，自拘束型と外的拘束型，判定用と実用試験用などに特徴的に分類される。**図 2.28** に自拘束型としてわが国で広く用いられているスリット形溶接割れ試験を示す。
　使用性能を評価する方法としては，ぜい性破壊試験のほか，溶接部全体の曲げ延性を評価する方法が長く利用されている。そのうち，溶接ビード曲げ試験方法は高張力鋼の評価に採用されている。
　そのほか，ひずみ時効試験は冷間加工後の衝撃値の低下を調査するものであり，溶接継手シャルピー試験は溶融境界部や熱影響部のぜい化を調査する方法として，WES 鋼種認定をはじめ広く使用されている。

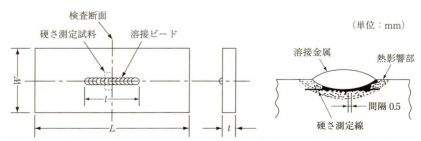

1 号試験片($L=$約 200, $W=75$, $l=125\pm10$), 2 号試験片($L=$約 200, $W=$約 150, $l=125\pm10$)
(t は原則として 20mm とする)

図 2.27　溶接熱影響部の最高硬さ試験片 (JIS Z 3101)

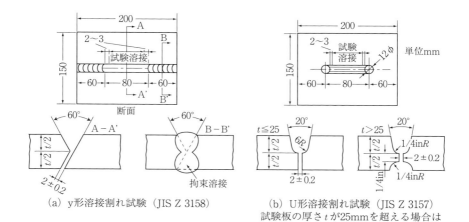

(a) y形溶接割れ試験（JIS Z 3158）

(b) U形溶接割れ試験（JIS Z 3157）
試験板の厚さ t が25mmを超える場合は下右図の開先を使用してもよい

図2.28　スリット形溶接割れ試験

2.4　溶接材料の種類と選定

2.4.1　被覆アーク溶接材料

（1）被覆アーク溶接棒の構成とその機能

　被覆アーク溶接法は，軽便な溶接棒と低廉・簡便な設備があれば，作業者の技量は要求されるが，形状，溶接姿勢をあまり問わず，各種の金属を溶接できる方法である。溶接継手に対する様々な要求性能を満足させるため，種々の特性を持った溶接棒が市販されており，それらを適材適所に用いることにより信頼性の高い溶接継手を得ることができる。このため，被覆アーク溶接では，溶接棒の選定が溶接結果の良否を決定する大きな因子であり，これを誤らないためには，管理者および作業者は被覆アーク溶接棒の諸特性について正確な知識を持つことが必要である。

　被覆アーク溶接棒は，心線とその周囲に塗布された被覆剤（フラックス）で構成されている。心線の品質および被覆剤の特性は溶接棒の性能を左右する。

（a）心線

　軟鋼および高張力鋼用溶接棒には，PおよびSを低く抑えた極軟鋼心線を用い，合金成分は主として被覆剤から添加している。

(b) 被覆剤

　被覆剤は溶接棒の作業性および溶接金属の機械的性質を向上させるために心線表面に塗布される。被覆剤の主な機能は次のとおりである。

① アークスタートを容易にし，アークの安定化，維持を容易にする。

② ガスを発生してアーク周辺を覆い，また，スラグを形成して溶接金属の表面を覆って大気中の酸素や窒素の溶接金属中への侵入を防ぐ。酸素と窒素は溶接金属の機械的性質を劣化させ，ポロシティの原因となる。被覆アーク溶接では，被覆剤がアーク熱で分解して生成するガス（主として CO，CO_2，H_2 など）およびスラグが，溶融金属の保護の役割（シールド効果）を果たす。また，スラグは溶接金属表面を覆って急冷を防止する効果もある。

③ スラグの融点，粘性，比重などを調整し，様々な溶接姿勢での溶接を容易にする。

④ 溶接金属の脱酸精錬を行う。溶接金属中の酸素は大気中の酸素，被覆剤中の酸化物（SiO_2，Fe_2O_3，MnO_2 など）や母材表面の酸化物が主な供給源となっている。これらの酸素による溶接欠陥の発生を防止し，酸化物が非金属介在物となって多量に溶接金属中に残らないように被覆剤中に酸素と結び付きやすい Mn，Si などの脱酸剤を適量含有させている。これらの脱酸剤は，次の反応により酸素を強制的に除去（脱酸）し，スラグ成分として分離浮上させ溶接金属を清浄化する。

$$FeO + Mn \rightarrow MnO + Fe \cdots\cdots\cdots\cdots\cdots\cdots\cdots\cdots\cdots\cdots\cdots\cdots\cdots\cdots\cdots (2.8)$$

$$2FeO + Si \rightarrow SiO_2 + 2Fe \cdots\cdots\cdots\cdots\cdots\cdots\cdots\cdots\cdots\cdots\cdots\cdots\cdots (2.9)$$

⑤ 溶接金属への合金元素の添加のほか，適当量の鉄粉を添加して溶着速度を向上させ，作業能率を高めることも可能である。

　以上のように，溶接棒の性能（作業性，溶着金属の機械的性質，割れ感受性，ポロシティ発生程度など）は，被覆剤により特徴付けられる。

(2) 軟鋼用被覆アーク溶接棒の種類と特性

　被覆アーク溶接棒は，鋼材の種類，板厚，溶接姿勢，構造物の種類などに適したものが多数市販されており，JIS Z 3211 に被覆系統別に分類されている。代表的な軟鋼用被覆アーク溶接棒を**表 2.7** に示す。被覆系統名は主としてその原材料名に由来しており，各被覆系の特徴を次に示す。

2.4 溶接材料の種類と選定 **113**

表 2.7 軟鋼用被覆アーク溶接棒の種類と溶着金属の機械的性質

記号	被覆剤の系統	溶接姿勢	電流の種類	溶着金属の機械的性質						対応する旧記号
				引張試験			衝撃試験			
				引張強さ(MPa)	耐力(MPa)	伸び(%)	温度(℃)	吸収エネルギー(J)		
E4303	ライムチタニヤ系	全姿勢	AC及び/又はDC ±	430以上	330以上	20以上	0	27以上		D4303
E4311	高セルロース系		AC及び/又はDC +				- 30			D4311
E4313	高酸化チタン系		AC及び/又はDC ±			16以上	-	-		D4313
E4316-H15	低水素系		AC及び/又はDC +			20以上	- 30	27以上		D4316
E4319	イルミナイト系		AC及び/又はDC ±				- 20			D4301
E4324	鉄粉酸化チタン系	下向,水平すみ肉				16以上	-	-		D4324
E4327	鉄粉酸化鉄系		AC及び/又はDC -			20以上	- 30	27以上		D4327
E4340	特殊系	製造業者の推奨	製造業者の推奨				0			D4340

(a) イルミナイト系（E4319）

　被覆剤中にイルミナイト（酸化チタンを 40mass％程度含む砂鉄）を約 30％含有するわが国で開発された独特の性能をもつ全姿勢溶接棒である。スラグは比較的流動性に富み，溶接金属をよく覆い，除去も容易で，波目の細かい美しいビードを作る。アークはやや強く，溶込みも深い。溶着金属の機械的性質が良好で，ポロシティの発生も少なく非常によくバランスのとれた溶接棒であり，各種構造物の溶接に広く使用されている。

(b) ライムチタニア系（E4303）

　酸化チタンを約 30mass％と石灰石，ドロマイトなどを約 20mass％程度被覆剤中に含む全姿勢溶接棒である。アークは軟らかく，溶込みはイルミナイト系よりも浅い。スラグは流動性に富み，多孔質のため特に立向上進溶接の作業性が良く，スラグの除去が容易である。割れ感受性はイルミナイト系と同程度で，一般構造物の溶接に広く用いられているが，ポロシティの発生の点でやや劣るので，放射線検査などの厳重な箇所への適用には注意を要する。

(c) 高セルロース系（E4311）

　ガスシールド型の代表的溶接棒で被覆剤中に 20mass％程度の有機物（セルロース）を含有する。この有機物がアーク熱で分解されて発生する多量の還元性ガス

で溶接金属を大気から保護する。一般に薄被覆で，スラグの生成量は極めて少なく，上向や立向下進溶接が容易である。アークが強く，溶込みも深いが，スパッタが多く，スラグがほとんどないためビード外観がやや劣る。わが国では少量しか使用されていないが，海外ではラインパイプの円周溶接などに多く使われる。

(d) 高酸化チタン系（E4313）

被覆剤中に 40 ～ 50mass％程度の酸化チタンを含む溶接棒で，アークが安定でスパッタが少なく，スラグのはく離性が良好で外観の美しいビードを作る。アンダカットが発生し難く，作業性の非常に良い全姿勢溶接棒で，立向下進溶接ができるものも多い。溶込みが浅く薄板溶接用として優れているが，溶着金属の延性，じん性および割れ感受性がイルミナイト系やライムチタニア系に比べ劣るため，重構造物の溶接には表層の仕上げ盛りを除き使用されない。

(e) 低水素系（E4316-H15）

この被覆系名称は，被覆剤中の主成分による呼称ではなく，軟鋼用被覆アーク溶接棒規格（JIS Z 3211）に規定された水素試験（JIS Z 3118）による溶着金属中の拡散性水素量が 15ml/100g 以下であることを示している。被覆剤の主成分は炭酸石灰などの炭酸塩である。炭酸石灰は溶接中に CO_2（または CO）ガスを発生し，溶着金属中の拡散性水素量を低減する作用がある。また，被覆剤中に水分の供給源となる有機物を含まず，溶接棒製造時に 300 ～ 450℃程度の高温乾燥が行われるため，他の被覆系の溶接棒に比較して溶接金属中の拡散性水素含有量が著しく低い。この特性のため，低温割れ感受性は最も低く，酸素量も低く設計されているので，溶着金属の機械的性質，特にじん性が非常に良好である。したがって，低水素系溶接棒は，厚板の溶接，拘束度の大きい構造物などの溶接に適用されている。一方，作業性は，アークがやや不安定で，ビード始端部にポロシティが発生しやすく，ビードが凸形になる傾向があり，その使用には多少の熟練が必要である。

(f) 鉄粉酸化チタン系（E4324）

高酸化チタン系被覆に多量の鉄粉を添加して溶着速度を大きくした溶接棒で，アークはおとなしく，スパッタも少なく，下向および水平すみ肉姿勢で使用されている。

(g) 鉄粉低水素系（E4328-H15）

低水素系の被覆に多量の鉄粉を添加して溶着速度を大きくした溶接棒で，下向および水平すみ肉姿勢で使用される。

（h）鉄粉酸化鉄系（E4327）

　酸化鉄を主成分とし，これに多量の鉄粉を添加した厚被覆の溶接棒である。下向および水平すみ肉姿勢に使用されるが，主として1パスの水平すみ肉溶接用で，脚長5〜9mm程度の溶接に最も適し，等脚長でアンダカットのない美しいビード外観が得られる。溶込みも深く，スラグを生成して完全に溶接金属を覆い，除去も容易である。溶着速度が大きく，棒長を長くしグラビティ溶接機などと組み合わせて高能率で使用できるのもこの系統の特徴である。船舶や橋梁のすみ肉溶接に広く使用されている。

（i）特殊系（E4340）

　被覆剤が（a）〜（h）以外の系統に属するもの，および特殊な性能を持った溶接棒である。

　以上のように，種々の特性を持った軟鋼用被覆アーク溶接棒があるが，実際の溶接施工に当たっては板厚，継手の種類，拘束の程度，周囲の作業環境，作業能率などを考慮してその選択を行わなければならない。

（3）高張力鋼用被覆アーク溶接棒の種類と特性

　高張力鋼用被覆アーク溶接棒とその溶接金属には，次のような特性が要求される。

① 母材と同等の引張強さおよび降伏点または耐力を有し，伸びが大きいこと。

② 良好なじん性を有すること。また，これが溶接後熱処理などにより大きく低下しないこと。

③ 溶接割れ感受性が低いこと。高張力鋼では水素による低温割れが発生しやすいので，溶着金属中に溶解する水素量が十分低いこと。

④ 作業性が良好で溶接欠陥が生じにくく，健全な継手が得られること。

　これらのうち③が最も重要であり，母材の強度が高いほど溶接割れ防止のために拡散性水素量を低く抑える必要がある。引張強さ490〜780N/mm² 級の高張力鋼用被覆アーク溶接棒規格は JIS Z 3211 に規定されている。代表的な高張力鋼用被覆アーク溶接棒を**表 2.8** に示す。

（4）低温用鋼用被覆アーク溶接棒の種類と特性

　低合金低温用鋼はアルミキルド鋼，2.5% Ni 鋼などが主なものであるが，これらに使用される溶接棒には，溶着金属のじん性が要求される。したがって，低温での衝撃値を向上させるのに有効な Ni などの成分を溶着金属中に添加した低水

116　第2章　金属材料の溶接性ならびに溶接部の特性

表2.8　高張力鋼用被覆アーク溶接棒の種類と溶着金属の機械的性質

記号	被覆剤の系統	溶接姿勢	電流の種類	溶着金属の機械的性質					対応する旧記号
				引張試験			衝撃試験		
				引張強さ(MPa)	耐力(MPa)	伸び(%)	温度(℃)	吸収エネルギー(J)	
E4903	ライムチタニヤ系	全姿勢	AC及び/又はDC±	490以上	400以上	20以上	0	27以上	D5003
E4919	イルミナイト系						-20		D5001
E4916-H15	低水素系						-30		D5016
E4916-UH15									
E5716-UH10				570以上	490以上	16以上	-20	47以上	D5816
E6216-3M2UH10			AC及び/又はDC+	620以上	530以上	15以上			D6216
E6916-N3CM1UH10				690以上	600以上	14以上			D7016
E7816-N4CM2UH5				780以上	690以上	13以上			D8016
E4928-H15	鉄粉低水素系	下向,水平すみ肉,横向		490以上	400以上	20以上	-30	27以上	D5026
E5728-H15				570以上	490以上	16以上	-20		D5826

素系溶接棒が使用されている。低温用鋼用被覆アーク溶接棒の規格は JIS Z 3211 に規定されており，被覆系は低水素系および鉄粉低水素系で規定されている。

(5) 低水素系被覆アーク溶接棒の吸湿性と乾燥

　溶接金属中に溶解する水素量が増大すると割れが発生しやすくなるが，有力な水素源として被覆剤中の有機物のほかに被覆剤の吸湿による水分がある。また，この水分は作業性に悪影響を与え，ポロシティの原因にもなる。溶接棒は被覆剤中の水分を除去するため，その製造工程において被覆剤成分が変質しない範囲で，十分高い温度による乾燥を行っている。低水素系溶接棒は，有機物を含まないため高温で乾燥でき，溶接金属中の水素含有量が低下する。しかしながら，乾燥固化後の被覆剤中の水ガラスはゲル状となっており，吸湿性を有している。したがって，出荷後作業現場で使用されるまでに温度，湿度，時間に応じて被覆剤は水分を再び吸収することになる。この水分を除去するため使用前にもう一度乾燥（再乾燥）を行わなければならない。この（再）乾燥は，棒種に応じて適切な温度で行わなければならない。低水素系溶接棒では，通常 300 ～ 400℃ で 30 ～ 60min の乾燥を行う（第4章4.3.2参照）。

2.4.2 ガスシールドアーク溶接材料

　ガスシールドアーク溶接法は，被覆アーク溶接に比べて高能率であり，水素混入量も少ないので，国内の主要な溶接法となっている。消耗電極式ガスシールドアーク溶接材料には，ソリッドワイヤとフラックス入りワイヤがある。

　主なシールドガスは炭酸ガス（CO_2）とアルゴン＋炭酸ガス（Ar-CO_2）の混合ガスであり，溶接雰囲気が酸化性ガスを含むことからマグ溶接（MAG：Metal Active Gas）と呼ばれ，純アルゴンガスを使用するミグ溶接（MIG：Metal Inert Gas）と区別している。

(1) 溶接ワイヤ

　ガスシールドアーク溶接用ワイヤには，大別すると図2.29に示すような断面構造を持つソリッドワイヤとフラックス入りワイヤがある。
　ソリッドワイヤは，次のような特徴を持っている。
① 被覆アーク溶接棒に比べて2～3倍の高能率な溶接が可能である。
② 溶接条件選択の自由度が高く，鋼種，溶接姿勢などの適用範囲が広い。
③ 自動化，機械化が容易である。
　また，シールドガスとして，CO_2 の代わりに Ar-CO_2 混合ガスを用いると，上述の特徴に加え，スパッタ，ヒュームが減少し，ビード外観も改善できる。
　一方，フラックス入りワイヤの特徴は次のようなものである。
① ソリッドワイヤより，さらに高能率な溶接ができる。
② アークがソフトでスパッタが少ない（ソリッドワイヤとの比較において）。
③ ビード形状，外観が被覆アーク溶接棒の場合と同様に平坦で美しい。
　ソリッドワイヤとフラックス入りワイヤは，それぞれ適用するシールドガス組

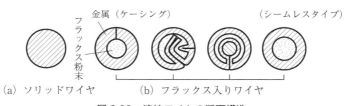

図2.29　溶接ワイヤの断面構造

成とワイヤあるいは溶着金属の化学組成および溶着金属の機械的性質によって
JIS などで分類されている。

　ソリッドワイヤおよびフラックス入りワイヤ（軟鋼，高張力鋼用）の JIS 規格
の抜粋をそれぞれ**表 2.9** および**表 2.10** に示す。

表 2.9　軟鋼および高張力鋼用ソリッドワイヤの規格抜粋（JIS Z 3312）
(a) シールドガスおよび溶着金属の機械的性質

ワイヤの種類（日本特有記号）	ワイヤの種類（ISO 規定記号）	シールドガス[1]	溶着金属の機械的性質					相当する旧 JIS での種類
			引張試験			衝撃試験		
			引張強さ（MPa）	耐力（MPa）	伸び（%）	温度（℃）	吸収エネルギー（J）	
YGW11	G49A0UC11	C	490 ～ 670	400 以上	18 以上	0	47 以上	YGW11
YGW12	G49A0C12			390 以上			27 以上	YGW12
YGW13	G49A0C13							YGW13
YGW14	G43A0C14		430 ～ 600	330 以上	20 以上			YGW14
YGW15	G49A2UM15	M	490 ～ 670	400 以上	18 以上	− 20	47 以上	YGW15
YGW16	G49A2M16			390 以上			27 以上	YGW16
YGW17	G43A2M17		430 ～ 600	330 以上	20 以上			YGW17
YGW18	G55A0UC18	C	550 ～ 740	460 以上	17 以上	0	70 以上	YGW18
YGW19	−	M					47 以上	YGW19
−	G57A1UCXX	C	570 ～ 770	490 以上	17 以上	− 5	47 以上	YGW21
−	G57A1CXX						27 以上	YGW22
−	G57A2UMXX	M				− 20	47 以上	YGW23
−	G57A2MXX						27 以上	YGW24

注 1)　C：炭酸ガス，M：炭酸ガス 20％～ 25％とアルゴンとの混合ガス

(b) 化学成分

ワイヤの種類	化学成分（%）											その他の成分
	C	Si	Mn	P	S	Ni	Cr	Mo	Cu	Ti	Zr	
YGW11	0.02 ～ 0.15	0.55 ～ 1.10	1.40 ～ 1.90	0.030 以下	0.030 以下	−	−	−	0.50 以下	Ti + Zr；0.02 ～ 0.30		−
YGW12		0.50 ～ 1.00	1.25 ～ 2.00							−	−	
YGW13		0.55 ～ 1.10	1.35 ～ 1.90							Ti + Zr；0.02 ～ 0.30		Al；0.10 ～ 0.50
YGW14		1.00 ～ 1.35	1.30 ～ 1.60							−	−	
YGW15		0.40 ～ 1.00	1.00 ～ 1.60							Ti + Zr；0.02 ～ 0.15		
YGW16			0.90 ～ 1.60							−	−	
YGW17		0.20 ～ 0.55	1.20 ～ 2.10									
YGW18	0.15 以下	0.55 ～ 1.10	1.40 ～ 2.60					0.40 以下		Ti + Zr；0.30 以下		
YGW19		0.40 ～ 1.00	1.40 ～ 2.00									

2.4 溶接材料の種類と選定　119

表 2.10　軟鋼および高張力鋼用フラックス入りワイヤの規格抜粋（JIS Z 3313）

(a) シールドガスおよび溶着金属の機械的性質

ワイヤの種類	シールドガス[1]	溶着金属の機械的性質					相当する旧JISでの種類
		引張試験			衝撃試験		
		引張強さ (MPa)	耐力 (MPa)	伸び (%)	温度 (℃)	吸収エネルギー (J)	
T490T1-1CA	C	490 ～ 670	390 以上	18 以上	0	27 以上	YFW-C500R
T490T15-1CA							YFW-C500M
T490T1-1CAU						47 以上	YFW-C50DR
T492T1-1CAN1					− 20	27 以上	YFW-C502R
T550T2-1CAG-U		550 ～ 740	460 以上	17 以上	0	47 以上	YFW-C55DR
T591T2-1CA		590 ～ 790	490 以上	16 以上	− 5	27 以上	YFW-C60ER
T591T1-1CAN3M2-U						47 以上	YFW-C60FR
T490T1-1MA	M	490 ～ 670	390 以上	18 以上	0	27 以上	YFW-A500R
T490T15-1MA							YFW-A500M
T490T1-1MA-U						47 以上	YFW-A50DR
T492T1-1MA-N1					− 20	27 以上	YFW-A502R
T550T2-1MA-G-U		550 ～ 740	460 以上	17 以上	0	47 以上	YFW-A55DR
T591T1-1MA-N3M2-U		590 ～ 790	490 以上	16 以上	− 5	47 以上	YFW-A60FR
T592T1-1MA-N3M2					− 20	27 以上	YFW-A602R

注 1)　C：炭酸ガス，M：炭酸ガス 20% ～ 25% とアルゴンとの混合ガス

(b) 化学成分

ワイヤの種類	化学成分（%）								
	C	Si	Mn	P	S	Ni	Cr	Mo	V
T490T1-1CA	0.18 以下	0.90 以下	2.00 以下	0.030 以下	0.030 以下	0.50 以下	0.20 以下	0.30 以下	0.08 以下
T490T15-1CA									
T490T1-1CAU									
T492T1-1CAN1	0.12 以下	0.80 以下	1.75 以下	0.030 以下	0.030 以下	0.30 ～ 1.00	−	0.35 以下	−
T550T2-1CAG-U	−	−	−	−	−	−	−	−	−
T591T2-1CA	0.18 以下	0.90 以下	2.00 以下	0.030 以下	0.030 以下	0.50 以下	0.20 以下	0.30 以下	0.08 以下
T591T1-1CAN3M2-U	0.15 以下	0.80 以下	2.25 以下	0.030 以下	0.030 以下	1.25 ～ 2.25	0.20 以下	0.30 0.65	0.05 以下
T490T1-1MA	0.18 以下	0.90 以下	2.00 以下	0.030 以下	0.030 以下	0.50 以下	0.20 以下	0.30 以下	0.08 以下
T490T15-1MA									
T490T1-1MA-U									
T492T1-1MA-N1	0.12 以下	0.80 以下	1.75 以下	0.030 以下	0.030 以下	0.30 ～ 1.00	−	0.35 以下	−
T550T2-1MA-G-U	−	−	−	−	−	−	−	−	−
T591T1-1MA-N3M2-U	0.15 以下	0.80 以下	2.25 以下	0.030 以下	0.030 以下	1.25 ～ 2.25	0.20 以下	0.20 ～ 0.65	0.05 以下
T592T1-1MA-N3M2									

（a）ソリッドワイヤ

表 2.9（JIS Z 3312）に示されているように，ソリッドワイヤは鋼種，シールドガス組成などに応じて使い分けられている。

炭酸ガスアーク溶接用の YGW11，YGW12 は，最も多く使用されているワイヤである。YGW11 は，Ti + Zr，（Al）が添加されているので，大電流域におけるアークの安定化やビード形状の改善に効果があり，主として大電流用途である。一方，YGW12 は，これらの元素が含まれていないため小電流域で使用される。YGW13 は，Al 含有量が多く，多少の錆などが付着している鋼材に対してもポロシティが生じにくく，滑らかなビード表面が得られる利点がある。

YGW15，YGW16 は Ar-CO_2 混合ガス用で，使用電流はそれぞれ炭酸ガス用の YGW11，YGW12 に対応する。

G57A1UCXX ～ G57A2MXX は，590N/mm^2 級鋼用ワイヤで，シールドガスあるいは要求性能により使い分けられる。

（b）フラックス入りワイヤ

フラックス入りワイヤの断面は，図 2.29 に示したように，折り込みタイプのもの，合わせ目が存在しないものがある。ワイヤの種類は表 2.10（JIS Z 3313）に示されているように，溶着金属の機械的性質，使用特性，溶接姿勢およびシールドガスなどによって区分されている。

これらのうち，わが国で使用されているフラックス入りワイヤの大部分は，炭酸ガスアーク溶接用の T490 シリーズである。フラックスタイプとしては，スラグ系フラックスおよびメタル系フラックスがある。スラグ系ワイヤは，フラックス中に酸化チタンを主成分とするスラグ形成剤のほか，脱酸剤，アーク安定剤などを含んでおり，溶接後にスラグがビード表面を覆うため，ビードの外観，形状が被覆アーク溶接の場合のように良好である。全姿勢での作業性に優れているが，折込式のワイヤは長時間大気中に放置すると吸湿の可能性があるので，用途によっては注意が必要である。メタル系ワイヤは，スラグ系に比較してスラグ形成剤をほとんど含有しない代わりに，鉄粉を含有することを特徴としており，高能率の下向溶接に適している。図 2.30 は溶接法，電流範囲ごとの溶着速度を示すが，メタル系ワイヤの溶着効率はスラグ系に比べて一般的に優れている。なお，シールドガスを用いないセルフシールドアーク溶接用ワイヤには脱酸剤として Al が添加されている。

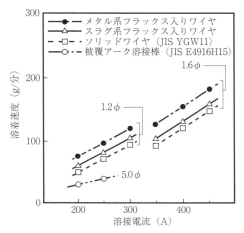

図2.30 マグ溶接の溶着速度（シールドガス：炭酸ガス）

(2) シールドガス

シールドガスには，100% CO_2 ガスと 80% Ar + 20% CO_2 の混合ガスが多く用いられている。CO_2 ガスは高温のアーク熱にさらされると，下式に示すように，一酸化炭素（CO）と酸素（O）に分解される。生じた CO は還元性のガスとして，シールド効果を発揮する。

また，発生した O は脱酸剤（Si，Mn）によってスラグとして除去される。しかし，脱酸剤の量が不足すると式（2.12）の反応が起こり，CO がポロシティの原因となる。

$$CO_2 \rightarrow CO + O \quad\quad\quad (2.10)$$
$$Fe + O \rightarrow FeO \quad\quad\quad (2.11)$$
$$C + FeO \rightarrow CO + Fe \quad\quad\quad (2.12)$$

シールドガス中の CO_2 の割合が増すと，式（2.10）によって溶鋼中の酸素量が増加するので酸素との結びつきが強い Si，Mn によって脱酸が強制的に行われる。表 2.9 からわかるように，100% CO_2 のシールドガスでは Si，Mn 含有量が多くなっている。したがって，80% Ar + 20% CO_2 混合ガス用に設計されたワイヤを誤って 100% CO_2 のシールドガスで使用すると，溶接金属中の Si や Mn が減少し，所定の強度が得られないことになる。逆に，100% CO_2 用のワイヤを 80% Ar + 20% CO_2 混合ガスで溶接すると，Si，Mn 量が多くなり，溶接金属の強度

が必要以上に高くなるので注意する必要がある。

JIS Z 3253 にアーク溶接用シールドガスについて規定している。シールドガスの反応挙動および組成によって次のように区分され，容器に表示されている。

I：不活性ガスまたは不活性混合ガス

M1，M2，M3：不活性ガスに炭酸ガスおよび／または酸素を含む酸化性混合ガス

C：炭酸ガスまたは炭酸ガスに酸素を含む強酸化性混合ガス

R：不活性ガスに水素を含む還元性混合ガス

2.4.3 サブマージアーク溶接材料

（1）溶接ワイヤ

サブマージアーク溶接ワイヤの規格としては JIS Z 3351 があり，通電部での電気的接触を良くするためと防錆のため，銅メッキが施されているのが普通である。これらの規格に該当するワイヤのほか，Cr，Mo，Ni，Ti，Nb などを含む高張力鋼用，低合金鋼用，ステンレス鋼用の溶接ワイヤも製造されている。

（2）フラックス

サブマージアーク溶接用フラックスはその製造法により溶融フラックスおよびボンドフラックスに大別される。

（a）溶融フラックス

各種鉱物原料を混合して通常 1300℃ 以上に加熱溶融したのち冷却し，種々の粒度分布に調整したもので，一般にガラス質（軽石状のものもある）で吸湿性はほとんどなく，すべて酸化物やフッ化物などの形になっているため，溶接中にフラックスからはほとんど合金成分を添加できない。そこで，それぞれ母材に適したワイヤと組み合わせて使用する。また，使用電流に適した粒度範囲がある。

（b）ボンドフラックス

各種鉱物性物質，脱酸剤，合金元素などの粉末状原料を混合し，水ガラスなどの粘結剤を加えて造粒焼成したものである。ボンドフラックスは低温焼成のため原料組成の選択が自由で，炭酸塩のみならず合金成分も添加でき，結晶粒を微細化したり，塩基度（酸または塩基としての強さを表し，この値が大きいほど溶接金属中の酸素量が低くなりじん性が良好となる）を容易に調整できる長所があ

る。しかしながら，図2.31に示すように吸湿性は溶融フラックスに比べて大きく，使用前に200～300℃で1時間程度の再乾燥が必要である。厚板の両面1層溶接や片面溶接などの大入熱溶接に広く用いられている。フラックス中に合金成分や脱酸剤を含有させることが容易なため，軟鋼や強度の低い高張力鋼の溶接では通常のワイヤと組み合わせることもできる。表2.11に溶融フラックスとボンドフラックスの特徴を比較して示す。溶接ワイヤとフラックスの組合せは溶接金属の諸性質やビードの外観，作業性に大きな影響を及ぼすため，母材の材質および溶接部に要求される性能，継手形状と寸法，母材の表面状態，溶接条件などに注意して慎重に選択しなければならない。

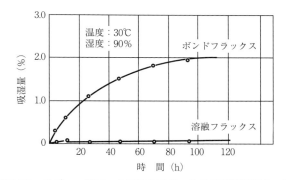

図2.31 サブマージアーク溶接のフラックスの吸湿状況の一例

表2.11 溶融フラックスとボンドフラックスの特徴比較

項　目	溶融フラックス	ボンドフラックス
合金成分の添加	不可	可
炭酸塩の添加	不可	可
じん性	やや劣る	良好
耐吸湿性	良好	劣る
拡散性水素量 （乾　燥　後）	やや高い	低い
高速溶接性	良好	劣る
適用入熱	小～中入熱	中～大入熱
フラックス消費量	多い	やや多い

124　第 2 章　金属材料の溶接性ならびに溶接部の特性

2.5　ステンレス鋼の溶接

2.5.1　ステンレス鋼の種類と性質

（1）ステンレス鋼の種類

　ステンレス鋼は，10.5mass％以上の Cr を含む高合金鋼であり，主な合金元素が Cr のみである Cr 系ステンレス鋼と，Cr，Ni を含有する Cr-Ni 系ステンレス鋼に大別される。

　表 2.12 に代表的なステンレス鋼の化学組成を示す。Cr 系ステンレス鋼はその金属組織から，SUS410 に代表されるマルテンサイト系ステンレス鋼と SUS430 に代表されるフェライト系ステンレス鋼に分類される。Cr-Ni 系ステンレス鋼は常温でもオーステナイト組織を示す SUS304 などのオーステナイト系ステンレス鋼に代表されるが，オーステナイト＋フェライトの二相ステンレス鋼や析出硬化型ステンレス鋼などの中間的な化学組成のものも規格化されている。

　ステンレス鋼はこのほかにも多くの鋼種が実用化されており，例えば Cr-Ni 系に Mo を添加してさらに耐食性を改善した SUS316 や，Nb および Ti を添加した安定化ステンレス鋼（SUS347 および SUS321），炭素量を 0.03mass％以下として耐鋭敏化性（後述）を高めた低炭素ステンレス鋼（鋼種記号の後に L をつける，SUS304L など）などが溶接構造物として広く用いられている。

　ステンレス鋼の最大の特徴は，耐食性を向上させた点にある。ステンレス鋼が高い耐食性を有するのは，金属表面に薄くて緻密な Cr の酸化皮膜（不動態皮膜）

表 2.12　代表的なステンレス鋼の化学組成（mass％）

分　類		鋼　種	C	Si	Mn	P	S	Ni	Cr	Mo	N
Cr系	マルテンサイト系	SUS410	≦0.15	≦1.00	≦1.00	≦0.040	≦0.030	—	11.50～13.50	—	—
	フェライト系	SUS430	≦0.12	≦0.75	≦1.00	≦0.040	≦0.030	—	16.00～18.00	—	—
Cr-Ni系	オーステナイト系	SUS304	≦0.08	≦1.00	≦2.00	≦0.045	≦0.030	8.00～10.50	18.00～20.00	—	—
		SUS316	≦0.08	≦1.00	≦2.00	≦0.045	≦0.030	10.00～14.00	16.00～18.00	2.00～3.00	—
	二相系	SUS329J3L	≦0.030	≦1.00	≦2.00	≦0.040	≦0.030	4.50～6.50	21.00～24.00	4.50～6.50	0.08～0.20

が形成されるためである。Cr含有量が約11%を越えると不動態皮膜が形成され，Cr添加量が多くなるほど不動態皮膜は安定となる。NiはCrとの複合添加効果により，非酸化環境でも耐食性を維持する。また，Moは不動態皮膜を顕著に安定化する効果を有している。

ステンレス鋼は各種の耐食用途に使用されるほかに，その機械的性質を活かし，構造材としても広く使用されている。図2.32および図2.33に各種ステンレ

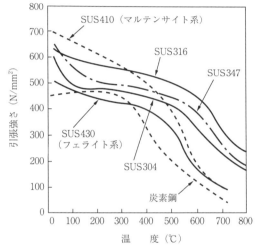

図2.32 ステンレス鋼の引張強さ

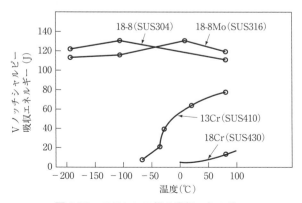

図2.33 ステンレス鋼の吸収エネルギー

126 第2章 金属材料の溶接性ならびに溶接部の特性

ス鋼の引張強さ，吸収エネルギーと温度の関係を示す。室温ではマルテンサイト
系ステンレス鋼が最も引張強さが高いが，高温になるとオーステナイト系ステン
レス鋼が最も高くなる。また，吸収エネルギーについては，オーステナイト系ス
テンレス鋼は延性－ぜい性遷移域がなく極低温でも室温と同様に良好な衝撃性能
を示す。これらの性質を利用してオーステナイト系ステンレス鋼は，LNG や液
体窒素などの低温容器から石油精製，原子力プラントなどの高温用途まで広範囲
な温度域で使用されている。
　ステンレス鋼用溶接材料も母材とほぼ同組成の化学成分を有するが，溶接金属
の性能や溶接性を考慮し，Ni，Cr などの組成範囲は母材とわずかに異なってい
る。

(2) ステンレス鋼の物理的性質と溶接性

　ステンレス鋼の物理的性質を**表 2.13** に示す。炭素鋼の物理的性質とはかなり
異なるため，次のような溶接上の問題に対する配慮が必要である。
　① オーステナイト系ステンレス鋼は熱膨張係数が炭素鋼の約 1.5 倍と大きく，
　　 熱伝導率も炭素鋼の約 1/3 程度のため，溶接時に大きな変形やひずみが発生
　　 しやすい。
　② ステンレス鋼の電気抵抗値は炭素鋼に比べ Cr 系で約 4 倍，Cr-Ni 系で約 5

表2.13　代表的なステンレス鋼の物理的性質

| 鋼　種 | 物　理　的　性　質 | | | | | | |
	比　重 g/cm³	比電気抵抗 $\mu\Omega \cdot cm$	磁　性	比　熱 cal/g/℃ (0～100℃)	平均線膨張係数 10^{-6}/℃ (0～100℃)	熱伝導率 10^2cal/cm/sec/℃ (100℃)	溶融温度域 (℃)
炭素鋼	7.86	15	有	0.12	11.4	11.2	1490 ～1520
SUS410	7.75	57	有	0.11	9.9	5.95	1480 ～1530
SUS430	7.70	60	有	0.11	10.4	6.24	1480 ～1510
SUS304	7.93	72	無	0.12	17.3	3.89	1400 ～1450
SUS316	7.98	74	無	0.12	16.0	3.89	1370 ～1400
SUS329J3L	7.80	80	有	0.12	12.5	4.07	1380 ～1470

倍であるため，被覆アーク溶接の際に過大な電流で溶接すると棒焼けが生じやすい。

③ オーステナイト系ステンレス鋼の溶融温度域は炭素鋼に比べ約100℃低いため，被覆アーク溶接等の立向姿勢で溶着金属がたれやすい。

④ オーステナイト系ステンレス鋼には磁性がないため，炭素鋼のような磁性のある材料と組み合わせて異材溶接を行う場合は，アークの磁気吹き（第1章1.2.3（3）参照）により炭素鋼側を過大に溶かすことがある。

（3）溶接材料

ステンレス鋼用の溶接材料は，基本的には母材と同等の特性が要求されるため，母材に対応して同様に化学成分で分類され，溶接方法ごとに規格化されている。

ステンレス鋼の共金溶接では，母材と同一組成を持った溶接材料を選ぶことが基本である。ただし，溶接材料を選択する際には，次のような注意が必要である。

① オーステナイト系ステンレス鋼は高温割れを生じやすいことから，一般に数％のフェライトを含む溶接金属が得られる溶接材料を用いる。また，完全オーステナイト組織を示す鋼の場合には，PやSなどの不純物元素量が低い溶接材料を用いる。

② 耐粒界腐食性を確保する必要がある場合には，低炭素ステンレス鋼（Lグレード）や安定化ステンレス鋼などの溶接材料を検討する。

③ 安定化ステンレス鋼SUS321（Ti含有）の場合，通常347系組成（Nb含有）の溶接材料が用いられる。これは，Tiが溶接中に酸化し，歩留まり難いためである。

④ マルテンサイト系ステンレス鋼の場合，一般に410または410Nb溶接材料が用いられる。ただし，410Nb溶接材料は焼入れ硬化性がないため，適用用途を確認する必要がある。

⑤ フェライト系ステンレス鋼では，一般に微細なフェライト組織となるNb含有溶接材料（410Nb，430Nb）が用いられる。なお，低温割れ（遅れ割れ）防止のための予熱・直後熱を省略する目的で，309系やインコネル系（ニッケル合金）溶接材料を用いることもある。

2.5.2 オーステナイト系ステンレス鋼の溶接

　オーステナイト系ステンレス鋼は常温でオーステナイト組織であるが，溶接金属には少量のフェライト（凝固過程で生成するのでδフェライトと呼ばれる）を一般に含ませている（SUS304，SUS316など）。このため，フェライトを含む鋼を準安定オーステナイト系，含まない鋼を完全オーステナイト系と区別する場合がある。オーステナイト系ステンレス鋼は，焼入れ硬化性がなく，炭素鋼と同様に比較的容易に溶接できるが，溶接時に高温割れが発生したり，使用環境によっては溶接部に粒界腐食，応力腐食割れなどの問題が発生することがある。

(1) フェライト量および測定方法

　後述のように，オーステナイト系ステンレス鋼溶接金属中のフェライトは，高温割れや応力腐食割れの防止などに効果があるが，延性，じん性やシグマ（σ）相ぜい化の点から過剰に含まれると有害になることもある。したがって，溶接に先立ち溶接材料，施工条件，使用環境などを考慮し，溶接金属に適正なフェライト量が得られるような配慮が必要である。

　化学組成からフェライト量を算出する場合には，**図2.34**に示すようなシェフラ組織図がしばしば利用される。シェフラ組織図は，オーステナイト形成元素（C，Ni，Mn）とフェライト形成元素（Cr，Si，Mo，Nb）をそれぞれ指数化し

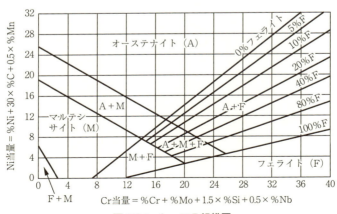

図2.34　シェフラ組織図

てNi当量, Cr当量とし, 化学組成と金属組織の関係を示した図である。組織図からフェライト量を算出する方法には, オーステナイト形成元素として窒素 (N) を考慮したディロング組織図もよく用いられる。

フェライト量の測定方法には, 組織図法のほかにフェライトインジケータ, フェライトスコープなどの磁気的な機器による方法や, ポイントカウンティング法と呼ばれる顕微鏡組織観察による方法がある。

(2) 高温割れ

オーステナイト系ステンレス鋼の溶接部に発生する割れのほとんどが高温割れ（凝固割れ）であり, 凝固過程においてP, S, Si, Nbなどの低融点化合物がオーステナイト粒界や柱状晶境界（最終凝固位置）に偏析するために生じる。図2.35は309系溶接金属の高温割れに及ぼす溶接金属中の (P + S) 量とフェライト量の影響を示したものである。(P + S) 量の増加とともに凝固割れ感受性は高くなるが, フェライト量が多くなると凝固割れは発生しなくなる（しかしながら, フェライトが過度に含まれると極低温でのじん性が低下し, 好ましくない）。すなわち, 凝固割れ防止には, 溶接金属中にフェライトを適量存在させることが有効である。また, 硫黄 (S) に起因する凝固割れの抑制にはMnが有効であり, 尿素プラントに使用される完全オーステナイトの310系溶加材では数mass%のMnを含む溶加材が使用されている。

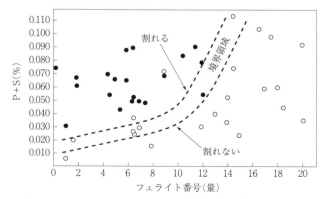

図2.35 オーステナイト系ステンレス鋼309溶接金属の高温割れ感受性に及ぼす (P + S) 量ならびにフェライト番号（量）の影響

(3) 粒界腐食

オーステナイト系ステンレス鋼は，500℃～850℃の温度域に長時間さらされると，結晶粒界に Cr 炭化物（$M_{23}C_6$）が析出しやすい。Cr 炭化物が析出した粒界の近傍では，**図 2.36** に示すように，Cr 濃度が低い領域（Cr 欠乏層）が生じ，この Cr 欠乏部が選択的に腐食され粒界腐食を生じやすくなる（Cr 欠乏部で不動態皮膜が形成されなくなるため）。このような Cr 欠乏層の形成にともなう耐食性（耐粒界腐食性）の劣化を鋭敏化という。ステンレス鋼溶接熱影響部において，鋭敏化に起因して粒界腐食を生じる現象はウェルドディケイと呼ばれ，古くから知られている。炭素含有量 0.06mass％の SUS304 の例では，**図 2.37** に示す

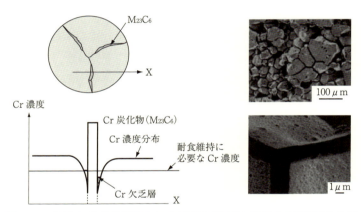

図 2.36 粒界 Cr 炭化物近傍の Cr 欠乏層と鋭敏化に起因する粒界腐食の例

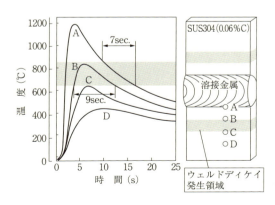

図 2.37 溶接熱影響部におけるウェルドディケイの発生位置

ように,最高加熱温度が約 500 ～ 850℃となる熱影響部でウェルドディケイが生じる。この種の粒界腐食の防止には低炭素ステンレス鋼(SUS304L,SUS316Lなど)の使用,または,Cr より炭素と結合しやすい Nb や Ti を添加した安定化ステンレス鋼(SUS347,SUS321)の使用が有効である。施工面からは溶接入熱を小さくし,水冷しながら溶接するなどの処置により,Cr 炭化物が析出しやすい鋭敏化温度域(500 ～ 850℃)の冷却速度を大きくすることが望ましい。

図 2.38 は SUS304 母材と 308 系溶接金属を,鋭敏化温度域で長時間加熱したときの耐粒界腐食性能を比較したものである。溶接金属にはフェライトが含有されているために,一般に母材に比べ鋭敏化温度域は狭く,耐粒界腐食性に優れている。

SUS321 や SUS347 などの安定化ステンレス鋼を使用した場合,溶接熱サイクルにより約 1,200℃以上に加熱された溶融線近傍の狭い領域(安定化鋼の溶体化部)で,粒界腐食を生じることがある。この粒界腐食はナイフラインアタックと呼ばれている。安定化鋼の溶体化部では,NbC や TiC などの安定化炭化物が再固溶するため,その後,この部分が 600 ～ 650℃に加熱されると Cr 炭化物が析出して粒界腐食が発生しやすい。ナイフラインアタックを防止するには,再び NbC や TiC が形成するように溶接後 870 ～ 950℃で安定化熱処理を行うことが有効である。

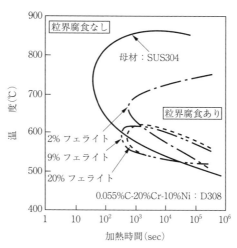

図 2.38　SUS304 ステンレス鋼および 308 系溶接金属の鋭敏化領域に及ぼす δ フェライトの影響(硫酸・硫酸銅腐食試験)

(4) 応力腐食割れ

　オーステナイト系ステンレス鋼に発生する腐食には全面腐食，粒界腐食，孔食など様々な形態のものがあるが，実構造物でよく問題となるのが応力腐食割れである。応力腐食割れは，材料因子（合金組成），引張応力と腐食環境の相互作用によって発生するが，いずれかが発生条件を満たさなければ起こらない。応力腐食割れは粒界腐食や孔食などが起因となって発生するので，割れ防止にはこれらの耐食性に優れた材料の使用や引張応力の軽減などが有効である。

　応力腐食割れの発生事例としては，塩化物腐食環境による事例が最も多いが，高温高圧水やポリチオン酸などによっても発生する場合がある。図 2.39 は，SUS316 溶接部の塩化物応力腐食割れの一例を示したものである。オーステナイト系ステンレス鋼溶接部に生じる応力腐食割れは粒内割れが主体となるが，粒界選択腐食性がある溶液中では，鋭敏化された熱影響部において粒界割れを生じる場合もある。図 2.40 は各種オーステナイト系ステンレス鋼の応力腐食割れ試験結果であり，Ni 量の多い SUS316 や SUS310 などで割れが起こりにくい。オーステナイト系ステンレス鋼溶接金属ではフェライトが割れの伝播を阻止する効果があり，一般に母材に比べて応力腐食割れが起こりにくい。

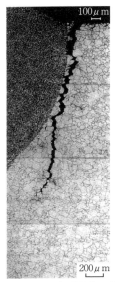

図 2.39　オーステナイト系ステンレス鋼溶接部に発生した応力腐食割れの一例

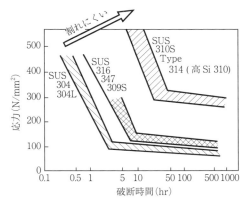

図 2.40　オーステナイト系ステンレス鋼の応力腐食割れ試験結果（42% $MgCl_2$ 沸騰溶液）

　溶接によって発生する残留応力が応力腐食割れの原因となることも多く，残留応力緩和のため溶接後に応力除去熱処理を行う場合がある。また，原子力機器の配管では，溶接中に管内面を水冷する方法や，溶接後に溶接部を外側から高周波加熱し内側を冷却する方法などにより，腐食環境側である管内面の残留応力を引張から圧縮に変換し，応力腐食割れを防止する技術も実用化されている。

2.5.3　マルテンサイト系，フェライト系ステンレス鋼の溶接

　Cr 系ステンレス鋼であるマルテンサイト系およびフェライト系ステンレス鋼の溶接では，マルテンサイト組織や粗大フェライト組織による機械的性質の劣化と低温割れの発生に注意が必要である。

(1) 低温割れ（遅れ割れ）

　Cr 系ステンレス鋼に発生する低温割れも高張力鋼などと同様に溶接部の拡散性水素が最大の要因である。Cr 系ステンレス鋼には Cr が多量に含まれているために，水素の拡散速度が炭素鋼より遅く，溶接後ある程度時間が経過してからも割れが発生もしくは進展するため，遅れ割れと呼ばれている。遅れ割れの防止には予熱，後熱などの熱管理を適切に行うことが有効である。

　表 2.14 に Cr 系ステンレス鋼の予熱，後熱処理条件の目安を示す。マルテンサイト系ステンレス鋼はフェライト系ステンレス鋼よりも遅れ割れが起こりやすいので，予熱温度が高くなっている。溶接後，後熱処理を行うまでに溶接部を

134   第2章　金属材料の溶接性ならびに溶接部の特性

表2.14　Cr系ステンレス鋼の予熱・後熱処理条件

	予　熱（℃）	後　熱（℃）
マルテンサイト系	200 ～ 400	700 ～ 790
フェライト系	100 ～ 200	700 ～ 790 （Cr が 16％以下の場合） 790 ～ 840 （Cr が 16％以上の場合）

100℃以上に保持できない場合は，溶接部から拡散性水素を放出する目的で，300
～ 400℃程度の直後熱を行うこともある。溶接後熱処理は，遅れ割れの防止ととも
もに溶接金属の延性，じん性を回復させるためにも必須である。

（2）溶接部の機械的性質（じん性）

13％Cr 鋼に代表されるマルテンサイト系ステンレス鋼は焼入れ硬化性があり，
溶接のままでは硬くてもろい。これは，主にマルテンサイト組織による硬化に起
因するためであり，600℃以上かつオーステナイト変態温度（約790℃）以下で
の PWHT による焼戻しが必要となる。ただし，溶接金属や熱影響部が，フェラ
イトを多く含むマルテンサイトとなっている場合には，PWHT による大幅なじ
ん性改善は期待できないことがある。

17％Cr 鋼に代表されるフェライト系ステンレス鋼には焼入れ硬化性はないが，
約900℃以上に加熱し放冷されると一部分マルテンサイトを含む粗粒のフェライ
ト組織になり，延性，じん性が低下する。したがって，溶融境界線近傍の熱影響
部では結晶粒が粗大化し，延性，じん性が母材原質部に比べ著しく劣化する。
フェライト系ステンレス鋼溶接部でも，後熱処理によって延びや絞りなどの延性
は回復するが，一度粗粒化したフェライトは細粒化しないため，じん性を回復さ
せることはできない。

フェライト系ステンレス鋼や二相ステンレス鋼を 600 ～ 800℃に加熱すると，
フェライト相がシグマ相に変態してシグマ相ぜい化を引き起こすことがある。ま
た，オーステナイト系ステンレス鋼溶接金属でも，少量のフェライトが含まれる
ため，長時間加熱するとシグマ相が析出することがある。シグマ相は数％の析出
でも延性やじん性を著しく劣化させる。特に，Cr，Mo，Ni 含有量の多いステン
レス鋼では，シグマ相析出が助長されることから，大入熱溶接を避け，600 ～
800℃の温度域を急冷するような配慮が必要である。

Cr，Mo 含有量を高め，かつ，C，N 含有量を極力低減させたフェライト系ス

テンレス鋼（いわゆる高純度フェライト鋼，SUS444，SUS447J1 など）溶接部では，結晶粒粗大化に加え，溶接時のガス吸収（コンタミネーション）や 475℃ぜい化によっても，じん性低下が生じやすい。このようなぜい化に対する対策としては，溶接入熱，層間温度の管理やガスシールドの強化が有効である。

2.5.4　二相ステンレス鋼の溶接

　二相ステンレス鋼はフェライト相とオーステナイト相をほぼ同程度含むステンレス鋼であり，フェライト系およびオーステナイト系ステンレス鋼の特徴を兼ね備える。微細な二相混合組織からなるため，高耐食性，高強度，高じん性を有する高性能ステンレス鋼である。二相ステンレス鋼は，孔食の発生に対する抵抗性（耐孔食性指数）により，省合金（リーン），標準，スーパー二相ステンレス鋼に大別される。二相ステンレス鋼の溶接上の問題点は，溶接部においてフェライト／オーステナイト相比が適正範囲から逸脱する（フェライト相が過多となる）ことである。窒素含有量の多い標準二相ステンレス鋼などでは，フェライト過剰組織による実用面での問題は大きくないが，窒素含有量が少ない鋼では，溶接部におけるじん性や耐食性の低下が顕著である。高合金であるスーパー二相ステンレス鋼などでは，金属間化合物などの析出による溶接部のじん性低下（シグマ相ぜい化，475℃ぜい化）や，Cr 窒化物の析出による耐食性の低下などが問題となりやすい。一方，省合金二相ステンレス鋼では，シグマ相ぜい化や 475℃ぜい化は実用上の問題とはならず，溶接熱影響部において Cr 窒化物の析出による耐食性の低下などが危惧される。

　二相ステンレス鋼の溶接材料は，基本的に母材と同成分系であるが，溶接のままの状態でのフェライト／オーステナイト相比を考慮して，溶接材料の Ni 含有量は，母材に比べて 2 ～ 4％程度高めとなっている。また，ティグ溶接では溶接金属中の窒素の歩留まりを維持するため，Ar + N_2 混合ガス（N_2 量：2 ～ 5％程度）をシールドガスに用いることが推奨されている。

2.5.5　異材溶接と肉盛溶接

　ステンレス鋼は異種金属と溶接されることが多い。また，ステンレス鋼用溶接材料はクラッド鋼の溶接や肉盛溶接にもしばしば用いられる。ステンレス鋼の異

材溶接や肉盛溶接では溶込み率（希釈率）や熱処理などに配慮が必要である。

(1) 希釈

異材溶接では，溶接金属の化学組成が溶込み率によって大きく変化する。例えば，軟鋼とSUS304をE309または，309系もしくは19Cr-9Ni系で溶接する場合，溶込み率が大きいと溶接金属中のCr，Ni量が低下しC量が増加する結果，フェライト量がほとんど0になり，高温割れが発生することがある。また，溶込み率が小さすぎると，E309または，309系もしくは19Cr-9Ni系の組成に近い溶接金属になり，後熱処理などによってシグマ相ぜい化することもある。したがって，異材溶接では溶接時に適切な溶込み率を維持するような施工上の配慮が必要であり，適正な溶込み率の算定にはシェフラ組織図が有効である。溶接材料としては溶込み率の許容範囲が広いものを使用するのが好ましい。

(2) 溶融境界部の組織と浸炭，脱炭

異材溶接や肉盛溶接では母材と溶接金属の溶融境界部（ボンド部）近傍で，溶接金属の化学組成が連続的に変化している遷移域が存在する。

図2.41は，軟鋼（SM400）をステンレス鋼（E309または，309系もしくは19Cr-9Ni系）で溶接した場合の溶融境界部近傍の成分変化をミクロ的に分析した結果である。溶接金属側で，約100μmにわたりCr，Ni，Fe，Mnが連続的に変化している。この部分は帯状のマルテンサイト組織（ボンドマルテンサイト）であることが確認されている。

炭素鋼母材をステンレス鋼用溶接材料で溶接した場合には，後熱処理によって

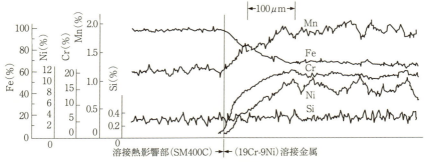

図2.41　軟鋼とステンレス鋼溶接部の溶融境界部における合金元素の濃度分布

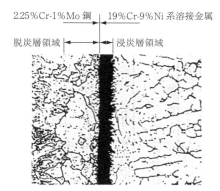

図 2.42　Cr-Mo 鋼へのステンレス鋼肉盛溶接境界部の組織（溶接後熱処理後）

溶接金属と炭素鋼の間で炭素の移動が起こる。その結果，**図 2.42** に示すように，溶接金属中に浸炭層が母材側に脱炭層が発生し溶融境界部がぜい弱になることがある。このため，過度の後熱処理は避けなければならない。

(3) 予熱，後熱処理

　異材継手の予熱温度は，溶接時の低温割れ防止の観点から通常組合せ母材に必要な温度のうち高い方を選ぶべきである。後熱処理条件は，フェライト鋼同士の組合せの場合は低い方の母材に合わせて，その温度範囲の上限で行うのがよく，フェライト鋼とオーステナイト鋼の組合せの場合は，フェライト鋼に推奨されている後熱処理温度の低めを選ぶのがよい。

　肉盛溶接の場合の予熱は，母材の希釈を少なくするため，母材に必要とされている温度範囲の低温側が選ばれる。また，後熱処理を行う場合，境界部の浸炭，脱炭や溶接金属のぜい化などを少なくするため，通常母材に推奨されている後熱処理温度の下限を選ぶのがよい。

2.6　アルミニウムおよびアルミニウム合金の溶接

2.6.1　アルミニウム合金の種類と溶接材料

　アルミニウムはその特徴を生かして身近な家庭・日常用品から建材，陸運車輌，船舶，電気通信機器などに使用され，鉄につぐ第二の金属材料として幅広く

138　第2章　金属材料の溶接性ならびに溶接部の特性

表2.15　アルミニウム合金における添加元素別材種分類表（展伸材）

熱処理の区分	主要添加元素別	JIS記号	代表的材料記号
非熱処理合金	Al　99.0%以上	1×××	1050, 1100, 1200
	Al-Mn(マンガン)系	3×××	3003
	Al-Si(けい素)系	4×××	4043
	Al-Mg(マグネシウム)系	5×××	5052, 5056, 5083
熱処理合金	Al-Cu(銅)系	2×××	2014, 2017 (ジュラルミン)，2024 (超ジュラルミン), 2219
	Al-Mg-Si系	6×××	6061, 6063
	Al-Zn(亜鉛)系 ｛Cuを含む	7×××	7075 (超々ジュラルミン)
	Al-Zn-Mg系	7×××	7003

利用されている。

　純アルミニウムは柔らかく，延性に富んでいるが，強度向上などを目的として種々の元素を添加したアルミニウム合金もあり，これらを大別すると**表2.15**に示すように非熱処理合金と熱処理合金に分けられる。

　純アルミニウム系，Al-Mn系，Al-Si系およびAl-Mg系は非熱処理合金で冷間加工率あるいは加工後の加熱温度により質別（調質の相違を区別すること）が異なる。一方，Al-Cu系，Al-Mg-Si系およびAl-Zn-Mg系は熱処理合金で，溶体化処理と呼ばれる焼入れ作業を行った後に室温で自然時効硬化あるいは焼入れ後低温長時間の人工時効硬化→焼戻しなどの熱処理により質別が決まる。アルミニウムおよびアルミニウム合金に付与される質別記号は下のように定められている。

　F：製造のままのもの

　O：焼なましたもの

　H：加工硬化したもの

　T：熱処理により，F，O，H以外の安定な質別にしたもの

　T材のうちで，溶体化・焼入れ後十分に常温で時効したものをT4処理，溶体化・焼入れ後冷間加工し常温で時効したものをT3処理，溶体化・焼入れ・焼戻し熱処理で最高の析出強化したものをT6処理という。

2.6.2　アルミニウム合金の溶接性

　アルミニウム合金を溶接する場合には，材料の種類を示す合金名だけでなく，それがどのような処理で製造されたかを示す質別をも十分理解していることが必

要である。

 図 2.43 に非熱処理および熱処理合金の溶接部の組織分類を模式的に示す。固溶強化（金属に他の金属を固溶させ，降伏点や引張強さを高くすること）により強度を確保している非熱処理合金の溶接熱影響部は，相対的に強度低下が少ないが（特に，O 材の場合），加工硬化材の場合は再結晶や回復域を含め強度低下が大きい。一方，熱処理合金の場合，通常 300 〜 450℃に加熱される部分は，もともと硬化に寄与していた微細な析出相が，溶接熱により成長した中間相や平衡相に変化し，過時効による軟化が生じる。また，合金成分の析出のためぜい化したり，耐食性が劣化する場合がある。合金種にもよるが，加工硬化材や熱処理材の継手効率は，一般に 50 〜 90％程度になる。

 アルミニウム合金の溶接で問題となる主な溶接欠陥は，高温割れとポロシティ（ブローホール）である。アルミニウムの高温割れは，デンドライト樹枝間や結晶粒界における合金元素（Mg，Si，Cu など）の偏析，または，低融点化合物の存在に起因する。アルミニウムの熱膨張係数，凝固収縮が大きいことが高温割れに大きく影響している。一方，アルミニウム溶接金属にはポロシティが発生しや

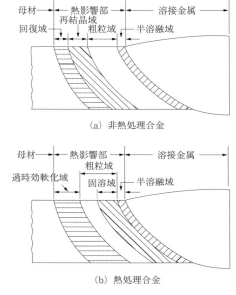

(a) 非熱処理合金

(b) 熱処理合金

図 2.43　アルミニウム合金溶接部組織の模式図

140   第2章　金属材料の溶接性ならびに溶接部の特性

すい。その主原因は水素であり，アルミニウム中の水素の溶解度が液相から固相
に変わることで約1/20に激減することによる。また，熱伝導性が高いため凝固
速度が比較的速いことも生じたガスの放出を妨げている。

　各合金系のアーク溶接性の概略は次のようになる。すなわち，非熱処理合金の
純アルミニウム系，Al-Mn系，Al-Mg系合金は，溶加材として共金系を用いれ
ば実用上ほぼ問題なく溶接できる。これらに比べ熱処理合金は一般的には溶接性
が劣る。Al-Mg-Si系合金ではMg_2Siや過剰Si量などによっても異なるが，共金
系での溶接では高温割れが発生しやすく，Al-Si系溶加材を使用するなど溶加材
の選択が重要である。Al-Cu系合金はA2219を除いて一般には高温割れが生じ
やすく，溶接されることは少ない。Al-Zn-Mg系合金もAl-Cu系と同様溶接構造
用材料として使用されることは少ないが，ZnとMg成分が適当な範囲内では溶
接性が比較的良好で，例えば，Al-1.5Mg-4.5Zn合金は鉄道車輌の構造体用として
多量に使用され軽量化を可能としている。なお，アルミニウム合金の母材および
溶加材については，JIS H 4000およびJIS Z 3232に定められているが，継手の
要求特性などを考慮して健全な溶接部が得られる母材と溶加材の組合せで溶接を
行う。

2.6.3　アルミニウム合金の溶接施工

　アルミニウム合金の溶接には不活性ガスを用いるティグおよびミグ溶接や抵抗
スポット溶接が最も広く用いられている。**表2.16**に示すように，鉄とは物理的
性質が大きく異なるため，次のような事項に注意して溶接しなければならない。
　① 溶融温度は鉄より低いが，比熱・溶融潜熱（せんねつ）が大きく，熱伝導が良いため熱
　　集中が必要である。

表2.16　アルミニウムと鉄の物理的性質

物理的性質	アルミニウム	鉄
密　　度　(g/cm^3)	2.70	7.87
融　　点　(℃)	660	1536
比　　熱　$(J/g・℃)$	0.886	0.49
膨張係数　$(×10^{-6}/℃)$	23.1	11.8
熱伝導率　$(W/m・℃)$	236	83.5
ヤング率　(GPa)	70	211
固有抵抗　$(×10^{-8}\Omega・m)$	2.50	8.9

② 電気抵抗は鉄の約 1/4 で，抵抗溶接では大容量の電源が必要であり，抵抗シーム溶接は難しい。

③ 熱膨張，凝固収縮が大きく溶接ひずみが発生しやすい。

④ 表面の強固な酸化皮膜（アルミナ）は溶接の際に有害となるので，これを除去する前処理およびクリーニング作用（第 1 章 1.4.1 参照）のあるアーク溶接法（直流棒プラスや交流を用いる溶接）を用いる必要がある。

⑤ ほとんどのアルミニウム合金は熱影響部が軟化し，溶接のままでの継手強さは母材の O 材の強さとなる。

⑥ ビードの始終端で高温割れが発生しやすい。

⑦ アルミニウム溶接金属には水素によるポロシティが発生しやすい。水素源には次のようなものがある。

・アーク雰囲気中に混入した周辺空気中の水分。

・母材およびワイヤ表面に付着，あるいは吸着した水分，有機物，腐食生成物などの分解により発生する水素。

・母材，溶接ワイヤ中に固溶している水素。

・シールドガス中の水分。

　以上のような性質を十分理解していれば，アルミニウム合金の溶接は決して難しいものではない。

引用・参考文献

1)　鈴木，田村：溶接金属学，産報出版（1980）
2)　溶接学会編：溶接・接合便覧，丸善（1991）
3)　溶接学会編：溶接・接合技術特論，産報出版（2005）
4)　稲垣・伊藤：溶接全書第 11 巻高張力鋼・低温用鋼の溶接，産報出版（1978）
5)　百合岡，大北：溶接・接合選書第 10 巻鉄鋼材料の溶接，産報出版（1998）
6)　(社) 日本溶接協会 鉄鋼部会 技術委員会 JC 委員会 総合報告（1972）
7)　西本，夏目，小川，松本：溶接・接合選書第 11 巻ステンレス鋼の溶接，産報出版（2001）
8)　日本溶接協会特殊材料溶接研究委員会編：ステンレス鋼溶接トラブル事例集（2003）
9)　向井：ステンレス鋼の溶接，日刊工業新聞社（1999）
10)　ステンレス協会編：ステンレス鋼便覧，日刊工業新聞社（1995）
11)　溶接・接合技術データブック，産業技術サービスセンター（2007）
12)　軽金属溶接協会編：アルミニウム合金ミグ溶接部の割れ防止マニュアル（1979）

第 3 章

溶接構造の力学と設計

　溶接構造物は溶接前の設計および溶接後の試験・検査だけでは，施工後の品質を保証することが困難な代表的な製品であるため溶接は特殊工程（Special Process）と考えられており，"溶接工程に従事する人の資格認定" が重視されている。すなわち，溶接構造物の品質は「設計」だけでなく，「溶接施工」により製品の品質が大きく左右される。溶接製品の品質管理のために，設計と施工，その両面を管理できるのが，溶接管理技術者である。したがって，溶接管理技術者は溶接工程の特殊性を理解した上で，"溶接構造の設計・施工の管理・監督"，"検査の過程と結果の管理" を行える能力が求められる。

　この章では溶接管理技術者として必要とされる「強度と破壊，溶接設計」に関する最低限の知識を説明する。

3.1　材料力学の基礎

3.1.1　荷重と内力，応力

　構造や部材に外部から作用する力を外力という。**図 3.1** に示すように，A 端が天井に固定された棒の B 端に錘 P をぶら下げた状況を考える。錘が B 端を下向きに引張る軸力 P がこの場合の外力である。この状態では棒は動き始めることはなく，釣合い状態にある。図 3.1（b）に示すように，棒中央の位置 C を切断することを考える。実際に切断すると棒 BC_2 は下方に落下するが，C_2 端に上向きの力 P を考えると落下することはない。図 3.1（a）はこのような状態にある。C_2 端に考えた上向きの力 P は C_1 端が C_2 端に対して及ぼしている力であり，C_1 端には逆向きの力 P が反作用として生じている。これら C_1 端，C_2 端に生じている力を内力と呼ぶ。

144 第3章 溶接構造の力学と設計

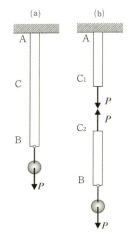

図 3.1　棒に生じている内力

　図 3.2（a）のように A 端が壁に固定され，B 端に錘 P をぶら下げた片持ちはりを考える。図 3.2（b）のように，棒端部 B 点から x の位置 C を切断するとはりは回転し垂直に落下する。C_2 端に上向きの力 P を考えるとはりを持ち上げることができるが，これだけでは C_2－B は水平にはならない。C_2 端に半時計回りに回転する駆動力 M_C を考える（図 3.2（b））と，図 3.2（a）の状態のはりが再

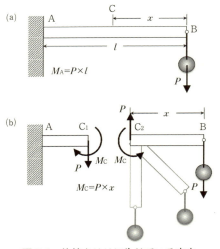

図 3.2　片持ちはりに生じている内力

現できる。このC断面に作用する力Pをせん断力，回転させる駆動力M_Cをモーメントと呼ぶ。C_2端はC_1端から上向きにせん断力P，モーメントM_Cを受け，反作用としてC_1端には大きさが同じで逆向きのせん断力PとモーメントM_Cが作用している。これらも内力である。モーメントM_Cは，はりを曲げる駆動力であるので，曲げモーメントと呼んでいる。図3.2中に記載のように曲げモーメントM_Cは，部材に加わる力Pとそれを支える力に垂直な腕の長さxの積で表される。以上の例示からわかるように，部材の任意断面間にはたらく力は作用・反作用の関係にあるので，内力の総和，モーメントの総和はともにゼロである。

内力は力であるが，内力をそれが働く断面積で除したものを応力と呼ぶ。**図3.3**(a) のように，単位厚さの板に外力Pが作用している状況を考える。断面AB，断面BCを考えると，図のような内力Pが生じている。断面ABに作用している内力Pは，図3.3(b) のように断面ABに垂直な成分$P_\perp$と平行な成分（せん断力）$P_\parallel$に分けて表すのが通常である。内力の各々の成分$P_\perp$，$P_\parallel$を断面ABの面積（厚さは単位厚さ1）で割ったものを，それぞれ垂直応力σ（シグマ），せん断応力τ（タウ）と呼ぶ。図3.3(b) からわかるように，考えている断面ABと内力Pとの角度に応じて，垂直応力σとせん断応力τの値は変化することになる。

図3.1の棒の断面積をAとすると，内力Pは断面に垂直であるため，垂直応力σが次式で算定される。

$$\sigma = \frac{P}{A} \quad \cdots\cdots\cdots\cdots\cdots\cdots\cdots\cdots\cdots\cdots\cdots\cdots\cdots\cdots\cdots\cdots\cdots\cdots\cdots\cdots\cdots\cdots\cdots\cdots\cdots\cdots \quad (3.1)$$

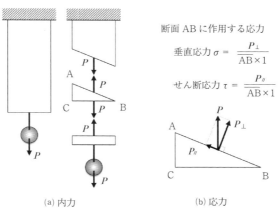

図3.3　内力と垂直応力σ，せん断応力τ

図3.2のはりの断面積をAとすると，内力Pははり断面に平行であるせん断力であるため，せん断応力τが次式で算定される。

$$\tau = \frac{P}{A} \tag{3.2}$$

図3.2のはりに作用する曲げモーメントMによる応力は，曲げ応力と呼び，その詳細は3.2.2項（1）で説明する。

応力の次元は力を面積で割ったものであり，その単位はMPa（N/mm^{2}と同じ）が用いられる。この国際単位（SI単位系）が用いられる以前は，国内ではkgf/mm^{2}が一般的であり，米国ではpsi（pound per square inch）が現在も慣習的に用いられる場合がある。

3.1.2 ひずみの定義と応力との関係

応力が加わると，材料は変形する。**図3.4**（a）のように，長さl_0の棒に垂直応力σが作用して伸び変形を示し，長さがl（長さ変化Δl（$= l - l_0$））となったとする。この変形を棒の初期長さl_0に対する割合として表したものが，垂直ひずみε（イプシロン）であり，次式で与えられる。

$$\varepsilon = \frac{l - l_0}{l_0} = \frac{\Delta l}{l_0} \tag{3.3}$$

棒が縮んだ場合は$l < l_0$であり，Δlは負値となる。すなわち，正のεは伸びを，負のεは縮みを示す。

一方，物体の変形においては，図3.4（b）のような場合も生じ得る。正方形で

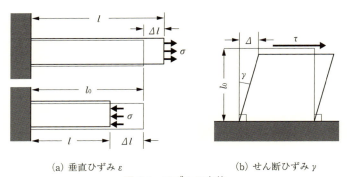

(a) 垂直ひずみε (b) せん断ひずみγ

図3.4 ひずみの定義

あったものが菱形になる場合，変形はしているものの各辺の長さに変化はなく，角度のみが変化する。この変形を一般的に表したものがせん断ひずみ γ（ガンマ）であり，図 3.4（b）の上辺の変位 Δ（デルタ）は変形の小さい範囲において，角度変化 γ と次式の関係にある。

$$\gamma \cong \tan \gamma = \frac{\Delta}{l_0} \quad \cdots\cdots\cdots\cdots\cdots\cdots\cdots\cdots\cdots\cdots\cdots\cdots\cdots\cdots\cdots\cdots\cdots\cdots\cdots\cdots \quad (3.4)$$

式（3.3），式（3.4）の定義からわかるように，ひずみには単位はない。

弾性変形（3.2.1 参照）の場合，垂直応力 σ と垂直ひずみ ε との間には，次式の比例関係が成り立つ。

$$\sigma = E \cdot \varepsilon \quad \cdots\cdots\cdots\cdots\cdots\cdots\cdots\cdots\cdots\cdots\cdots\cdots\cdots\cdots\cdots\cdots\cdots\cdots\cdots\cdots\cdots\cdots\cdots\cdots \quad (3.5)$$

この関係をフックの法則と呼ぶ。式（3.5）の比例係数 E は縦弾性係数，縦弾性率，またはヤング率と呼ぶ。この関係が成り立つ弾性変形の範囲では変形は可逆であり，物体に応力を与えるとひずみを生じ，応力をゼロにもどすとひずみもゼロになる。ヤング率 E は物質固有の定数であり，鋼であれば軟鋼であっても高張力鋼であっても室温では 206,000MPa（206GPa）程度の値である。強固な部材，例えば鉄骨を手で押しただけでは変形したようには見えないが，厳密には弾性変形は生じている。バネは材料の弾性変形で大きな変形が現れるように意図的に形状を設計したものであり，力と変形が比例する弾性変形を利用したものである。

せん断応力 τ とせん断ひずみ γ との間にも式（3.5）と同様の関係が成り立ち，この場合は次式で表される。

$$\tau = G \cdot \gamma \quad \cdots\cdots\cdots\cdots\cdots\cdots\cdots\cdots\cdots\cdots\cdots\cdots\cdots\cdots\cdots\cdots\cdots\cdots\cdots\cdots\cdots\cdots\cdots\cdots \quad (3.6)$$

この式の比例係数 G は横弾性係数，せん断弾性係数，または剛性率と呼ばれる。

式（3.5）の応力 σ に式（3.1）を，ひずみ ε に式（3.3）を代入し，整理すると次式となる。

$$P = \frac{A \cdot E}{l_0} \cdot \Delta l \quad \cdots\cdots\cdots\cdots\cdots\cdots\cdots\cdots\cdots\cdots\cdots\cdots\cdots\cdots\cdots\cdots\cdots\cdots\cdots\cdots \quad (3.7)$$

式（3.7）は断面積 A，長さ l_0 の棒に軸荷重を負荷した場合の荷重 P と伸び Δl の関係を示すものである。式（3.7）の比例係数を（引張）剛性と呼ぶ。剛性は部材のバネ定数に対応するものであり，用いる材料の弾性率と部材の形状・寸法の両者で決まる値である。

3.2 静的強度

3.2.1 引張試験

引張試験は材料の最も基本的な強度評価試験である．図 3.1 に示した一軸引張状態を再現するために，ある程度長い平行部を有する丸棒，もしくは平板試験片（平行部長さが直径や板幅の 2 倍以上）が用いられる．引張試験では試験片にゆっくりとした引張変形を与え，変形にともなう荷重の変化を（垂直）応力 σ と（垂直）ひずみ ε の関係として評価する．引張試験で評価された材料特性は機械的性質とも呼ぶ．また，ゆっくりとした負荷速度の下で評価される強度であるため，静的強度と呼ぶ場合もある．

図 3.5 は金属材料の応力－ひずみ関係の典型例を模式的に示したものである．変形初期には応力とひずみは直線関係を示す．ここでの変形は式 (3.5) に示したフックの法則に従うものであり，この直線の勾配がヤング率 E に対応する．

軟鋼の場合，応力が A 点に到達すると，材料は弾性変形を維持できなくなり，応力－ひずみ関係は直線関係から逸脱する．この A 点の応力を降伏点（降伏応力ともいう）と呼ぶ．A 点までの変形は可逆的であり，応力を 0 に戻すと，ひずみも 0 になり，試験片はもとの長さに戻る．このような変形状態を弾性変形という．

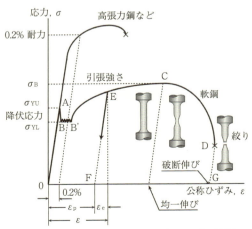

図 3.5　引張試験で得られる応力－ひずみ線図

降伏点（A 点）を越えてさらに変形を与えると，わずかに応力が低下した状態で，ひずみ ε のみが増加する降伏点伸び（B−B' 間の変形）が現れる。A−B−B' の変形挙動を降伏現象と呼ぶ。A 点，B 点の応力を区別して，それぞれ上降伏点，下降伏点と呼ぶ。A 点を超えて生じた変形を塑性変形といい，この変形を生じた状態（例えば E 点）から応力を低下させると応力は弾性域の直線関係（OA 線）と平行な関係をたどり（E 点から F 点にいたる直線），応力が 0 になっても永久ひずみ（F 点での ε_p）が残留する。この永久ひずみが塑性ひずみである。すなわち，E 点では弾性ひずみと塑性ひずみが重畳したひずみとなっている。F 点まで除荷した後，再負荷すると，応力−ひずみ関係は FE 線をたどり，連続変形させた場合（E 点で除荷しない場合）の応力−ひずみ関係にもどる。さらに変形を与えるとやがて最大荷重点（図の C 点）が現れる。この最大荷重点の応力を引張強さといい，σ_u，σ_B，σ_T などで表す。最大荷重点までの塑性ひずみ ε を百分率で表したものを均一伸び（または一様伸び）という（ASTM では最大荷重点までの全ひずみとして定義されている）。最大荷重点を過ぎると，図 3.5 の図中に示すように試験片の一部が絞られるようなくびれ変形を生じ，やがて D 点で破断する。

最終破断は**図 3.6** に示すように，くびれ部最小断面で生じる。丸棒試験片の場合，片側破面は巨視的に凸，相対する破面は巨視的に凹となるカップアンドコーン型の破壊を示すことが多い。垂直破壊を示す中心部は繊維状で粗く光沢のない灰色の破面であり，それを取り囲む側表面近傍は，荷重軸から約 45° 傾いたせん断破壊（シャーリップ）を呈する。

破断後の G 点におけるひずみ ε を破断伸びという。また丸棒試験片の場合，

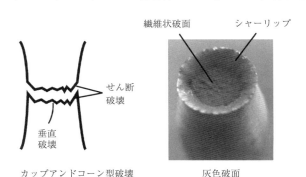

図 3.6　引張試験片の破断面

初期直径からどの程度くびれて破断に至ったかを次式で定義し，絞り（または断面減少率）Z と呼ぶ（ISO や JIS 規格では Z と表記するが，式（3.9）中の Z とは異なる）。

$$Z = \frac{A_0 - A_f}{A_0} \times 100 \, (\%) \quad \cdots\cdots\cdots\cdots\cdots\cdots\cdots\cdots\cdots\cdots\cdots\cdots\cdots\cdots\cdots\cdots \quad (3.8)$$

ここで A_0 は試験片の初期断面積，A_f は破断後の最少断面積である。破断伸び，絞りは材料の延性の指標として用いられる。

　鋼材の機械的性質として，降伏点，引張強さおよび破断伸びの 3 つの値は重要な特性である。特に降伏点（または引張強さ）は金属材料の強さを表す尺度の 1 つで，この材料を使用した構造物設計上の許容応力を決める基準値となる。ある種の低合金鋼（高張力鋼，特殊鋼など）や非鉄金属の応力－ひずみ関係には，図 3.5 に示す軟鋼のような明りょうな降伏現象を生じないことがある。この場合，図に示すように，弾性域の応力－ひずみ関係と平行な直線を永久ひずみ 0.2％の点から引き，応力－ひずみ関係と交差した点の応力を 0.2％耐力と呼び，設計上の降伏応力の代用とする。

　降伏点（または耐力）を引張強さで割った値を降伏比と呼ぶ。一般に高強度鋼になると降伏比も上昇する傾向にある。また，一般に降伏比が大きくなるほど破断にいたるまでに材料が吸収する外力エネルギーが小さくなる。そのため，建築用鋼材においては地震時の外力エネルギーの吸収を確保するために，建築構造用圧延鋼材 SN 材 B，C では降伏比に上限（0.8）を規定している（第 2 章表 2.3 参照）。

　破断伸びや絞りが大きい材料は十分な塑性変形を生じた後に破断にいたる。こうした破壊形態を延性破壊と呼ぶ。延性破壊は破断にいたるまでに吸収される外力エネルギーが大きく，また損傷の進行が変形とともに進む（安定な破壊）ため，実構造で延性破壊を生じた場合でも，重大事故につながるケースは少ない。

3.2.2　様々な外力を受ける部材の応力

　3.2.1 項で示した引張試験は図 3.1 に示した一軸外力を受ける部材を再現した試験である。一方，実際の鋼構造物は様々な外力を受ける。**図 3.7** は一軸外力以外の負荷の代表例として（a）曲げを受ける板，（b）内圧を受ける円筒殻，（c）ねじり受ける円筒を模式的に描いたものである。それぞれの場合における外力は，

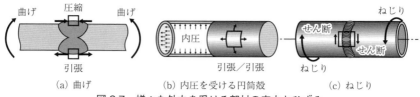

(a) 曲げ　　　(b) 内圧を受ける円筒殻　　　(c) ねじり
図 3.7　様々な外力を受ける部材の応力とひずみ

それぞれ曲げモーメント，内圧，ねじりモーメント（トルク）であり，これらの負荷において材料が受ける応力とひずみは，一見まったく異なるように見える。しかし，いずれの場合も応力は図 3.3 に示した垂直応力 σ とせん断応力 τ，ひずみは図 3.4 に示した垂直ひずみ ε とせん断ひずみ γ で表すことができる。

本項では曲げを受けるはりと内圧を受ける円筒殻に生じる応力の特徴を述べる。

(1) 曲げ応力

図 3.2 に示したように，はりが荷重を受けると曲げモーメント M を生じ，はりは曲げ変形を示す。このときはり断面に生じる垂直応力を曲げ応力と呼ぶ。

図 3.8 は矩形断面のはりに曲げモーメント M のみが作用した場合を示したものである。曲げ応力は凹変形となる側で圧縮，凸変形となる側で引張と断面内で一定でなく，はり断面の高さ（深さ）中心に垂直応力が生じていない中立面が現れる。

設計で問題となる曲げ応力の最大値 σ_{max} は，凸変形となる側のはり表面に生じ，次のように表される。

$$\sigma_{max} = \frac{M}{Z} = \frac{M}{bh^2/6} \quad \cdots\cdots\cdots\cdots\cdots\cdots\cdots\cdots\cdots\cdots\cdots\cdots\cdots\cdots\cdots\cdots\cdots\cdots\cdots\cdots\cdots \quad (3.9)$$

ここで M は曲げモーメント，Z は断面係数と呼ばれる（材料力学では一般に Z と表記するが，式（3.8）の Z とは異なる）。式（3.9）を，軸力を受ける棒の応

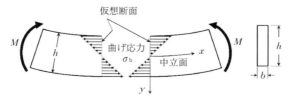

図 3.8　曲げ応力の断面内分布

力，式（3.1）と比較すると，Z は曲げ応力の断面積に相当するものであり，図 3.8 に示す高さ（深さ）h，厚さ b の矩形断面の場合，$Z = \frac{bh^2}{6}$ となる。断面係数 Z は，はり断面の形状と寸法のみで決まる値であり，等しい断面積のはりであっても断面形状に応じて最大応力 σ_{max} は異なる。すなわち，中立面から離れた位置の断面積が大きい I 形やパイプでは断面係数を大きくでき，部材に作用する最大応力を材料の曲げ応力限界値以下に設計する場合にはり重量（はり断面積）を小さく抑えることができる。

(2) 内圧を受ける球殻・円筒殻の応力

内圧を上げるとゴム風船が膨らむことから，圧力容器に使用される球殻，円筒殻では内圧により引張応力を受けることは類推できるが，ここでは力の釣合いに基づき球殻，円筒殻に生じる引張応力を考えてみる。

球形ガスタンクのような内圧を受ける球殻を，図 3.9（a）に示すように赤道部の仮想膜で上下 2 つに分割した状態を考える。仮想膜における力の釣合いを考

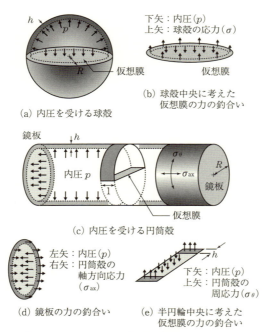

図 3.9 内圧が作用している球殻と円筒殻に生じる応力の求め方

えると図3.9（b）のようになる。球殻の厚みをh（mm），仮想膜の半径（球殻半径に等しい）をR（mm）とすると（ただし，$h \ll R$），仮想膜に垂直な圧力p（N/mm^2）による下向きの力は$p \times \pi R^2$（N）となる。これに釣合う上向きの力は，球殻が仮想膜を上に引き上げる反力であり，球殻と仮想膜が交わった部分の断面積$2\pi R \times h$（mm^2）が受け持つ。したがって，球殻と仮想膜が交わった部分の断面に働く応力をσ（N/mm^2）とすると次式が成り立つ。

（下向きの力）$p \times \pi R^2 = \sigma \times 2\pi Rh$（上向きの力）

したがって，　$\sigma = \dfrac{p \times \pi R^2}{2\pi Rh} = \dfrac{pR}{2h}$ ··· (3.10)

球殻は点対象形状であり，どの向きにも仮想膜は考えられるので，球殻には式(3.10)の引張応力が等方的に作用していることになる。

図3.9（c）に示す半径R，板厚hの円筒殻に圧力pが作用しているとき，円筒殻の軸方向応力σ_{ax}とすると，図3.9（d）に示す左鏡板の周囲長さが$2\pi R$であることから左鏡板に作用する右向きの力は$\sigma_{ax} \times 2\pi Rh$，左鏡板に作用する左向きの力は内圧によるもので，鏡板の面積はπR^2であることから$p \times \pi R^2$，これらより

$$\sigma_{ax} = \frac{p \times \pi R^2}{2\pi Rh} = \frac{pR}{2h} \qquad\qquad\qquad\qquad (3.11\text{a})$$

となる。円筒の円周方向応力σ_θは図3.9（c）のような軸長1の半円輪とその下面に仮想膜を考える。図3.9（e）に示すように，仮想膜には内圧により下向きの力が作用しているのに対して，半円輪断面からの反力が作用しており，両者が釣合っている。仮想膜と半円輪断面が交った部分の面積が$1 \times h \times 2$（厚さh，軸長1の断面が2つ），仮想膜の面積が$2R \times 1$であることを考え，力の釣合いを考えると，

$$\sigma_\theta = \frac{p \times (2R \times 1)}{1 \times h \times 2} = \frac{pR}{h} (= 2\sigma_{ax}) \qquad\qquad (3.11\text{b})$$

となる。すなわち，内圧を受ける円筒殻の円周方向の応力は円筒の軸方向応力の2倍となる。

（3）応力集中

3.2.1項で説明した引張試験は断面積の均一な棒に軸荷重を与えた場合であり，材料の基本的な強度を評価するためのものである。一方，実構造部材，特に溶接

154　第 3 章　溶接構造の力学と設計

部材はリブなどの付加物が取り付けられているため，部材の断面積は均一でない．

　3.1 節で説明したように，部材に作用している外力が釣合っている場合，その外力の釣合いを部材内部で受け持っているのが内力である．そのため，内力は部材内を流れる力線であらわすことができる．応力は単位面積当たりの内力であり，力線の密度（間隔）に対応する．力線は一種の流れであり，水の流れを連想すると内力（応力）の振舞いを容易に理解できる．**図 3.10**（a），（b）は水路を流れる水流の模式図である．図 3.10（a）のように水路断面が均一な場合は水の流れは乱れることがない．水路中心に棒が立っている図 3.10（b）の場合は，水は棒にぶつかり流れが乱れる．これらに対応するのが図 3.10（c），（d）である．幅の等しい板に引張荷重を負荷した図 3.10（c）の場合，内力は整流となり力線は断面内を均一に流れる．一方，図 3.10（d）のように板中心に円孔があると，力線は孔を飛び越えることができないため，円孔を迂回するように流れを変える．この場合，図 3.10（d）の描画からもわかるように，円孔端部で力線の密度は高まる，すなわち局所的に高応力となる．これを応力集中と呼ぶ．

　式（3.1）に定義した垂直応力は部材断面内の平均的な応力であり，図 3.10（c）のような均一断面の部材の場合，局所応力と一致する．一方，図 3.10（d）のような断面欠損が存在すると，欠損部から離れた位置では部材断面内の平均的な応

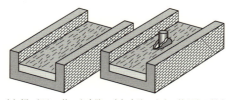

(a) 幅，深さの均一な水路　　(b) 水路の中心に棒がある場合

(c) 幅の等しい平板内の垂直応力の流れ　　(d) 平板内の中心に円孔がある場合の垂直応力の流れ

図 3.10　水の流れと内力（応力）の流れ

力と一致するものの，欠損部近傍では局所的に応力は増幅される．欠損部端の最大応力 σ_{max} と断面内の平均的な応力 σ_g との比，

$$K_t = \frac{\sigma_{max}}{\sigma_g} \quad \cdots\cdots\cdots\cdots\cdots\cdots\cdots\cdots\cdots\cdots\cdots\cdots\cdots\cdots\cdots\cdots\cdots\cdots\cdots\cdots\cdots\cdots\cdots\cdots\cdots\cdots \quad (3.12)$$

を応力集中係数と呼ぶ．例えば，図3.10（d）のように平板に円孔が存在する場合，板幅に比較して円孔が小さいほど応力集中係数 K_t は大きくなり，無限板中の円孔の応力集中係数 K_t は3となる．応力集中係数は応力方向に対する断面欠損幅と欠損端部の先端半径で決まり，等しい欠損幅なら円孔よりも楕円孔の方が応力集中の程度は大きい．

応力集中の要因は断面積の急激な変化であり，すみ肉溶接継手や部分溶込み溶接継手のように未溶着部を有する継手は応力集中が大きい．未溶着部よりさらに鋭い溶接割れは非常に強い応力集中源となる．ただし，断面欠損部だけではなく，断面増大箇所においても応力集中は生じ得る．溶接継手や溶接構造に多く存在する断面形状不連続部は，応力集中源となる．完全溶込み突合せ溶接継手における余盛は，板厚を増大させ頑丈になったようにも見えるが，**図3.11** に示すように，余盛部において応力の流れが乱れ，止端部で応力集中を生じる．止端部にアンダカットやオーバラップなどの溶接欠陥が生じると，さらに応力集中が大きくなる．

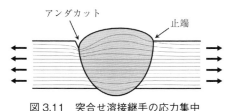

図3.11　突合せ溶接継手の応力集中

3.2.3　溶接継手の静的強度

（1）継手効率

母材の引張強さに対する継手の引張強さの比率を継手効率と呼ぶ．軟鋼や低合金鋼の突合せ継手では，一般に母材強度よりやや強度の高い溶接金属の組合せが選ばれる．こうした継手をオーバマッチ継手と呼ぶ．オーバマッチ突合せ継手の

156　第3章　溶接構造の力学と設計

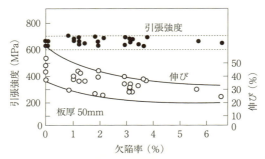

図 3.12　溶接継手の静的引張特性に及ぼす欠陥率の影響[1]

引張負荷を行うと，余盛を削り母材厚と同厚にした場合であっても，母材において降伏・塑性変形が先行し母材破断となる。そのため，継手の引張強度は母材の引張強さと等しく，継手効率は100%となる。しかし，溶込不良や割れ，アンダカットやスラグ巻込みなど，継手断面内に溶接欠陥が多い場合には継手効率が100%を下回る場合がある。破断面積内に占める各種溶接欠陥の面積率を欠陥率（欠陥度）と呼ぶ。**図 3.12** は突合せ継手の引張強さおよび破断伸びに及ぼす欠陥率の影響を示したものである。溶接欠陥の存在により伸びはやや低下するが，引張強さは数%程度の欠陥率ではほとんど低下することはない。

(2) 曲げ試験と硬さ試験

　曲げ試験や硬さ試験は必ずしも溶接継手のみに行われるものではないが，溶接継手に対して頻度高く行われる試験である。

　曲げ試験は，母材や溶接継手から板状試験片を取り出し，規定半径の押し金具で規定の角度まで曲げ，材料の変形能，すなわち延性を調べる試験である。溶接継手の曲げ試験では，曲げ変形の可否，曲げ部の引張側表面での割れの有無から溶接継手の延性，溶接欠陥の存在を確認する（**図 3.13** 参照）。

　材料の硬さを測る試験として，ビッカース硬さ試験，ブリネル硬さ試験などがある。ビッカース硬さ試験では，材料表面に四角錐（ピラミッド型）のダイヤモンド圧子を規定荷重で材料表面に押し付け，**図 3.14** のような残留圧痕の大きさから硬さ HV を算定する。圧痕大きさ（表面積）は規定荷重負荷による塑性変形量と関連するので，硬さは材料の降伏応力 σ_Y や引張強さ σ_B と関連した値となる。経験的に次式が使用される。

3.3 ぜい性破壊　157

図3.13　曲げ試験による溶接継手の延性評価[2]

図3.14　（マイクロ）ビッカース試験での圧痕

$$\sigma_B = \frac{HV}{3} \times 10 \ (N/mm^2, \text{または} MPa) \quad\cdots\cdots\cdots\cdots\cdots (3.13)$$

　溶接継手では，溶接金属，熱影響部の特性が母材と異なる場合が多く，溶接金属，熱影響部の局所的な強度を評価する上で硬さ試験がよく用いられる。また，引張試験のように試験片を切り出す必要がなく計測に際して小さな圧痕が残るだけであるため，硬さ試験は構造物や製品に使用されている材料の使用中の強度変化を調べることにも利用される。

3.3　ぜい性破壊

3.3.1　鋼材のぜい性破壊

　延性に富む軟鋼や低合金鋼がある条件下において，ガラスや陶器のようにもろく破断することがあり，この破壊現象をぜい性破壊と呼ぶ。1940年代の米国に

おいて，溶接により建造された戦時標準船が静かな港内に停泊中，降伏点以下の応力のもと瞬時に折損破壊した事例が歴史的に知られている。現在では，優れた鋼材や溶接材料の開発，設計や溶接施工技術の発展により，溶接構造物のぜい性破壊に対する予防策がほぼ確立されている。しかし，1995 年 1 月に発生した「兵庫県南部地震（阪神・淡路大震災）」では，建築鉄骨をはじめ，多くの鋼構造物でぜい性破壊が生じ，改めて，ぜい性破壊防止対策の重要性が認識された。

鋼のぜい性き裂は不安定的に伝播（外力増分を必要としないき裂伝播）し，その速度は，秒速 2,000m 近くに達することがある。このため，ぜい性破壊が発生すると，大型構造物であっても，瞬時に致命的損傷となる場合が多い。

ぜい性破壊した破面は 図 3.15 に示すように，引張荷重軸に垂直であり，塑性変形を要しないため断面減少はほとんどない。破面様相は銀白色で，粒状にキラキラした光沢を呈している。また，破面は末広がりのシェブロンパターンと呼ばれる山脈状の模様が観察されることが多く，その模様からき裂の伝播方向と発生点を類推することができる。

ぜい性破壊に対する材料の抵抗（粘さ）を，一般に「じん性」と呼んでいる。じん性は，材料の金属組織に極めて敏感なため，溶接部では母材，溶接材料，溶接条件によって大きく変化する。また，オーステナイト系の鋼を除いて，鋼材は一般に低温になるとじん性が急激に低下する性質がある。

切欠きが存在すると応力集中を生じ，ぜい性破壊が起こりやすくなる。溶接部では，割れ，溶込不良，鋭いアンダカット，オーバラップなどの溶接欠陥や，それらから発生・成長した疲労き裂がぜい性破壊の起点となる場合が多い。

ぜい性破壊は，次の 3 条件により誘発される。
① 引張応力の存在
② き裂や切欠きなどの応力集中部の存在
③ じん性の不足（溶接熱による組織変化，低温環境，高負荷速度などに起因）

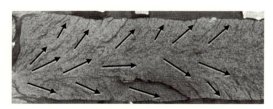

図 3.15　ぜい性破壊の巨視的様相（シェブロンパターン）

3.3.2 延性―ぜい性遷移とじん性

　鋼材のじん性を最も簡便に評価する方法は，シャルピー衝撃試験である．計測が簡便であり古くから実施されてきたため，工業的に広く浸透している．図 3.16 (a) に示す振子式ハンマにより，図 3.16 (b) に示す小型の V 形切欠き試験片に衝撃曲げ荷重を加えて破壊させる．試験前と試験後のハンマの位置エネルギーの差から試験片の破壊に要したエネルギー（吸収エネルギー $_vE$）を測定する．試験温度を変化させて試験を行うと図 3.17 のように試験片の破壊様相，破面様相が変化する．このような現象を延性－ぜい性遷移現象と呼ぶ．破面全体に占めるぜい性破面の割合をぜい性破面率（100 % からぜい性破面率を引いた値は延性破面率）という．吸収エネルギー $_vE$ およびぜい性破面率と試験温度との関係を図 3.18 (a) および (b) に示す．それぞれエネルギー遷移曲線，破面遷移曲線と呼ぶ．

　低温では試験片は初期の正方形断面をほぼ保ったまま 2 つに分離破断し，破面の様相は銀白色でキラキラとしたぜい性破面となる．このような状況では，吸収エネルギーは極めて低い．十分な高温（図 3.17，3.18 の場合は室温）では，試験片は大きな変形をともない曲げ変形するものの分離はせず，ぜい性破面率は 0 % となる．破面は凹凸が激しく，変形の大きい暗灰色の延性破面となる．この場合の吸収エネルギーは大きく，温度にほとんど依存しない一定値（上部棚エネルギー，$_vE_{shelf}$）となる．

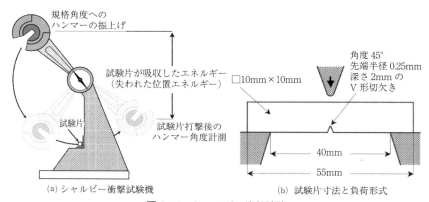

(a) シャルピー衝撃試験機　　　(b) 試験片寸法と負荷形式

図 3.16　シャルピー衝撃試験

160   第3章 溶接構造の力学と設計

(a) 破壊様相の変化

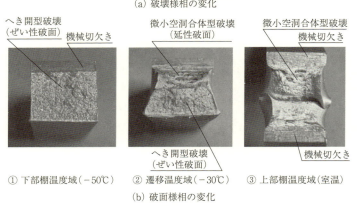

① 下部棚温度域(−50℃)　② 遷移温度域(−30℃)　③ 上部棚温度域(室温)

(b) 破面様相の変化

図3.17　低温から室温に至る条件で実施したシャルピー試験破面の変化（SM400B）

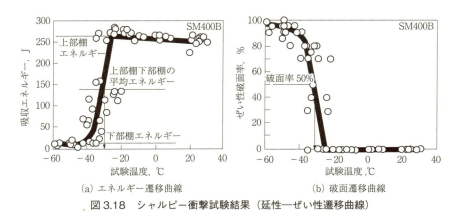

(a) エネルギー遷移曲線　　　　　　　(b) 破面遷移曲線

図3.18　シャルピー衝撃試験結果（延性―ぜい性遷移曲線）

　吸収エネルギーもぜい性破面率も，ともに比較的狭い温度域で延性からぜい性に遷移するので，その代表温度を遷移温度といい，じん性評価の相対的尺度とし

ている。ぜい性破面率が50％となる温度を破面遷移温度（$_vT_S$），上部棚と下部棚の平均エネルギーとなる温度をエネルギー遷移温度（$_vT_E$）と定義するが，後者では上部棚エネルギーの1/2となる温度として求めることも工業的には行われている。両遷移温度はほぼ一致する。

　遷移温度が低く，吸収エネルギーの高い材料がじん性に優れた材料といえる。また，諸規格における鋼材へのじん性要求では，特定の温度（例えば0℃）での吸収エネルギーを規定していることが多い。

　じん性という言葉は，広義にはき裂試験片の破壊に対する抵抗特性（破壊じん性）を含んで使われることもあるが，一般には上述のV形切欠きシャルピー衝撃試験による吸収エネルギー（切欠きじん性）を指し，ぜい性破壊に対する材料の相対的評価や品質管理に使用されている。

3.3.3　溶接継手のぜい性破壊とその防止

　3.3.1項でぜい性破壊を誘発する3条件を示したが，一般に溶接構造ではこの3条件となる要因を含んでいる場合が多い。巨視的な断面不連続の多い溶接構造には，構造的な応力集中部が多く存在する。さらに個々の溶接継手においても，止端の角度や半径によっては強い応力集中源となる。継手断面内に割れや溶込不良，止端部にアンダカットなどの溶接欠陥や，それらから発生した疲労き裂が存在すると，その部分はさらに強い応力集中源となり，局所的な高応力を発生する。また，角変形や目違いなどを生じた継手では，設計応力に二次的な曲げ応力が重畳し，溶接部に高応力を誘発する。こうした局所的な高応力はぜい性破壊を誘発する。

　詳細は後述するが，溶接継手には溶接ビード近傍で降伏点に到達するような高い引張残留応力を生じている。この引張残留応力は外力による引張応力に重畳し局所的な高応力につながる。

　溶接熱影響部（HAZ）は少なからず高温加熱，急冷の熱履歴を受ける。HAZでは一般に結晶粒粗大化，硬化などを生じ，母材部に比較してじん性が低下している。

　以上のように，溶接構造において設計上回避することが難しい応力集中部，溶接残留応力，熱影響部は，いずれもぜい性破壊の発生を助長する要因となり得る。そのため，ぜい性破壊を防止するには，設計面，材料面，施工面のすべての

観点からこれらの要因を低減する必要がある。

3.4 疲労強度

3.4.1 疲労

　静的強度（例えば降伏応力）よりも小さい荷重であっても，その荷重が繰返し負荷されると，金属材料はき裂を生じ破壊することがある。このような現象を（金属）疲労（または疲れ）と呼ぶ。走行車両の回転軸，船体や航空機，橋梁，圧力容器など規則的もしくは不規則的に変動する荷重を繰返し受ける構造物では，疲労破壊を生じる可能性がある。疲労破壊はある程度の応力繰返し数を要するため，供用開始から数年から数十年後に生じる場合もあり，構造物の安全供用実績から将来の安全性を予測できない場合もある。そのため，疲労破壊を防止することは極めて重要である。

　溶接構造では溶接ビードの局所的な形状に起因した応力集中が存在し，低い設計応力であっても局所的に応力が増幅される。さらにその近傍には引張の溶接残留応力が重畳していることも多く，溶接構造物ではリブなどの付加物取付け箇所の溶接部近傍から疲労き裂を生じることが多い（**図 3.19** 参照）。後述するように，溶接構造物の疲労破壊は溶接止端仕上げなどに非常に敏感であるため，溶接設計，施工管理が構造物供用後の疲労破壊発生の可否を決める重要な役割となる。

　一般に金属材料で製作された構造部材は，応力の繰返しによって微視的すべり（原子レベルのすべり，局部的な塑性変形）を生じ，それが表面の凹凸となって

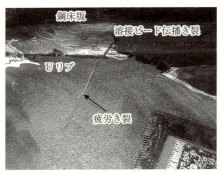

図 3.19　鋼床版に溶接されたＵリブ溶接部に生じた疲労き裂

疲労き裂に変化する。その後は，応力繰返し数とともにき裂が進展・拡大し，最終的に破断にいたる。平滑な部材では，疲労き裂の発生までにかなりの応力繰返し数を要するが，切欠きなど応力集中（溶接止端部などを含む）がある部材では，き裂は少ない繰返し数で（早期に）発生する。

疲労は応力集中に極めて敏感である。応力集中がほとんどない部材では，疲労強度（疲れ強さともいう）は，材料の静的強さ（降伏応力や引張強さ）にほぼ比例するが，応力集中が大きい部材では材料を高強度化しても疲労強度は向上しない傾向にある。

疲労破壊の特徴は，応力が小さい状況で生じるため，たとえ延性に富んだ材料であっても巨視的な塑性変形をともなわないこと，破面は平坦で，引張応力に垂直であることである。また，図 3.20 に示すように，き裂伝播部にはビーチマーク（貝殻模様ともいう）とよばれる疲労破面特有の縞模様が現れやすいので，肉眼で識別できることが多い。

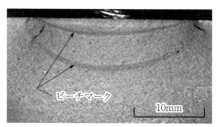

図 3.20　疲労破壊した部材にみられるビーチマーク（意図的な荷重変動により実験室で再現）[3]

3.4.2　疲労試験

引張試験片に準じた試験片や曲げ試験片，あるいは構造体に繰返し応力（荷重）を加えて，応力の値と破断するまでの応力繰返し数（破断寿命，または疲労寿命と呼ぶ）との関係，すなわち疲労特性を調べる試験を疲労試験という。図 3.21 に示すように，平均応力 σ_m と応力振幅 σ_a が一定の規則的な変動荷重を繰返すのが一般的である。最小応力 σ_{min} と最大応力 σ_{max} との比を応力比 R（$= \sigma_{min} / \sigma_{max}$）という。絶対値の等しい正負の応力を繰返す両振り試験（$R = -1$），最小応力 0 と，ある正の値（引張）とを繰返す片振り試験（$R = 0$）が標準的な試験である。疲労試験を実施した複数の試験片の破断寿命 N_f（繰返し数）を横軸

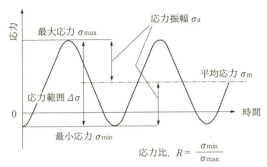

図 3.21 疲労試験での繰返し応力における応力成分の定義

(対数軸でとる)に，応力振幅 σ_a（一般に溶接継手の場合は変動応力範囲 $\Delta\sigma$ を用いる場合が多い）を縦軸（対数軸でとる場合もある）に整理し，実験点を結んだ曲線を S-N 曲線，または S-N 線図という。変動応力の大きさは破断寿命に最も大きな影響を与える。

低炭素鋼の場合，いくら繰返しても疲労破壊しない応力が存在し，このような応力振幅の上限値（**図 3.22** の S-N 曲線の水平部分）を疲労限度（疲れ限度，または耐久限とも呼ぶ）と呼ぶ。溶接継手では，また母材であっても高張力鋼や非鉄材料では明瞭な疲労限度が現れないことがあり，この場合，ある繰返し数（疲労寿命）に対する応力振幅を時間強度と呼んで，疲労強度の目安とする場合がある。例えば 200 万回（2×10^6 回）の時間強度で比較することが多い。また一般に平均応力が大きくなると疲労限度は減少することが知られている。

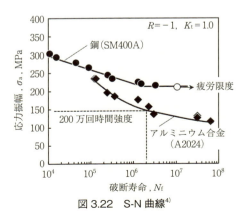

図 3.22　S-N 曲線[4]

破断寿命1万回～10万回（10^4～10^5回）を境として，それ以下の繰返し数で破断にいたるような疲労を低サイクル疲労，それ以上の繰返し数の疲労を高サイクル疲労と呼んでいる。大きな外力変動が予想される船舶，航空機，圧力容器などでは低サイクル疲労が問題となることがある。

3.4.3 溶接継手の疲労

溶接継手では，多くの場合，疲労き裂は応力集中部となる余盛止端（トウ）部に発生する。そのため，継手の疲労強度は継手形式と止端形状に大きく影響される。**図 3.23** は突合せ継手の疲労強度（応力範囲で表した200万回の時間強度）と降伏応力（母材の値）の関係を母材と比較して示したものである。母材の疲労強度はおおむね材料の静的強度に比例するが，応力集中部を有する溶接継手の場合，疲労強度は母材強度に依存せずほぼ一定の値であり，応力集中係数 K_t に応じて低い値となっている。

溶接継手の疲労強度を考える上では，余盛止端の応力集中の程度が最も重要なポイントとなる。止端部の応力集中は，止端角度や曲率に依存するため，機械切削による余盛の平坦化，あるいはグラインダなどによる研削（仕上げ）やティグ（TIG）溶接による止端部形状の修正（ティグドレッシングと呼ぶ）などで止端

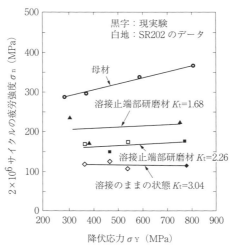

図 3.23　母材，溶接継手の疲労強度と母材の降伏応力との関係[5]

半径を大きくすると，疲労強度の改善に有効である．

　溶接継手では，上記の余盛形状による応力集中のほか，角変形，目違いなどがあると，引張荷重が角変形や目違いを矯正しようとするために生じる曲げ応力（二次的な応力）が重畳し，疲労強度を低下させる要因になる．また，気孔，スラグ巻込み，融合不良などの溶接欠陥は疲労強度を低下させる．静的強度に比較して，疲労強度は欠陥度にはるかに敏感である．特にルート未溶着部やアンダカットなど，作用応力に垂直に存在する割れ状の欠陥は著しく疲労強度を低下させるので，その発生の防止とともに，継手疲労強度の保証の観点から検査・補修が必要である．

3.5 クリープと腐食

　金属部材に，図3.24に示すように，一定の荷重が作用している場合，弾性（負荷応力が降伏応力より小さい）状態であっても，材料がさらされている環境によっては，時間の経過とともに損傷が発生し拡大する時間依存型の破壊を生じることがある．高温環境で生じる損傷をクリープ，腐食環境で生じる割れ損傷を応力腐食割れと呼ぶ．

　クリープは，部材が高温雰囲気にさらされていると，一定応力の作用下において時間の経過とともに変形が進行し，破断にいたる現象である．温度が高くなるほど，応力が大きいほどクリープ速度（変形速度）は大きくなる．ボイラ，エンジンなど高温にさらされる機器，構造物では重要な問題となる．

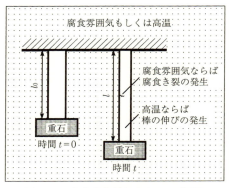

図3.24　応力腐食割れやクリープ現象

材料のクリープ特性には化学組成，結晶粒径，熱処理などが影響するが，高温においても耐食，耐酸化性が優れ，機械的性質の劣化が少なく，クリープ特性にも優れた耐熱鋼が，各種開発されている。

応力腐食割れ（Stress Corrosion Cracking；SCC と呼ばれる）は，硫化水素と水分，アルカリ，硝酸塩，石炭ガス，液体アンモニアなど腐食性溶液や蒸気，活性気体など材料と化学反応を生じやすい環境中で引張応力が作用していると，き裂が発生，進展する現象である。厳密には腐食ピットの生成，き裂進展という過程が電気化学的な溶解反応によって生じるものを「応力腐食割れ」，腐食反応によって生じた水素や金属中に吸蔵された水素による割れを「水素割れ」と区別して呼ぶ。

応力腐食割れの特徴は，

① 合金に起こり，純金属では起こらない

② 材料に特有の環境中で生じやすい

であり，オーステナイト系ステンレス鋼の溶接継手熱影響部が鋭敏化し，塩化物水溶液中で応力腐食割れを生じる場合が代表的なものである（第 2 章 2.5.2 (3) 参照）。

水素割れは

① 材料が高強度になる（硬さが高い），

② 引張応力が大きい，

③ 材料中の拡散性水素量が多い

ほど生じやすく，高力ボルトの遅れ破壊や，溶接における低温割れが代表的なものである。

3.6　残留応力と溶接変形

3.6.1　熱応力と溶接残留応力

(1) 両端固定棒に生じる熱応力

図 3.25 (a) の (1) に示すように，一様断面で長さ l_0 の棒を温度 T_0（℃）で固定壁に両端固定し，温度 T_1（℃）まで加熱する場合を考える。もし，図 3.25 (a) (2) のように自由に変形できれば，温度変化 ΔT（$= |T_1 - T_0|$）（℃）により，$\Delta l = a \cdot \Delta T \cdot l_0$ だけ膨張し伸びる。ただし，a は線膨張係数（1/℃）であり，

長さ1mmの棒が1℃の温度上昇により生じる膨張量がa（mm）となることを意味する。しかし，図3.25（a）（1）のように両端が固定されている場合には，棒の長さは変わり得ない。自由に熱膨張した図3.25（a）（2）の棒を図3.25（a）（3）のようにΔlだけ圧縮し，$\varepsilon = \frac{\Delta l}{l_0 + \Delta l} \left(\approx \frac{\Delta l}{l_0} \right)$の圧縮ひずみを与えれば，図3.25（a）（1）と同じ長さになる。すなわち，温度T_1に加熱した図3.25（a）（1）の棒の状態は，本来は図3.25（a）（2）の長さの棒を左右から応力σ_cで圧縮し，最初の長さl_0に押し戻した状況にある。この圧縮応力σ_cを熱応力と呼ぶ。棒が弾性状態を保っている場合は，圧縮の熱応力σ_cは式（3.5）に示したフックの法則を基に次式で与えられる。

$$\sigma_c = E \cdot \varepsilon_c = E \cdot \left(\frac{\Delta l}{l_0} \right) = E \cdot \left(\frac{a \cdot \Delta T \cdot l_0}{l_0} \right) = E \cdot a \cdot \Delta T \quad \cdots\cdots\cdots\cdots\cdots (3.14)$$

鋼では常温付近でのヤング率Eの値は206GPa（= 206,000N/mm^2），aの値は1.2×10^{-5}/℃であるから，温度差ΔTが100℃でσ_cの値は-247N/mm^{2}に達する。すなわち，自由変形を拘束されている場合，100℃程度の局部温度上昇を受けると，軟鋼クラスの鋼では熱応力は圧縮降伏応力（約245N/mm^2）に達し，圧縮の塑性変形を生じることになる。

図3.25（b）の（1'）に示すように逆の温度変化を想定し，温度T_0（℃）で両端固定した棒を温度T_2（℃）まで冷却する場合を考える。図3.25（a）の場合と応力やひずみの正負が逆転，すなわち圧縮が引張，伸びが収縮に反転することになる。結果として，式（3.14）と正負を反転させた同様の考え方で，棒には引張応力$\sigma_t = E \cdot a \cdot \Delta T$の熱応力が発生する。

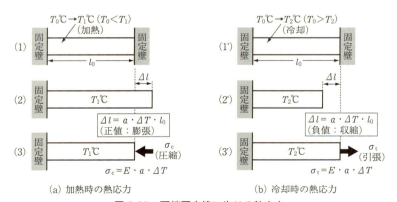

図3.25 両端固定棒に生じる熱応力

（2）溶接残留応力

溶接は**図 3.26**（a）に示すように 2 枚の母材の端部を加熱により溶接（溶着）し，一体にする工程である。すなわち，溶着部は極めて高温（鋼の融点は約 1,500℃）にまで加熱されるが，溶接は加熱時間が短いために，溶接部の凝固終了時に母材端部までは熱が伝わらず，溶接終了直後は溶着部近傍の加熱部と周辺の母材の間には温度差を生じている。図 3.26 では溶接加熱部は溶接直後からの冷却過程で温度 T_1 から T_0 に冷却されるのに対して，加熱部から離れた母材は T_0 のままであると近似的に考えている。溶接後の冷却過程において，図 3.26（b）に示したように自由に収縮できる状況であれば，溶接時加熱部は母材の長さよりも冷却収縮しているのに対して，母材では温度変化はほとんどなく冷却中に長さは変化しない。実際には母材と加熱部は一体となっているため，互いの長さが等しくなるように母材は加熱部に対して引張力を，その反作用として加熱部は母材に対して圧縮力を互いに及ぼし合っている。一般に溶接継手では溶着による加熱部に比べて加熱されない母材の断面積ははるかに大きく，剛性が高いため，その領域には収縮変形は生じない。母材は図 3.25（b）（1'）の剛体壁のように加熱部の自由な冷却収縮を拘束している。すなわち，溶接後の冷却過程において，溶接部近傍の溶接時加熱部には図 3.25（b）（3'）と同様に引張の熱応力を生じている。溶接部冷却後に残留したこの熱応力を溶接残留応力と呼ぶ。

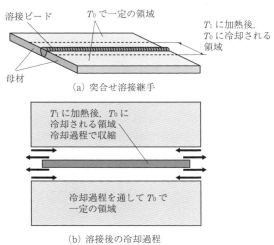

図 3.26　溶接残留応力

170　　第3章　溶接構造の力学と設計

　溶接終了後，完全に冷却された状態では，図3.26で説明したように，溶接加熱部は母材から引張力を受け，逆に溶接加熱部は母材に圧縮力を及ぼす（「力」であり「応力」でないことに注意）。これらは作用／反作用の関係にあり自己平衡力（外力は作用しておらず，これら引張力と圧縮力で釣合状態にある）と呼ばれる。引張力を担うのは溶接金属（と溶接部近傍の母材）であり，圧縮力を担うのは母材である。一般に溶接継手では溶接金属の断面積は母材断面積に比べてはるかに小さいため，溶接金属の担う引張応力は極めて高い値となる。逆に母材部には圧縮応力を生じるが，その値は大きくはない。継手強度を考える上では引張残留応力の存在が重要となり，溶接金属およびその近傍に生じる降伏応力に達する引張残留応力には注意が必要となる。

　図3.26の突合せ溶接継手において溶接残留応力を生じるのは，溶接線を挟む母材が図3.25（b）（1'）の剛体壁のように溶接加熱部の冷却収縮を強く拘束するためである。図3.26の突合せ溶接継手の母材幅が小さい場合には，母材は溶接加熱部の冷却収縮を完全に拘束できなくなる。この場合，溶接残留応力は低下するが，逆に溶接継手には収縮の溶接変形を生じる。以上は溶接線方向の冷却収縮およびそれに起因した溶接線方向の溶接残留応力に関する発生機構である。

　一方，溶接線直交方向にも溶接加熱部は冷却収縮を生じる。図3.26（b）に示したように母材を図上下方向に固定していない場合は，溶接加熱部の冷却収縮に応じて，2枚の母材は近接移動が可能であり，この方向の溶接残留応力は小さい。ただし，2枚の母材が近接移動できるために，この方向の溶接変形（横収縮）は大きくなる。すなわち，残留応力と溶接変形は相反する関係にある。

　溶接では溶接アークなどの強熱源により局部的に急速に加熱されるが，周囲への熱伝導によって溶着部近傍の母材温度も上昇する。溶着量が多いなど，溶接入熱が大きくなると，図3.26（a）に示した溶接加熱部の幅が大きくなる。そのため，溶接線方向に高い引張残留応力を生じる領域幅は大きくなる。一方，溶接残留応力の最大値は，母材や溶接金属の塑性変形特性により支配され，おおむね降伏応力程度（通常の溶接継手設計であれば，概ね母材の降伏応力程度）である。すなわち，溶接入熱が大きくなると，より広範囲に引張残留応力を生じるが，その最大応力値は溶接入熱に依存せず，母材や溶接金属の降伏応力程度で一定である。

3.6.2 残留応力分布

2枚の広い板（約500mm角以上）を突合せ溶接した場合の残留応力分布は，図3.27に示すようになる。ここでは，冷却収縮に対する変形拘束の強い溶接線方向の残留応力分布を示している。前述のように溶接部は冷却の際に収縮しようとするが，溶接線方向の収縮は周囲の加熱されなかった母材部分に拘束されて引張応力が発生し，溶着部付近の溶接時加熱部で室温の降伏応力 σ_Y に等しい引張残留応力を生じる。溶接線に直交する線上では，力が釣合うため「残留応力の総和は零である」条件を満足するように溶接時加熱部に生じた引張残留応力と釣合う圧縮残留応力がその両側（溶接時に低温であった領域）に生ずる。ただし，冷却中に500℃以下の温度で相変態を生じ体積膨張（変態膨張）する鋼では，溶接線方向の引張残留応力は降伏応力に達するとは限らない。最近では，大きな変態膨張を生じる材料（低変態温度溶接材料）が開発されており，このような材料では溶接線方向の残留応力は圧縮となり得る。

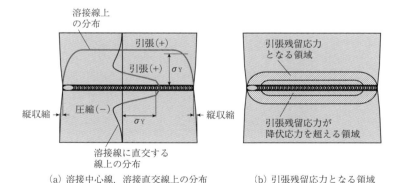

(a) 溶接中心線，溶接直交線上の分布　　(b) 引張残留応力となる領域

図3.27　突合せ溶接継手における溶接線方向の残留応力の分布

3.6.3 溶接変形

溶接熱による不均一膨張と冷却中の収縮の結果，溶接物は，図3.28に示すような各種の変形を生ずる。これらは一般に組み合わさって発生する。

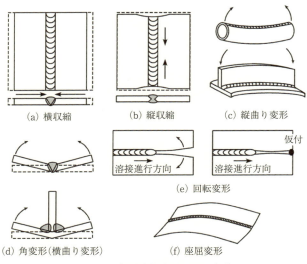

図 3.28 各種溶接変形とその名称

(1) 横収縮

横収縮は図 3.28（a）に示す溶接線に直角方向の収縮である。被覆アーク溶接による突合せ開先溶接の横収縮量 S（mm）は，継手開先の平均幅を B_W（mm）とすると，次の実験式で推定できる[6]。

$$S = 0.018 B_W \text{（mm）} \quad \cdots\cdots\cdots\cdots\cdots\cdots\cdots\cdots\cdots\cdots\cdots\cdots\cdots (3.15)$$

すなわち，ルート間隔と開先角度が大きく，溶着量が多いほど横収縮が大きくなる。

(2) 縦収縮

縦収縮は図 3.28（b）に示す溶接線方向の収縮のことであり，溶接線中央が最も収縮する。溶接線から板厚の数倍程度離れると縦収縮は激減する。縦収縮ひずみは横収縮ひずみに比べると小さい。

(3) 縦曲り変形

縦曲り変形は図 3.28（c）に示すように，縦収縮の中心が溶接継手の横断面の中立軸と一致しない場合に生じる溶接線方向の曲り変形のことである。縦収縮に

より生じる曲げモーメントが原因している。すみ肉溶接組立てによる T 形断面はりや単シームの溶接管などで問題になる。

(4) 角変形（横曲り変形）

角変形は図 3.28（d）に示す溶接線を中心とした回転にともなう面外曲り変形である。厚板の突合せ溶接では，溶着による加熱と熱拡散による冷却が，それぞれ板の表面と裏面で非対称になり，図（d）のような角変形を生じやすい。V 形開先の多層盛では，角変形が一方向に大きく起こり，X 形開先では，片面の溶接による角変形が反対面の溶接によって逆方向にある程度修正される。厚さ 20mm 程度の X 形開先を被覆アーク溶接する場合，両面の開先深さを表7：裏3に振り分け，初めに表側を，裏はつり後に裏側を溶接すると角変形は最終的にはほぼ打ち消し合う。

板にビード溶接したときの角変形量は，ある入熱のときに最大となり，それより小入熱でも大入熱でも小さくなる。これは小入熱のビードでは板の表面と裏面の収縮量の差で生じる曲げる力が不足し，また大入熱では板の裏面も十分に加熱されて収縮するため，板表裏の収縮量の差で生じる曲げる力が減少して，角変形が小さくなるからである。ただし，この場合，横収縮は大きくなる。すみ肉溶接の角変形は層数にほぼ正比例して増大する。

(5) 回転変形

回転変形は図 3.28（e）に示すように，前方の開先ルート間隔が溶接中に開いたり閉じたりする面内回転変形である。一般に，溶接熱源の移動前方に仮付などの拘束がある場合には，溶接進行中に左右の板が，図（e）のように回転してルート間隔が減少し，拘束がない場合にはルート間隔は開く。また，小入熱で溶接される被覆アーク溶接では，大入熱で溶接されるサブマージアーク溶接よりも回転変形は小さい。

(6) 座屈変形

座屈変形は図 3.28（f）に示すように，平板が溶接により馬の鞍のように変形する溶接変形である。薄板は曲げ剛性が小さいために，溶接線方向の圧縮残留応力により座屈変形を生じやすくなる。座屈変形は圧縮残留応力が悪影響を与える例である。

3.6.4 残留応力の影響

（1）静的強度に及ぼす影響

　軟鋼や低合金鋼のように延性に富む材料では，溶接部の静的破壊は塑性変形後に起こるため，静的引張強さや曲げ強度に及ぼす残留応力の影響はほとんどない。溶接残留応力は局所的な熱変形差に起因したものであり，全断面降伏すると塑性変形により熱変形差が解消され，残留応力が消滅してしまうためである。

（2）疲労強度に及ぼす影響

　比較的低応力下，場合によっては巨視的な弾性域での応力で応力集中部を起点として生じる疲労破壊は，引張残留応力により助長される。強い引張残留応力を生じるのは溶接線近傍であり，そうした箇所は構造的な応力集中部となっていることも多く，溶接止端部近傍から疲労き裂が発生しやすい。引張残留応力が存在すると，外力による繰返し応力の平均応力を上昇させ，疲労き裂の進展を促進する効果もある。

　低サイクル疲労の場合は，残留応力は疲労強度に大きな悪影響を与えない。繰返し応力が高いために生じる巨視的塑性変形により残留応力が減少するためと考えられている。

（3）ぜい性破壊に及ぼす影響

　ぜい性破壊は巨視的な塑性変形をともなわないため，破壊発生時に残留応力が消滅することがない。また，ぜい性破壊の力学的主要因の1つは引張応力であるため，引張外力に引張残留応力が重畳し，低い外力でぜい性破壊を生じ得る。すなわち，ぜい性破壊発生には引張残留応力は強く影響を与え得る。

（4）座屈と応力腐食割れに及ぼす影響

　座屈は圧縮応力に起因した不安定曲げ変形であり，圧縮外力に圧縮残留応力が重畳すると，構造物の座屈強度を低下させる。

　応力腐食割れ（SCC）は，腐食環境にある鋼に一定の引張応力を受けるときに生じる現象である。溶接による引張残留応力の存在は，応力腐食割れを一般に促進する。

3.6.5 残留応力の除去（溶接後熱処理）

残留応力の除去には，溶接部を加熱する熱的方法と溶接部に変形を与える機械的方法（溶接部を局所的に降伏させる）の２つがある。機械的方法は大きな変形を残す場合が多いため，実用的には熱的方法が一般的であり，溶接後熱処理（Post Weld Heat Treatment；PWHT）と呼ぶ。

金属は，高温になると降伏点が著しく低下し塑性変形を生じやすく，また降伏点以下の応力であってもクリープ変形（永久変形）を生じるため，残留応力の発生原因となっている溶接による局所的熱変形差を緩和することができる。

残留応力のある鋼溶接部を A_1 変態点以下の適当な高温に保持すると，残留応力は徐々に減少する。保持温度が高いほど，また保持時間が長いほど，残留応力は低下する。PWHT においては，軟鋼では約595℃以上に，厚さ25mm 当たり１時間（50mm なら２時間）保持，低合金鋼（例えば，$2\frac{1}{4}$Cr-1Mo 鋼）では保持温度を約675℃以上で板厚25mm 当たり１時間保持し，徐冷する。焼入焼戻し鋼では，焼戻しの効果を減じないように，PWHT における保持温度は焼もどし温度より低い温度とするのが原則である（第４章の表4.28 参照）。溶接後の部材を大型の加熱炉に入れて均一に加熱するのが通常であるが，対象が大きすぎる場合には溶接部を挟んだ溶接部付近のみを加熱して局部的に熱処理する方法がとられる[7]。

PWHT は，残留応力の除去ばかりでなく，熱影響部硬化層の軟化と延性の回復，溶接部内に残留した水素の放出，じん性の回復および精密機械の寸法の狂いの防止に効果がある。圧力容器の法規・規格では，板厚38mm を超える溶接継手でじん性が十分でない場合には，原則として PWHT が要求されている。また，応力腐食割れの懸念があるときは，PWHT が利用されることが多い。

3.6.6 溶接変形の影響と防止方法

溶接変形は工作精度をくるわせ，以降の部材組立てに支障を生じることもある。また，角変形，縦曲り変形などの面外変形が生じると，図 3.29 に示すように，部材の軸心が直線からずれるため，二次的な曲げ応力が引張外力に重畳し，静的強度，疲労強度，ぜい性破壊強度，座屈強度などが低下する。このため面外変形はできるだけ小さくしなければならない。

176　第3章　溶接構造の力学と設計

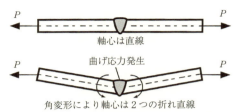

図 3.29　角変形による引張軸心のずれとそれによる曲げ応力の発生

　一般に，溶接変形に影響する因子は，溶接入熱，予熱温度，板厚と継手形状，拘束状態，溶接順序と溶着順序（第4章参照）および溶接方法などであり，これらを制御することにより溶接変形は小さくできる．溶接継手に与える全熱量を小さくすると，一般に溶接変形を低減できる．溶接施工法，特に，溶接順序と溶着順序および拘束ジグを工夫することによって，効果的に変形を軽減できる．溶接変形は，溶接時加熱部の局所収縮が要因であり，これは溶接残留応力と同じ要因である．周辺の変形拘束が大きい場合には，それが残留応力となり，逆に変形拘束がないと溶接変形として顕在化する関係にある．

　突合せ溶接およびすみ肉溶接の場合，あらかじめ溶接部材に逆方向に角変形を与えた状態で溶接すると，最終的に角変形をほぼ零にすることができる．これを逆ひずみ法という．また，一度生じた溶接変形を矯正するには，プレスやローラなどによる機械的方法，または局部加熱急冷法（お灸，線状加熱など）がある．ただし，これらの矯正法は見かけ上の溶接変形はなくなるものの，逆に残留応力を大きくする傾向にあるので，できるだけ溶接時の変形を小さくするようにあらかじめ溶接施工法などを工夫すべきである．

3.7　溶接継手の種類と表示方法

　構造物は要求される機能を満足させると同時に，構造物安全性の観点から，必要な強さと剛性を確保する必要がある．溶接構造物の性能は，溶接部の品質に左右されるところが大きく，溶接品質は，溶接設計と溶接施工によって決定される．溶接設計では材料選択，溶接法と溶接条件の選択，溶接構造設計，継手形式の選択と継手設計など，広範囲の項目を検討して，指示することになる．本節では，溶接設計者と溶接施工関係者の意志伝達に必要な継手設計の基本事項を述べる．

　溶接継手設計では，用語の定義を正しく理解しておくことが重要である．溶接

継手の呼称には，溶接金属の形状に基づく呼称と，継手の幾何学的形状に基づく呼称がある．前者は，開先溶接，すみ肉溶接といったものであり，後者は突合せ継手，十字継手といった呼称である．○○溶接，△△継手と区別する場合もあるが，「突合せ開先溶接継手」いうように，両観点からの呼称を混在して用いる場合も多い．

以下，それぞれの定義による溶接継手の種類，名称を説明する．

3.7.1 溶着金属形状と部材形状の関係に基づく溶接種類の分類と名称

充填する溶着金属の形状と部材の関係に注目した分類として，開先（グルーブ）溶接，すみ肉溶接，プラグ（せん）溶接（スロット溶接），シーム溶接，肉盛溶接などがある．以下，それぞれを説明する．

(1) 開先（グルーブ）溶接

開先溶接は接合する2部材の間に溝（開先，またはグルーブという）を設けて溶接するものである．ただし，敢えて溝加工を施さない場合でも，3.7.2項で記述する角継手，へり継手などは開先溶接の1つに分類される．

開先には**図3.30**のような種類がある（カッコ内に示す記号は溶接設計で開先

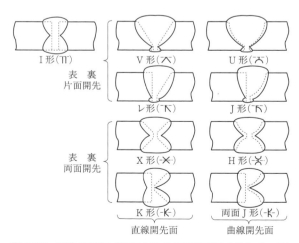

図3.30 開先の種類（括弧内はその溶接記号を示している）

形状を示すために使用する溶接記号である，溶接記号は表3.1を参照）．
　開先は板厚，溶接方法などによって適切に選定されなければならない．代表的な開先の特徴を次に示す．
　① I形開先：開先加工は容易で，溶着量が少なく，変形も小さい．電子ビーム溶接やレーザ溶接，エレクトロスラグ溶接やエレクトロガス溶接に主に用いられる．片面からのマグ溶接を用いる場合には，完全溶込みが得られる板厚の上限は6mm程度に限られる．
　② V形開先：開先加工は比較的容易で横向溶接を除く全姿勢に適用できる．適用板厚が大きい場合には溶着量が大きくなり，角変形，横収縮が大きくなる．
　③ X形開先：V形開先と比較すると開先加工が難しいが，ガス切断でも加工可能であり，厚板の場合に溶着量が少なくでき，かつ溶接変形（特に角変形）が少ない．
　④ レ形開先：開先加工は比較的容易で，横向溶接に適している．
　⑤ H形開先（両面U形開先）：開先加工が機械加工となり難しいが，極厚板になると溶着量が少なくなり，X形開先より溶接変形が少ない．
　図3.30に示した各開先において，直線で構成されている開先はガス切断で作製可能であり，曲線で構成されている開先は，機械加工を要するものの，極厚板の場合には，溶着量を低減できる共通の特徴を持つ．
　図3.31のフレア溶接は板を曲げて合わせた部分や板に丸鋼を置いた接触部分などにできるフレア部分に行う溶接で，フレアグルーブ溶接ともいう．これも開先溶接の一種である．**図3.32**に裏当て金付きJ形開先の開先各部の名称を示す．開先角度，開先深さ，ルート半径，ルート間隔，ルート面などでの寸法で開先形状を表す．開先溶接には**図3.33**に示すように完全溶込み溶接と部分溶込み溶接がある．完全溶込みの健全な開先溶接は，母材並みの十分な強度が保証されるので，強度部材に用いられる．溶接施工コストの観点だけでなく，残留応力や溶接変形の観点からも，開先の形状と寸法は，欠陥のない完全な溶接ができる範囲内

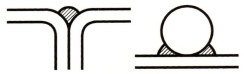

図3.31　フレア溶接（溶接記号：⼤，⼤）

3.7 溶接継手の種類と表示方法   *179*

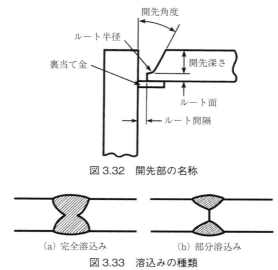

図 3.32　開先部の名称

図 3.33　溶込みの種類

で，開先断面積をできるだけ小さくするのが原則である。

図 3.30 には完全溶込み溶接用の開先を示しているが，設計者が完全溶込みを前提にしている溶接設計において施工時に未溶着部を生じると，製品供用後にぜい性破壊や疲労破壊を誘発し得るので，完全溶込みを保証するために十分な施工管理が必要となる。完全溶込みを保証するためには，精度の良い開先加工に加え，溶接施工方法からも管理が必要となる。例えば，片面から溶接する場合は裏波溶接を確認するか，裏当て金を用いる必要がある。両面から溶接する場合には，裏側から溶接する前に裏はつりをする必要がある。溶込みの大きいサブマージアーク溶接で施工するときは，裏はつりを省略できる場合もあるが，未溶着部を生じないよう十分な配慮が必要である。

図 3.33（b）に示す部分溶込み溶接では，一部溶接されていない部分（未溶着部）が存在する。この場合，設計荷重に必要なのど厚（後述の図 3.67 や図 3.80）が得られるような開先角度と開先深さに注意が必要である。繰返し荷重が作用する部材には，部分溶込み溶接は適さない。

(2) すみ肉溶接

すみ肉溶接はほぼ直交する 2 つの面を結合する三角形状の断面を有する溶接で，T 継手，十字継手，重ね継手などに使用される。**図 3.34** に示すように表面

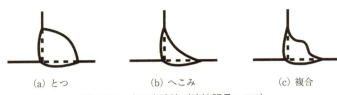

図 3.34　すみ肉溶接（溶接記号：▽）

の形により，とつすみ肉，へこみすみ肉および複合すみ肉溶接がある。

すみ肉溶接は溶接線と荷重方向との関係により，**図 3.35** のように，前面すみ肉溶接，側面すみ肉溶接および斜方すみ肉溶接に分類される。

また，**図 3.36** に示すように，連続すみ肉溶接と断続すみ肉溶接とに分けられ，後者は並列断続すみ肉溶接と千鳥断続すみ肉溶接とに分けられる。

すみ肉溶接は部材の形を保持するのが比較的容易であり，変形も開先溶接よりは少ない。一方，ルート部や止端部に大きな応力集中を生じるため，継手強度は開先溶接よりも低い。したがって，主要強度部材，繰返し荷重や衝撃荷重を受ける部材への適用には注意が必要である。

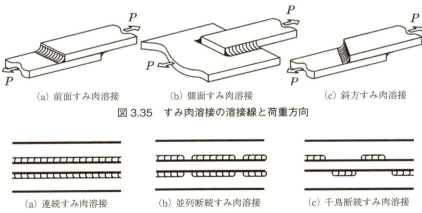

(a) 前面すみ肉溶接　　(b) 側面すみ肉溶接　　(c) 斜方すみ肉溶接

図 3.35　すみ肉溶接の溶接線と荷重方向

(a) 連続すみ肉溶接　　(b) 並列断続すみ肉溶接　　(c) 千鳥断続すみ肉溶接

図 3.36　連続すみ肉溶接と断続すみ肉溶接

(3) プラグ溶接およびスロット溶接

図 3.37 に示すように，重ね合わせた 2 部材の一方の板に貫通孔をあけて，その孔を溶接金属で満たす溶接により両部材を接合する溶接をプラグ（栓）溶接という。孔をスロット（溝）状にして溶接する場合をスロット溶接と呼ぶ。溶接する

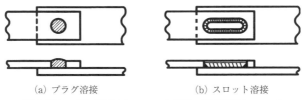

(a) プラグ溶接　　　　　　(b) スロット溶接
図 3.37　プラグ溶接とスロット溶接（溶接記号：⊏⊐）

長さを大きくするために，孔を大きくしたスロット溶接において，孔の中を溶接で全部埋める必要がない場合は，孔の中をすみ肉溶接にする。薄板に用いられることが多く，すみ肉溶接だけでは継手強度が不十分な場合に補助的に用いられる。

(4) シーム溶接

図 3.38 に示すように，重ね板を片側から溶接して 2 枚板を接合する溶接をシーム溶接という。電子ビーム溶接やレーザ溶接によるシーム溶接を後述の抵抗溶接と区別して電子ビームシーム溶接，レーザシーム溶接という場合がある。また，抵抗溶接により，薄板 2 枚の重ね継手部を，スポット溶接を連続させて得られる溶接を抵抗シーム溶接という。

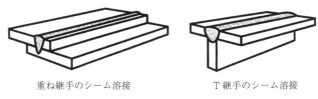

重ね継手のシーム溶接　　　　T 継手のシーム溶接
図 3.38　シーム溶接（溶接記号：⊖）

(5) 肉盛溶接

図 3.39 に示すように，部材同士の接合ではなく，多数のビード（1 回のパスによって作られた溶接金属のこと）によって表面に溶着金属を盛り上げる溶接を

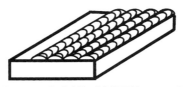

図 3.39　肉盛溶接（溶接記号：⌒⌒）

肉盛溶接という。

　補修などの目的で用いられることもあるが，部材表面の硬化，あるいは耐食性をもたせるために，目的に応じた金属の溶接材料でビードを置く。

　開先溶接をする場合，母材成分が本溶接の溶着金属に影響を与えないように，開先表面に肉盛溶接をする場合がある。この肉盛溶接はパンにバターを塗るのに似ていることから，バタリングともよばれる。

3.7.2　溶接継手の種類

　溶接継手は，部材の組合せ方によって，突合せ継手，T継手（十字継手），角継手，当て金継手，重ね継手，へり継手およびフランジ継手に分けることができる。

(1) 突合せ継手（図3.40）

　突合せ継手は2部材をほぼ同じ面内で突き合わせて，開先（グルーブ）を設けて溶接する継手である。ただし，建築鉄骨においては，同一面内で組み合わせない場合でも，完全溶込み溶接ならば「突合せ」の用語を用いている。

図3.40　突合せ継手

(2) T継手（図3.41）と十字継手（図3.42）

　T継手は2部材がほぼ直交してT字形になるときの継手である。もう1つの部材が加わって十字形になる継手を十字継手という。これらの継手には，すみ肉

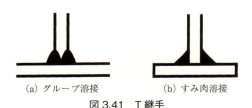

(a) グルーブ溶接　　　　(b) すみ肉溶接

図3.41　T継手

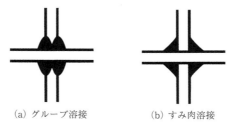

図 3.42　十字継手

溶接，開先溶接，T継手の場合には，さらにプラグ溶接，シーム溶接などが用いられる。

(3) 角継手（図 3.43）

　角継手は2部材が直角に交わり，かつ2部材の端（へり）が継手となる場合をいう。この角継手は，ボックス部材を製作するときによく用いられる継手である。この継手には，すみ肉溶接，開先溶接，プラグ溶接，シーム溶接などが用いられる。

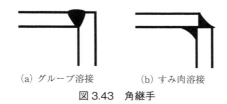

図 3.43　角継手

(4) 重ね継手（図 3.44，図 3.45）

　重ね継手は，2部材のそれぞれの端部を重ねて接合する継手である。両部材片表面がほぼ同一平面になるようにした，せぎり継手もある。この継手には，すみ肉溶接，開先溶接，プラグ溶接，シーム溶接などが用いられる。

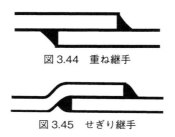

図 3.44　重ね継手

図 3.45　せぎり継手

(5) へり継手（図3.46）

へり継手は2つ以上の部材の端面を接合する継手である。この継手には，開先溶接，フレア溶接，シーム溶接，端部（へり）溶接などが用いられる。

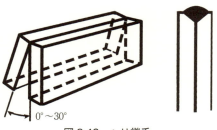

図3.46　へり継手

(6) 当て金継手（図3.47）

当て金継手は2部材の端部を突き合わせて，それに別の板を重ねて接合する継手であるが，現在では重要な継手には用いない。両面当て金継手と片面当て金継手があるが，後者は継手部に偏心を生じ，曲げが加わる。この継手には，すみ肉溶接，開先溶接，プラグ溶接，シーム溶接などが用いられる。

(a) 両面当て金すみ肉溶接　　(b) 片面当て金すみ肉溶接

図3.47　当て金継手

(7) フランジ継手（図3.49）

少なくとも部材の1つが図3.48に示す形状（フランジ部材）をもった2部材

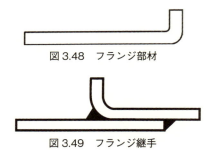

図3.48　フランジ部材

図3.49　フランジ継手

の接合継手をフランジ継手（例えば，**図 3.49**）と呼ぶ。ステンレスやチタン製の屋根，メンブレン（LNG タンク）などの接合部に利用されている。この継手には，すみ肉溶接，フレア溶接，端部（へり）溶接などが用いられる。

3.7.3　溶接記号

　溶接記号とその表示方法は，JIS Z 3021（溶接記号）に規格化されており，溶接設計および溶接施工の設計図面上での指示にはこれに従い，溶接の種類と開先の形状・寸法，溶接部の表面形状や仕上げ方法，工場溶接と現場溶接の区別など

表 3.1　溶接部の基本記号（JIS Z 3021：2016）

溶接部の形状	基本記号	備　　考
I 形開先溶接		アプセット溶接，フラッシュ溶接，摩擦溶接など含む。
V 形開先溶接		X 形開先溶接は基線に対象にこの記号を記載する。アプセット溶接，フラッシュ溶接，摩擦溶接など含む。
レ形開先溶接		K 形開先溶接は基線に対象にこの記号を記載する。アプセット溶接，フラッシュ溶接，摩擦溶接など含む。
J 形開先溶接		両面 J 形開先溶接は基線に対象にこの記号を記載する。
U 形開先溶接		H 形開先溶接は基線に対象にこの記号を記載する。
V 形フレア溶接		X 形フレア溶接は基線に対象にこの記号を記載する。
レ形フレア溶接		K 形フレア溶接は基線に対象にこの記号を記載する。
へり溶接		
すみ肉溶接		又は　　　　千鳥断続すみ肉溶接の場合にはこの記号を用いてもよい。
プラグ溶接スロット溶接		
肉盛溶接		
ステイク溶接（キーホール溶接）		
抵抗スポット溶接		溶融スポット溶接では　　を用いる。
抵抗シーム溶接		溶融シーム溶接では　　を用いる。
スタッド溶接		

186 第3章 溶接構造の力学と設計

を表記する。

表3.1に示す溶接部の基本記号は2部材間の溶接部の形状を表し，**表3.2**に示す補助記号は表面形状，仕上げ方法，現場溶接・全周溶接の指示，非破壊検査方法などを表す[8]。

記載表示方法は次のとおりである。

① 説明線は**図3.50**に示すように，溶接する部分を指し示す矢（基線に対して約60°の傾き）と水平な基線および必要に応じて尾を書き，この基線に沿って溶接記号および寸法を記載する。

② 溶接記号および寸法は**図3.51**に示すように，矢のある側，または手前側に

表3.2　補助記号（JIS Z 3021：2016）

名称，区分		補助記号	名称，区分	補助記号
溶接部の表面形状	平ら仕上げ	▬▬▬	へこみ仕上げ	⌣
	凸形仕上げ	⌢	止端仕上げ	⌣
溶接部の仕上げ方法	チッピング	C		
	グラインダ	G		
	切削	M		
	研磨	P		
現場溶接		🚩	裏波溶接	
			裏当て	
全周溶接		⚲	取外さない裏当て	M
			取外す裏当て（裏当て材の種類などは，尾などに記載）	MR
非破壊検査方法	放射線透過試験	一般	RT	（その他の試験方法）	
		二重壁撮影	RT-W	漏れ試験	LT
	超音波探傷試験	一般	UT	ひずみ測定試験	SM
		垂直探傷	UT-N	目視試験	VT
		斜角探傷	UT-A	アコースティックエミッション試験	AET
	磁粉探傷試験	一般	MT	渦流探傷試験	ET
		蛍光探傷	MT-F	耐圧試験	PRT
	浸透探傷試験	一般	PT	溶接線の片側からの探傷	S
		蛍光探傷	PT-F	溶接線を挟む両側からの探傷	B
		非蛍光探傷	PT-D		
	全線試験		○	各試験の記号の後につける。	
	部分試験（抜取り試験）		△		

3.7 溶接継手の種類と表示方法　*187*

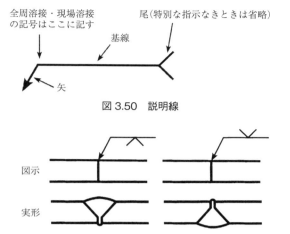

図 3.50　説明線

図 3.51　溶接記号の基線における上下位置と溶接する側の関係の例

溶接するときは基線の下側に，矢の反対側，または向こう側に溶接するときは，基線の上側に近接して記載する。
③ レ形，K 形，J 形，両面 J 形の開先溶接においては，**図 3.52** に示すように開先を設ける部材の側に基線を描き，矢は折れ線として開先を設ける面に矢の先端を向ける。なお，開先を設ける部材が明らかな場合や，どちらの部材でもよいときには，矢を折れ線にして開先面を指す必要はない。フレアレ形，フレア K 形のフレア溶接において，フレアのある部分の面を示す場合も，これと同様である。
④ 開先溶接の開先形状の寸法は，基本記号にルート間隔，開先角度，開先深さ（必要に応じて溶接深さ）を記入する。

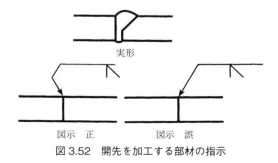

図 3.52　開先を加工する部材の指示

図3.53は突合せ継手のX形開先の例で，図3.53（a）の記号表示は，「X形開先の矢の側が開先深さ16mm，開先角度60°，矢の反対側が開先深さ9mm，開先角度90°，ルート間隔が3mm」を意味しており，実形を図3.53（b）に示す。3mmのルート間隔は基線の上下で共通の情報であり，このような場合は，上側だけに記載する。

図3.54はT継手のK形開先の例で，図3.54（a）の記号表示は，「矢の側，矢の反対側ともに開先深さ10mm，開先角度45°と同じで，ルート間隔が2mmのK形開先」を意味しており，実形を図3.54（b）に示す。

⑤ 部分溶込み溶接で，溶接深さを指示する場合は，その寸法を（　）でくくり，開先深さに続け記入する（**図3.55**（c））。開先深さと溶接深さが同じ場合は，開先深さを省略してよい（図3.55（d））。溶込深さの指示がない場合は完全溶込み開先溶接を意味する（図3.55（b））。また，開先寸法の表示もない場合も完全溶込み開先溶接を意味する（図3.55（a））。

⑥ すみ肉溶接の寸法は脚長で示す。**図3.56**はT継手の等脚すみ肉溶接の例で，図3.56（a）の記号表示は，「矢の側は脚長9mm，矢の反対側は脚長

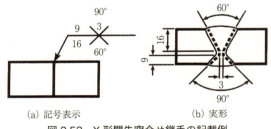

(a) 記号表示　　　　(b) 実形
図3.53　X形開先突合せ継手の記載例

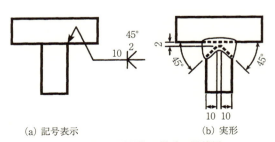

(a) 記号表示　　　　(b) 実形
図3.54　K形開先T継手の記載例

3.7 溶接継手の種類と表示方法　*189*

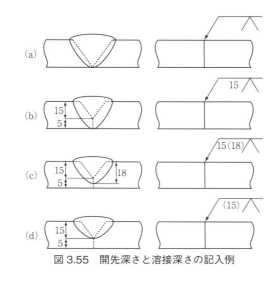

図 3.55　開先深さと溶接深さの記入例

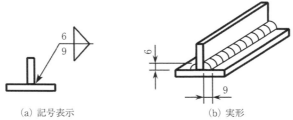

図 3.56　両側の脚長が異なる等脚すみ肉 T 継手の記載例

6mm のすみ肉溶接」を意味しており，実形を図 3.56（b）に示す．
図 3.57 は T 継手の不等脚すみ肉溶接の例で，不等脚の場合は，小さい方の脚

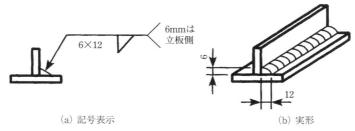

図 3.57　不等脚すみ肉 T 継手の記載例

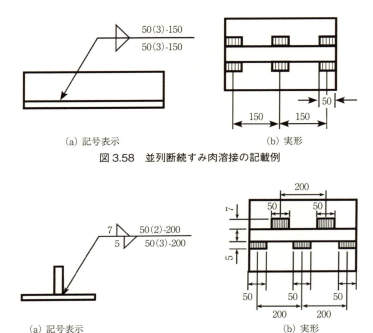

図 3.58 並列断続すみ肉溶接の記載例

図 3.59 千鳥断続すみ肉溶接の記載例

長 S_1 を先に，大きい方の脚長 S_2 を後にして $S_1 \times S_2$ とし，不等脚の側がわかるように，図面に実形による詳細図を記入，もしくは尾の部分に説明を記載する。図 3.57（a）の記号表示は，「矢の側に垂直脚長 6mm と水平脚長 12mm のすみ肉溶接」を意味しており，実形を図 3.57（b）に示す。

⑦ 断続すみ肉溶接の場合は溶接長さとピッチを示す。**図 3.58** は並列断続すみ肉溶接の T 継手の例で，図 3.58（a）の記号表示は，「矢の両側に溶接長さ 50mm，溶接数 3，ピッチ 150mm のすみ肉溶接」を意味しており，実形を図 3.58（b）に示す。

図 3.59 は千鳥断続すみ肉溶接の T 継手の例で，図 3.59（a）の記号表示は，「矢の側は脚長 5mm，溶接長さ 50mm，溶接数 3，ピッチ 200mm，矢と反対側は脚長 7mm，溶接長さ 50mm，溶接数 2，ピッチ 200mm のすみ肉溶接」を意味しており，実形を図 3.59（b）に示す。

3.7 溶接継手の種類と表示方法 *191*

⑧ 必要に応じて，表3.2に示す補助記号を用いて，現場溶接，溶接部の表面形状や仕上げ方法，非破壊検査方法などを表示する。

　図3.60(a)はビードの表面形状を記号表示しており，「平ら，凸，へこみの余盛形状」を意味している。対応する実形を図3.60(b)に示す。**図3.61**は管の突合せ継手（板厚8mm）の例で，図3.61(a)の記号表示は，「矢印の側から開先深さ8mm，開先角度60°，ルート間隔1mmのV形開先で，全周現場溶接後にグラインダで平らに研削仕上げする」を意味しており，実形を図3.61(b)に示す。**図3.62**は非破壊検査方法を記載した例で，特別に指示する事項は尾の部分

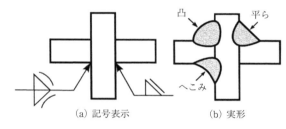

図 3.60　ビード表面形状の指定例

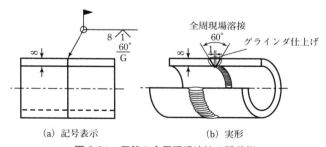

図 3.61　円管の全周現場溶接の記載例

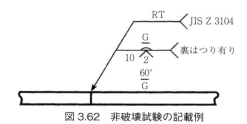

図 3.62　非破壊試験の記載例

に示す．図では，溶接に関する記号表示は「矢の側は開先深さ10mm，開先角度60°，ルート間隔2mmのV形開先であり，矢の反対側は裏はつり後にビード溶接を行い，両側は平らにグラインダで仕上げる」ことを意味している．非破壊検査に関する指示は溶接に関する基線に加え，2本目の基線に示す．図では「矢の反対側から放射線透過試験をJIS Z 3104にしたがって行う」ことを示している．

図3.63（a）はJ形開先T継手の記号表示で，「矢が折れ線であることから，矢が当たっている垂直部材にJ形開先を設けること，矢の反対側に開先深さ28mm，開先角度35°，ルート半径12mm，ルート間隔2mm」を意味しており，実形を図3.63（b）に示す．

図3.64（a）はフレアレ形のフランジ継手の記号表示で，「矢の反対側にフレア溶接」を意味しており，実形を図3.64（b）に示す．

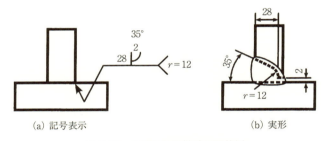

(a) 記号表示　　　　　　　　　　(b) 実形
図3.63　J形開先T継手の記載例

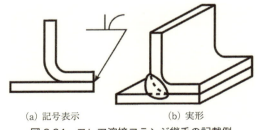

(a) 記号表示　　　　　(b) 実形
図3.64　フレア溶接フランジ継手の記載例

3.8 溶接継手設計の基礎

3.8.1 継手設計

溶接構造物の設計にあたっては，
① 構造物の使用条件を考慮した法規，規準，示方書などの順守
② 荷重条件，施工条件および経済性を考慮した継手位置の決定
③ 継手形式や溶接の種類（すみ肉溶接，完全溶込み溶接，部分溶込み溶接など）の選択
④ 要求された継手強度を満足する溶接断面の大きさ（のど厚やサイズ）と溶接長さの決定
が適切に行われなければならない。さらに，溶接が材料および構造物に与える影響を材料の組織変化，溶接残留応力，溶接変形，想定される破壊の観点から考え，材料，溶接施工方法などを適切に選択し，溶接構造物が所要の品質を得るように溶接設計しなければならない。

(1) 溶接継手設計上の注意点
溶接継手の設計で考えなければならない基本的な注意点を次に示す。
① 部材および継手配置は，組立作業，溶接，検査および補修がしやすいように配慮する。
② 溶接継手の箇所数は必要最小限とし，溶着量もできるだけ少なくなるように配慮する。
③ 狭い範囲に溶接が集中しないようにする。
④ 部材断面は荷重軸に対して対称になるようにし，継手に生じる偏心荷重や2次応力が最小限になるようにする。
⑤ 継手の位置は，断面積が急激に変化をしている部分など，構造上の応力集中部と重ならないようにする。
⑥ 残留応力や溶接変形が継手強度に影響を及ぼす場合には，残留応力の軽減や溶接変形の防止を図る。
⑦ 適用する溶接法の特性，荷重の種類によって継手の形式，種類，開先を選定する。例えば，疲労を考慮しなければならない部材については，応力集中

を避け，必要に応じて，ビードおよび止端部を仕上げる．
　これらの条件は，互いに相いれない場合もあり，いずれを優先させるかは，構造物の使用条件，製作条件等を十分考えて設計しなければならない．

(2) 継手の選択

　溶接継手の選択に際しては，継手に負荷される荷重の種類および荷重の大きさに十分耐えられることが必要最低限の条件である．次に変形が少なく，工数，すなわち経済性も考慮して，次のような配慮を加えて決定するのが原則である．

① 溶着量の最も少ない継手を選択する．
② 施工可能ならI形開先，強度上問題なければ部分溶込み溶接も検討する．
③ 疲労が問題とならなければ，すみ肉溶接や部分溶込み溶接の適用も考える．
④ 厚板では開先形状はV形，U形だけでなく，溶着量・変形を小さくするために，X形，両面U形開先も考える．

(3) 禁止継手

　応力を伝達する溶接継手には完全溶込み溶接，部分溶込み溶接，すみ肉溶接のいずれかが用いられるが，部分溶込み溶接やすみ肉溶接など未溶着部を有する継手は，ルート部の応力集中が高いため，その適用には注意が必要である．溶接線に直角方向に引張荷重を受ける場合や繰返し荷重を受ける場合には，完全溶込み溶接を用いることを基本する．
　静的な荷重であっても，荷重方向ごとに用いることのできない継手形式が禁止継手として各種設計規準に規定されている．**図3.65**に禁止継手の代表例を示す．

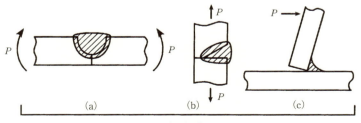

禁止継手
(ただし，Pが反対方向であればすべて許容される)
図3.65　禁止継手

3.8 溶接継手設計の基礎 **195**

同図のように，片面溶接による部分溶込み開先溶接はルート部に曲げ（図3.65
（a））あるいは荷重の偏心による付加的な曲げ応力が作用する箇所（図3.65（b））
には適用できない。すみ肉溶接でも，図3.65（c）のようなT継手の片側溶接は
禁止されている。

3.8.2　強度計算

　構造における最も基本的な強度設計は，静的強度の確保，すなわち塑性化させ
ない部材断面積の確保である。材料の塑性化は，部材に生じる応力が材料の降伏
応力に到達すると生じる。したがって，塑性化させないために必要な部材断面積
は，対象構造に要求される耐荷重と材料の降伏応力から計算できる。
　溶接継手の場合も基本的な考え方は同じであるが，継手の形式，ビード形状な
どを考慮して継手に生じる応力を正確に計算することは複雑であるため，設計上
では，次の仮定を設けて，安全側に，かつ，単純化して応力を計算する。
　① 応力は，のど断面（力を受け持つと考える断面）に一様に作用するものと
　　 する。ルート部や止端部の応力集中は考えない。
　② 塑性化はのど断面で先行するとは限らないが，強度計算はのど断面で行う。
　③ 溶接残留応力の存在は考慮しない。
　のど断面の面積を有効のど断面積と呼び，{理論のど厚（a）} × {有効溶接長
さ（L）} で算定される。
　計算で使用される理論のど厚（a）および有効溶接長さ（L）は，次のように
決められている。

（1）理論のど厚 a

　のど厚は溶接の厚さに対応するものであるが，すみ肉溶接のように，厚さを定
義しにくい場合もある。そのため，計算に使用する理論のど厚は一定のルールに
したがって定義する。
　完全溶込み開先溶接の場合には，**図3.66** に示すように接合する部材の厚さを
理論のど厚 a とする。厚さが異なる部材の場合には薄い方の部材の厚さを理論
のど厚 a とする。また，余盛は理論のど厚に含めない。部分溶込み溶接では，
原則として**図3.67** のように開先深さを理論のど厚 a とする。
　すみ肉溶接各部の名称を**図3.68** に示す。ルートからすみ肉溶接の止端までの

図 3.66　完全溶込み開先溶接部の理論のど厚

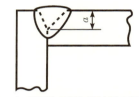

図 3.67　部分溶込み開先溶接部の理論のど厚

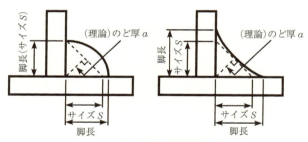

図 3.68　すみ肉溶接各部の名称

距離を脚長という。サイズ S と（理論）のど厚 a については**図 3.69** で説明する。図 3.69 (a) に示す等脚長の場合は，溶接金属の内側に描けるルート部を頂点とする最も大きな直角二等辺三角形の直角を挟む辺の長さをサイズ S という。図 3.69 (b) の不等脚長の場合には，溶接金属の内側に描けるルート部を頂点とする最も大きな直角三角形の直角を挟む 2 辺の長さをそれぞれサイズ S_1, S_2 とする。ただし，理論のど厚の算定には，安全側の設計に配慮し，S_1, S_2 の小さい方の値をサイズ S として用いる。図 3.69 (c) の非直角部材のすみ肉の場合には，溶接金属の内側に描ける最も大きな二等辺三角形の辺の長さをサイズ S という。

　理論のど厚 a はすみ肉のサイズ S で定まる三角形の継手ルートから測った高さで，図 3.69 (a)，(b) に示す場合は，

3.8 溶接継手設計の基礎

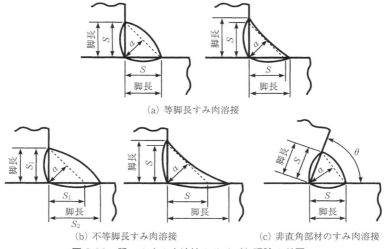

(a) 等脚長すみ肉溶接

(b) 不等脚長すみ肉溶接　　(c) 非直角部材のすみ肉溶接

図 3.69　種々のすみ肉溶接のサイズと理論のど厚 a

$$a = \frac{S}{\sqrt{2}} \approx 0.7 \cdot S \quad \cdots\cdots\cdots\cdots\cdots\cdots\cdots\cdots\cdots\cdots\cdots\cdots\cdots\cdots\cdots\cdots\cdots\cdots (3.16)$$

で表される。また，図 3.69 (c) に示す直角でない部材のすみ肉溶接においては，部材間の角度を θ とすると，

$$a = S \cdot \cos\frac{\theta}{2} \quad \cdots\cdots\cdots\cdots\cdots\cdots\cdots\cdots\cdots\cdots\cdots\cdots\cdots\cdots\cdots\cdots (3.17)$$

となる。なお，この場合には，許容される θ の範囲は $60° \leqq \theta \leqq 120°$ であり，これ以外の角度のときは応力の伝達を期待してはならない。

(2) 有効溶接長さ L

設計どおりののど厚を有する溶接部の長さを有効溶接長さ L という。ただし，継手に想定される外力に対して有効な溶接長さであり，状況によって実際の溶接長さと異なる場合がある。突合せ継手の開先溶接で溶接線が応力の方向に対して斜めの場合には有効溶接長さとして，実際の溶接長さではなく，**図 3.70** に示すように溶接線を応力の方向と直角に投影した長さを有効溶接長さ L とする。しかし，斜方すみ肉溶接では，**図 3.71** に実際の溶接長さをそのまま用いる。これは突合せ溶接継手ではのど断面の垂直応力で，すみ肉溶接継手ではのど断面のせん断応力で継手設計する（次項参照）ことに対応している。

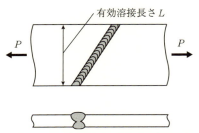

図 3.70　斜め開先溶接突合せ継手の有効溶接長さ

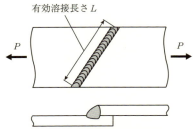

図 3.71　斜方すみ肉溶接重ね継手の有効溶接長さ

溶接始端の不完全な溶接になりがちな部分，終端のクレータ部は継手強度には寄与しないと考えて溶接長さを設計すると安全側の設計となる。そのため，**図 3.72** に示すように，実溶接長さから溶接始終端部のそれぞれ一定長さを差し引いて，有効溶接長さとする場合が多い。始終端それぞれから差し引く長さは突合せ継手の場合はのど厚，すみ肉溶接の場合はすみ肉サイズを目安とする。重要な部分の開先溶接の始終端や溶接組立によるT形断面はりやI形断面はりなどのすみ肉溶接の端部では，エンドタブ等を用いて，端部も設計寸法の断面になるように溶接しなければならない。

すみ肉溶接で始終端の悪影響を回避するには，**図 3.73** に示すように回し溶接を行うのがよい。ただし，回し溶接を行った場合の有効溶接長さの取り扱い（回

図 3.72　有効溶接長さ

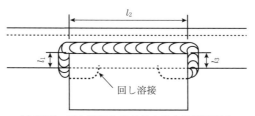

図 3.73 回し溶接とその場合の有効溶接長さ

し溶接の長さを含めるか否か）は規格，規準において規定されている（3.9.2 項参照）。

(3) 許容応力

溶接継手に荷重 P が作用する場合，**図 3.74** に示すように継手形状によって設計で使用する応力は異なる。図 3.74 (a) のような断面を考え，開先溶接突合せ継手では垂直応力 σ を用いる。一方，図 3.74 (b) のすみ肉溶接重ね継手では，せん断応力 τ を用いる。開先溶接突合せ継手の場合であっても，部分溶込み溶接継手の場合には，許容応力としてすみ肉溶接の場合と同様に設計にはせん断応力を用いる。

図 3.74 (b) に示すすみ肉溶接重ね継手の例では，実際にせん断応力が働く断面は 3.8.1 項 (1) で述べたのど断面と一致するものではないが，有効のど断面積にせん断応力のみが作用すると考える（3.8.3 項（例題 3）参照）。すみ肉溶接継手や部分溶込み溶接の場合は，のど断面にはせん断応力のみが作用するとは限らないが，荷重の方向にかかわらず，有効のど断面積に作用するせん断応力のみで外力を支持すると考えると安全側の設計となる。

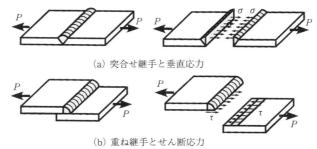

(a) 突合せ継手と垂直応力

(b) 重ね継手とせん断応力

図 3.74 継手形状により設計で使用する応力

一般に強度部材を設計する場合，対象とする損傷に対して安全性を確保できる最大の応力を許容応力 σ_a と呼ぶ．許容応力は基準とする材料強度に対して安全率を考慮して求められる．

$$\text{許容応力 } \sigma_a = \frac{\text{基準強さ } \sigma_s}{\text{安全率}} \quad \cdots\cdots\cdots\cdots\cdots\cdots\cdots\cdots\cdots\cdots\cdots\cdots\cdots \text{(3.18)}$$

基準強さ σ_s は対象とする損傷に応じて異なり，静荷重に対する塑性化を対象とする場合は，材料の降伏応力，または引張強さを用いる．安全率は1より大きな値であり，損傷に対する限界の応力に対して許容応力が何倍の裕度をもつかという意味である．

図3.74（a）で述べた開先溶接突合せ継手の強度計算では基準強さ σ_s（降伏応力，または引張強さ）を安全率で割った値が許容応力 σ_a となる．一方，図3.74（b）で述べたすみ肉溶接継手や部分溶込み溶接継手の強度計算では，原則として，せん断応力に対する許容応力 τ_a を用いる．せん断応力に対する許容応力は引張応力に対する許容応力を $\sqrt{3}$ で割った値（約0.6倍）となる．

3.8.3 溶接継手の強度計算例

【例題1】図3.75に示すような突合せ溶接継手に引張荷重 P が作用する場合，許容される最大荷重（kN）を求めよ．使用する材料の降伏応力は325N/mm^2 であり，安全率1.5を用いて設計するものとする．ただし，有効溶接長さは板幅に等しいものとする．

（解）突合せ溶接継手の理論のど厚 a は母材板厚になるので，$a = 25$（mm）．
　　　有効溶接長さ L は板幅に等しいので，$L = 100$（mm）．
　　　有効のど断面積は，理論のど厚（a）×有効溶接長さ（L）であるから，25

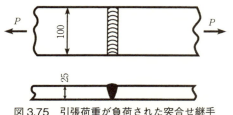

図3.75　引張荷重が負荷された突合せ継手

× 100 = 2500 (mm²)。

塑性化限界の設計であるので基準強さ σ_s には使用材料の降伏応力を用い，式 (3.18) に従い安全率 1.5 を考慮すると，許容引張応力 σ_a は，

$$\sigma_a = \frac{325}{1.5} = 216.66\cdots \approx 216 (\mathrm{N/mm^2}) \quad 【注1】。$$

許容最大荷重 P は，(許容引張応力 σ_a) × (有効のど断面積) であるから，

$$P = 216 \times 2500 = 540000 (\mathrm{N}) = 540 (\mathrm{kN})。$$

よって，許容される最大荷重は 540kN となる。

【例題2】 図 3.76 の側面すみ肉溶接重ね継手において，100kN の荷重に対して必要なすみ肉の有効溶接長さ L (mm) を決定せよ。ただし，すみ肉のサイズは 10mm とし，使用する材料の降伏応力は 325N/mm²，安全率 1.5 を用いて設計するものとする。

(解) 理論のど厚 a は式 (3.16) によって計算でき，$a = 10 \times 0.7 = 7$ (mm)。

有効のど断面積は，(理論のど厚 a) × (有効溶接長さ L) × 2 (両側面の溶接線) であるから，$7 \times L \times 2$ (mm²)。

また，塑性化限界の設計であるので基準強さ σ_s には使用材料の降伏応力を用い，式 (3.18) に従い安全率 1.5 を考慮すると，許容引張応力 σ_a は，

$$\sigma_a = \frac{325}{1.5} = 216.66\cdots \approx 216 (\mathrm{N/mm^2}) \quad 【注1】。$$

すみ肉溶接では，許容せん断応力 τ_a により設計する。許容せん断応力は

$$\tau_a = \frac{\sigma_a}{\sqrt{3}} = \frac{216}{1.732} = 124.711\cdots \approx 124 (\mathrm{N/mm^2}) \quad 【注1】。$$

荷重は 100kN = 100 × 10³N であり，許容せん断応力 τ_a は 124 N/mm² で

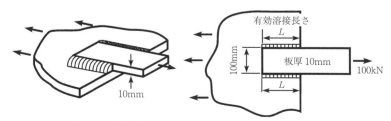

図 3.76　引張荷重が負荷された側面すみ肉溶接重ね継手

あるから，これらの値から

$$100 \times 10^3 (\text{N}) = 124 (\text{N/mm}^2) \times (7 \times L \times 2)(\text{mm}^2)$$

となり，有効溶接長さ L（mm）は，

$$L = \frac{100 \times 10^3}{124 \times 7 \times 2} = \frac{100000}{1736} = 57.6 \approx 58 (\text{mm}) \quad 【注1】。$$

よって，必要なすみ肉の有効溶接長さ L は 58mm となる。

【例題3】図 3.77 に示すようなすみ肉溶接十字継手に引張荷重 P が作用する場合，許容される最大荷重（kN）を求めよ。ただし，使用する材料の降伏応力は 325N/mm^2 であり，安全率 1.5 を用いて設計するものとする。また，有効溶接長さは板幅に等しいものとする。

（解）理論のど厚 a は式（3.16）によって計算でき，$a = 10 \times 0.7 = 7$ (mm)。

有効のど断面積は，（理論のど厚 a）×（有効溶接長さ L）× 2（荷重に垂直な断面内には溶接線は上下２本）であるから，$7 \times 100 \times 2 = 1400$ (mm^2)。また，塑性化限界の設計であるので基準強さ σ_s には使用材料の降伏応力を用い，式（3.18）に従い安全率 1.5 を考慮すると，許容引張応力 σ_a は，

$$\sigma_a = \frac{325}{1.5} = 216.66 \cdots \approx 216 (\text{N/mm}^2) \quad 【注1】。$$

すみ肉溶接では，許容せん断応力 τ_a により設計する。許容せん断応力は

$$\tau_a = \frac{\sigma_a}{\sqrt{3}} = \frac{216}{1.732} = 124.711 \cdots \approx 124 (\text{N/mm}^2) \quad 【注1】。$$

許容最大荷重 P は，（許容せん断応力 τ_a）×（有効のど断面積）であるから【注2】，

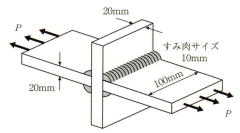

図 3.77　引張荷重が負荷されたすみ肉溶接十字継手

$$P = 124 \times 1400 = 173600 \,(\mathrm{N}) \approx 173 \,(\mathrm{kN}) \quad 【注1】。$$

よって，許容される最大荷重は 173kN となる。

【注1】強度計算においては，計算の過程で小数点を丸める場合は四捨五入ではなく，許容応力に関しては切捨て，必要な断面積や溶接長さに関しては切上げといったように，変数ごとに安全側になるように配慮する。

【注2】図 3.77 の継手ののど断面での内力を 3.1.1 項の図 3.3 に習い考えると，**図 3.78**（c）のようになる。のど断面には内力 $P_\perp$（< $P/2$）による垂直応力 σ，$P_{/\!/}$（< $P/2$）によるせん断応力 τ が作用しているが，すみ肉溶接の強度設計では荷重の方向にかかわらず，有効のど断面積に作用するせん断応力のみで外力を支持すると考える。

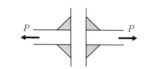

(a) すみ肉溶接十字継手の断面

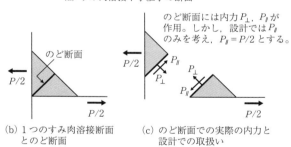

(b) 1つのすみ肉溶接断面とのど断面　　(c) のど断面での実際の内力と設計での取扱い

図 3.78　すみ肉溶接のど断面に作用している内力と設計における取扱い

3.9　設計規準の実例

　溶接構造物の性能は，溶接部そのものの品質に依存するところが大きく，溶接品質は溶接設計，使用する材料，溶接施工の 3 要素がそろって達成できるものである。なかでも，溶接設計は溶接継手の性能を前もって決めることになり，後々の施工性とも密接に関係する。3.8 節で述べたように，溶接継手設計では，構造設計に基づく継手位置と要求される継手強度に対して，継手形式（溶接の種類）

204 第3章 溶接構造の力学と設計

の選択，材料の選択，溶接法と溶接条件の選択など，広範囲の項目を検討し，指示することになる。そのため，溶接構造物の設計に関しては，建築物や橋梁，圧力容器といった構造物特有の供用条件に応じた設計規格，規準が国内外で整備されている。これらの規格，基準では，禁止継手と許容継手，理論のど厚や有効溶接長さの定義，許容応力の値などが与えられている。これらの規格，基準の適用を受ける構造物にあっては，それらを遵守する必要がある。ここではすみ肉のサイズと長さ，理論のど厚，許容応力，疲労設計に関して，代表的な規格，規準における取扱いを紹介する。

3.9.1 すみ肉溶接のサイズ，長さの必要値に関する規定

応力を伝えるすみ肉溶接のサイズ S は，組み合わされる部材の板厚に対して，小さすぎても大きすぎても問題を生じ得るため，部材の薄い方の厚さを t_1，厚い方の厚さを t_2 として，次のような制限が設けられている。

鋼構造設計規準[9]では，

$t_1 > 6\text{mm}$ のとき，

$$t_1 \geq S \geq 1.3\sqrt{t_2} \quad \text{かつ} \quad S \geq 4\text{mm} \quad \cdots\cdots\cdots\cdots\cdots\cdots (3.19)$$

ただし，サイズが 10mm 以上になるときは，$S \geq 1.3\sqrt{t_2}$ の制限は受けない。

$t_1 \leq 6\text{mm}$ のとき，$S \leq t_1$ である。

ただし，T継手で，板厚が 6mm 以下のときは，サイズ S を $1.5t_1$ かつ 6mm 以下の範囲で大きくすることができる。

道路橋示方書[10]では，

$$t_1 > S \geq \sqrt{2t_2} \quad \text{かつ} S \geq 6\text{mm} \quad \cdots\cdots\cdots\cdots\cdots\cdots (3.20)$$

応力を伝達するすみ肉溶接の有効溶接長さについて，鋼構造設計規準では，「サイズの10倍以上で，かつ40mm以上」，道路橋示方書では，「サイズの10倍以上，かつ80mm以上」となっている。このように，最小すみ肉サイズや，最短溶接長さに規定があるのは，それぞれの規定値以下の寸法の溶接では，溶接の際に熱影響部（HAZ）が急冷，硬化し，低温割れを起こすおそれがあるためで，設計上，その防止を図ったものである。一方，サイズの上限は，溶接入熱の増大による母材の材質劣化や過大な変形が生じることを防止することを配慮したもの

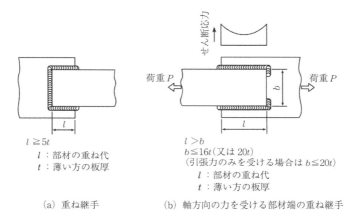

図3.79 重ね継手の重ね代についての規準および側面すみ肉溶接の不均一せん断応力分布を考慮したすみ肉溶接の規準（道路橋示方書）

である。

重ね継手のすみ肉溶接については，少なくとも2列以上のすみ肉溶接とし，重ね代は薄い方の板厚の5倍以上とする規準が鋼構造設計規準，道路橋示方書およびAWS（アメリカ溶接協会 American Welding Society）D1.1[11]にある。図3.79 (a) に道路橋示方書の規準を示す。建築ではさらに，重ね代は30mm以上，AWSでは1インチ以上の条件を付加している。

側面すみ肉溶接の場合，図3.79 (b) に示すように部材の重ね代 l を溶接線間距離 b より大きくするのは，応力の流れを滑らかにするためである。一方，せん断応力は溶接始終端近傍で最大となる不均一な応力分布となる。重ね代が長くなりすぎるとこの傾向が顕著となり，始終端近傍の応力が高まるため好ましくない。

3.9.2　理論のど厚，有効溶接長さの定義に関する規定

3.8.2項（1）において，部分溶込み溶接の理論のど厚は開先深さとすると述べたが，取扱いの異なる規格，基準もある。鋼構造設計規準では，図3.80に記号 a で示す開先深さを理論のど厚とするが，手溶接（被覆アーク溶接）のレ形，K形開先ののど厚は，開先深さより3mmを減じた値としている（ルート部に溶込不良や気孔などの欠陥が生じやすいため，この欠陥による断面欠損を3mm相当と評価している）。AWS D1.1 規格では，この3mmに相当する断面欠損を溶接

206   第3章 溶接構造の力学と設計

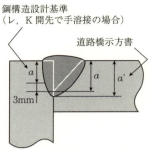

図 3.80 鋼構造設計規準，道路橋示方書における部分溶込み溶接の理論のど厚の取扱い

法別に規定している。一方，道路橋示方書では，のど厚は図3.80の記号 a' で示す溶込深さを取るが，ビードに直角な引張力は受け持つことができず，せん断力のみを受け持つとして，設計しなければならない。

3.8.2項 (2) において，すみ肉溶接の始終端に生じる悪影響を回避するための回し溶接を説明した。回し溶接を行った場合の有効溶接長さの取り扱いは鋼構造設計規準と道路橋示方書とで異なっている。鋼構造設計規準では，有効溶接長さは回し溶接を含めた溶接全長からすみ肉溶接のサイズの2倍を減じたものとしている。これに対して道路橋示方書では，回し溶接部では応力の方向が変化し応力伝達状態が不明確であるとの立場から，回し溶接部は有効溶接長さに含めない。

3.9.3　許容応力に関する規定

鋼構造設計規準，道路橋示方書で規定されている許容応力の例を**表3.3**，**表3.4**に示す。

鋼構造設計規準では，溶接継手の許容応力は，母材の許容応力と同一値が用いられ，鋼材の降伏点の規格値，あるいは引張強さの規格値の0.7倍のいずれか低い方の値を基準強さ F 値とし，引張および圧縮の長期許容応力は，F 値を安全率1.5で割った値としている。せん断の許容応力は，さらにその値を $\sqrt{3}$ で割った値としている。3.8.2項 (3) では，完全溶込み溶接継手の場合は引張の許容応力，部分溶込み溶接継手，すみ肉溶接継手の場合にはせん断の許容応力を用いるのが基本であると説明した。ただし，鋼構造設計規準では部分溶込み溶接であっても溶接管理を十分に行うことを前提に引張の許容応力を用いることを認めている。

道路橋示方書では，許容応力は，一般には降伏点の規格値を安全率1.7で割っ

表 3.3 建築の長期許容応力例（N/mm²）（鋼構造設計規準）

分類		建築構造用		一般構造用	溶接構造用			
鋼種記号		SN400 STKN400	SN490 STKN490	SS400 STK400 STKR400 SSC400 SWH400	SM400 SMA400	SM490 SM490Y SMA490 STKR490 STK490	SM520	SM570
F 値	厚さ40mm以下	235	325	235	235	325	355	400
	厚さ40mm以上	215	295	215	215	295	335	400
完全溶込み溶接 部分溶込み溶接	引張応力	$\dfrac{F}{1.5}$						
すみ肉溶接	せん断応力	$\dfrac{F}{1.5\sqrt{3}}$						

表 3.4 溶接部の許容応力（N/mm²）（道路橋示方書）

鋼種		SS400, SMA400W		SM490		SM490Y, SM520, SMA490W			SM570, SMA570W		
板厚（mm）		40以下	40をこえ100以下	40以下	40をこえ100以下	40以下	40をこえ75以下	75をこえ100以下	40以下	40をこえ75以下	75をこえ100以下
溶接の種類	応力の種類										
工場溶接 完全溶込み開先溶接	引張圧縮	140	125	185	175	210	195	190	255	245	240
	せん断	80	75	105	100	120	115	110	145	140	135
すみ肉溶接 部分溶込み開先溶接	せん断	80	75	105	100	120	115	110	145	140	135
現場溶接		原則として工場溶接と同じ									

た値としているが，降伏比の高い SM570 および SMA570W では安全率を若干高めにしてある。道路橋の場合も，建築同様，溶接継手は母材と同じ許容応力を使用する。また，表 3.4 に示すように現場溶接でも正しい施工管理を前提に許容応力は工場溶接の場合と同じである（以前は現場溶接の施工管理の保証に配慮し，現場溶接の許容応力は工場溶接の場合の 90％となっていた）。

3.9.4 溶接構造の疲労設計

　変動応力が作用する構造物では疲労設計が必要となる。疲労を考慮しなければならない鋼構造物に対しては，（社）日本鋼構造協会（JSSC）の「鋼構造物の疲

208 第3章 溶接構造の力学と設計

表 3.5 溶接継手の疲労強度等級分類例
（強度等級 $\Delta\sigma_f$ は 200 万回の疲労強度で単位は N/mm^2）

継手の種類と等級			強度等級 ($\Delta\sigma_f$)	備考
横突合せ継手	1. 余盛削除した継手		B(155)	
	2. 止端仕上げした継手		C(125)	
	3. 非仕上げ継手	(1) 両面溶接	D(100)	
		(2) 良好な形状の裏波をもつ片面溶接	D(100)	
		(3) 裏当て金付き片面溶接	F(65)	
縦突合わせ継手	1. 完全溶込み溶接継手（溶接部が健全であることを前提とする）	(1) 余盛削除	B(155)	
		(2) 非仕上げ	C(125)	
	2. 部分溶込み溶接継手		D(100)	
	3. すみ肉溶接継手		D(100)	
	6. スカラップを含む溶接継手		G(50)	
十字継手	荷重非伝達型	1. 滑らかな止端を持つすみ肉溶接継手	D(100)	
		2. 止端仕上げしたすみ肉溶接継手	D(100)	
		3. 非仕上げのすみ肉溶接継手	E(80)	
	荷重伝達型	6. 完全溶込み溶接 (1) 滑らかな止端をもつ継手	D(100)	
		6. 完全溶込み溶接 (2) 止端仕上げした継手	D(100)	
		6. 完全溶込み溶接 (3) 非仕上げの継手	E(80)	
		7. すみ肉および部分溶込みすみ肉溶接(止端破壊) (1) 滑らかな止端をもつ継手	E(80)	
		7. すみ肉および部分溶込みすみ肉溶接(止端破壊) (2) 止端仕上げした継手	E(80)	
		7. すみ肉および部分溶込みすみ肉溶接(止端破壊) (3) 非仕上げの継手	F(65)	
		7. すみ肉および部分溶込みすみ肉溶接(止端破壊) (4) 溶接の終始点を含む継手	F(65)	
ガセット継手（面外）	1. ガセットをすみ肉あるいは開先溶接した継手 ($l\leq100$mm)	(1) 止端仕上げ	E(80)	
		(2) 非仕上げ	F(65)	
	2. フィレットをもつガセットを開先溶接した継手（フィレット部仕上げ）		E(80)	
	3. ガセットをすみ肉溶接した継手 ($l>100$mm)		G(50)	
	4. ガセットを開先溶接した継手 ($l>100$mm)	(1) 止端仕上げ	F(65)	
		(2) 非仕上げ	G(50)	

労設計指針・同解説」[12]，国際溶接学会（IIW）の「溶接構造の疲労設計」[13]などに疲労設計指針が示されている。

溶接継手は幾何学的に不連続な応力集中部を有しているため，溶接継手の疲労強度は応力集中の程度の影響を強く受け，鋼材強度にはほとんど依存しない。高張力鋼は高い引張強さ（または降伏強さ）を利用して軟鋼よりも板厚を薄くできる利点があるが，繰返し荷重による疲労設計に基づく構造物では，高張力鋼使用の利点はほとんど得られない。

表 3.5 に「鋼構造物の疲労設計指針・同解説」で定められている溶接継手の等級分類例を示す。表中の強度等級は 200 万回の繰返し数に対する許容応力であり，作用応力範囲（$\Delta\sigma_f$）で示されている。強度等級 A は表中に示されていないが，表面および端面を機械仕上げした帯板状の母材の場合で，その強度等級 $\Delta\sigma_f$ は 190N/mm^2 である。なお，S-N 線図の勾配は，両対数表示で $-1/3$ として考えている。本指針は引張強さが $330 \sim 1,000$N/mm^2 程度の炭素鋼および低合金鋼に共通に適用される。

この表からもわかるように疲労強度は継手形状に極めて敏感で，縦突合せ継手の「6. スカラップを含む溶接継手」，十字継手の「7. すみ肉溶接および部分溶込みすみ肉溶接」，ガセット継手などで著しく疲労強度が低い（等級 E，F，G）。継手形状以外に，余盛止端処理の有無，完全溶込み溶接であるか否か，裏当て金の有無および溶接線が引張荷重方向に垂直か平行かにより，等級が B，C，D，E，F，G に分類されている。

ガセット継手の疲労強度向上には**図 3.81** に示すような対策がとられる。形状不連続と溶接余盛による応力集中を低減するために，富士の裾野形のいわゆるソフトトゥを採用し，止端はグラインダで滑らかに仕上げる。

突合せ継手では表 3.5 に示すように，完全溶込み溶接で余盛を削除すると溶接

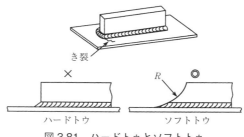

図 3.81　ハードトゥとソフトトゥ

止端部の応力集中が緩和されるため,疲労強度は改善する。余盛止端仕上げでのグラインダのスクラッチ傷の方向も重要である。荷重方向と直交する筋目は避け,平行方向になるようなグラインダ掛けが疲労強度確保の観点から好ましい。

3.10 溶接構造の力学・設計に関連する参考知識

(1) 圧力容器

　大気圧を超える圧力を保有する容器を圧力容器といい,液密・気密が要求される。圧力を発生する高温の液体や気体を保持するもので,ボイラ,熱交換器,原子炉,各種反応器および低温で使用されるLNG,液体酸素,液体窒素,液体水素のタンクなど圧力容器は種類が多く,通常過酷な供用条件下にある。圧力容器は,高圧であったり,内容物が毒性や引火性をもっていたりすることが多い。そのため,液密性,気密性の確保の点で溶接組立てが優れるが,一体構造ゆえに大規模き裂進展の可能性があることから,その設計・製造には細心の注意が必要であり,規格・規準も各種制定されている。国際的によく知られた規格としては,ASME(American Society of Mechanical Engineers:米国機械学会)のBoiler and Pressure Vessel Code, API(American Petroleum Institute:米国石油学会)の貯槽関連の規格, EU(European Union:欧州連合)の規格等がある。日本においても,行政が指導・監督のために制定した強制規格と強制力をもたない任意規格としてのJIS規格がある。

　耐圧部の溶接継手は,継手の位置により応力の大きさや重要度が異なり,JISでは図 3.82のように,溶接継手を位置によりA,B,CおよびDに分類してい

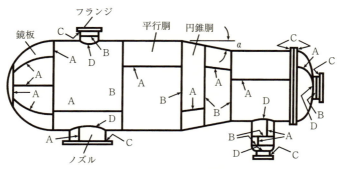

図 3.82　圧力容器の部位名称と溶接継手位置による分類

る[7,14]。例えば，長手継手は分類 A に属し，突合せ両側溶接，またはこれと同等以上の溶接で，全線放射線検査を要求している。

(2) 鉄筋の溶接継手

土木・建築構造物で数多く見られる鉄筋コンクリート（RC）構造は，圧縮に対しては強いが引張には弱いコンクリートを引張に強い鉄筋で補強した複合構造である。鉄筋は運搬上の制約から工場にて定尺物として製造されており，長尺で使用するためには，鉄筋を建設現場で継ぐ必要がある。主な継手の種類は，重ね継手，ガス圧接継手，機械式継手，溶接継手である。鉄筋の分野では"重ね継手"は鉄筋とコンクリートの付着作用を利用した継手を意味しており，針金で結束しただけの接合である。溶接を利用した継手は"溶接継手"と呼ばれている。また，図 3.83 に示すガス圧接継手は溶接継手の一種であるが，継手の約 90％を占めているため，他の溶接方法での継手である"溶接継手"とは独立して分類されている。

ガス圧接継手は，鉄筋端部を赤熱状態（溶融させない）になるようにガス炎で加熱して，軸方向に加圧して圧接する突合せ継手である。長所は，装置が簡便でコストが安いこと，継手強度が高いこと，圧接なので中炭素鋼にも容易に適用できることなどが挙げられる。短所は雨や強風時には現場施工が難しいこと，突合せ端面の清浄度が厳しく要求され，継手性能への作業員の技量などの影響が大きく，継手の品質にばらつきが生じやすいこと，圧接にともなう収縮量だけ部材寸法が短くなることである。また，太径鉄筋では圧接時間が長く，火炎も強いため，作業者にとって過酷な労働となる。

ガス圧接継手以外の溶接継手として，図 3.84 に示すフレア溶接重ね継手（鉄筋の直径 22mm 以下で使用）やアーク溶接突合せ継手などがある。フレア溶接

図 3.83　ガス圧接継手

(a) フレア溶接重ね継手　　　　　　　　　(b) アーク溶接突合せ継手

図 3.84　アーク溶接継手

重ね継手は，鉄筋端部を重ね合わせ，重ね部分をアーク溶接で接合する工法であり，古くから細径鉄筋の接合に多く使用されている。

アーク溶接突合せ継手は，鉄筋端面に開先を設けて突合せ，溶接棒や溶接ワイヤを開先間で溶融させて接合する継手で主に主筋の継手として使用される。長所は，継手強度が高いこと，鉄筋の縮みがほとんどないこと，継手部の径が大きくならないことなどが上げられるが，短所は継手性能への作業者の技量による影響が大きいこと，ガス圧接継手と同様に雨や強風時には現場施工が難しいことである。

(3) アルミニウム合金構造物の設計

アルミニウム合金を鋼と比較すると，密度が約1/3であり，軽量で錆びにくく，低温になってもぜい化しない特徴がある。それらを活かして，鉄道車両，船舶，橋梁，低温タンクなどの構造物に広く用いられている。設計の概念は鋼と基本的に同じであるが，線膨張係数が鋼の約2倍であるため溶接変形が鋼より大きいことなど，被溶接材料として好ましくない特徴がある反面，熱間押出し加工，引き抜き加工や鍛造などによる成形性がよいことから，型断面材を利用して出来るだけ溶接継手の総数を減らすことや溶着量を減らすことが肝要である。

図3.85はAWS（アメリカ溶接協会 American Welding Society）で規定されている板厚が異なる2枚の板の突合せ継手を作成する条件である。応力集中を避けるためのテーパを設ける以外に，アルミニウムの高い熱伝導性により生じる熱バランスの崩れに起因した溶接欠陥を防止するために，厚板側を薄板の板厚分だけ切削して，継手加工をすることが要求されている。また，開先角度は鋼の場合よりも大きくとり，アーク溶接時のクリーニング作用を利用した酸化皮膜除去を促進させ，融合不良，溶込不足などの溶接欠陥が生じないようにする配慮が必要である。

アルミニウム合金は種類によって溶融溶接が適用できない。その点，摩擦攪拌

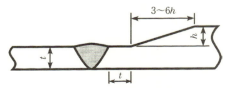

図3.85 アルミニウム合金における異厚突合せ継手の形状

接合（FSW）はすべてのアルミニウム合金の接合に最適であり，車両，飛行機，船舶の溶接に利用されている。アーク溶接に比べて FSW では接合に要する入熱が小さく熱影響部が小さいこと，それに加え圧接効果により溶接変形が少なく，残留応力分布も小さくなっている。

引用・参考文献

1) 石井他，非破壊検査，Vol.16（1966），No.8, p.319.
2) 田川他，溶接技術，Vol.63（2015），p.75.
3) 森影他，溶接学会論文集，印刷中
4) Databook of fatigue strength of metallic materials，日本材料学会編，1996, Elsevier.
5) 渡部他，溶接学会論文集，Vol.13（1995），p.441.
6) F. Campus, Welding Journal, Aug. 1947, p.485s.
7) 日本工業規格，圧力容器の構造特定規格，JIS B 8266-2003.
8) 日本工業規格，溶接記号，JIS Z 3021-2016.
9) 鋼構造設計規準－許容応力度設計法，日本建築学会編，2005 年（平成 17 年），丸善
10) 道路橋示方書・同解説，日本道路協会編，2017 年（平成 29 年），丸善
11) AWS-Dl.1/Dl.1M-04，Structural Welding Code-Steel，AWS
12) 鋼構造物の疲労設計指針・同解説，日本鋼構造協会編，2012 年，技報堂出版
13) Fatigue design of welded joints and components, Recommendations of IIW Joint Working Group XIII & XV, 1996（溶接構造の疲労設計，溶接疲労強度研究委員会訳，1999 年，溶接学会）
14) 日本工業規格，圧力容器の構造－一般事項，JIS B 8265-2003

第4章

溶接施工・管理

4.1 溶接の品質マネジメントシステム

4.1.1 溶接施工・管理の重要性

　戦後の短期間に，わが国は世界中が目を見張るような高度経済成長を成し遂げた。とりわけ，ものづくりを基盤とした工業発展は，めざましいものであった。製造業において品質面では顧客満足を重視し，生産面ではプロセスの改善や効率を追求してきた。その結果が経済成長のベースとなった。

　いつの時代にあっても，形ある「もの」を作るための手段は，「切る」（切断）と「つなぐ」（溶接・接合）の技術が基本となっている。これらの基本技術を疎かにして製造業の進歩や発展は望めない。現在まで溶接・切断技術は，溶接法，溶接機器，ロボット，溶接材料，母材などの技術開発や改善によって進化してきた。特に高度経済成長期にあっては，溶接構造物の大型化，高機能化といったニーズの急速な進展が，これらの技術の進歩を後押ししてきた。船舶の大型化，超高層ビルの出現，本州四国連絡橋に代表される長大橋の建設，原子力や火力発電設備の大型・高性能化，石油化学の発展に伴うタンク・塔槽類の大型・高機能化および液化ガスの需要拡大に伴う低温タンクの建設，等々である。

　これらのニーズは，溶接技術に対して生産性の向上といった量的な拡大の側面のみならず，質的な向上も強く要求してきた。使用母材の高度化・高機能化，あるいは使用環境の苛酷化に対応した溶接継手への，より高い信頼性要求がそれである。これまでの日本製品は，規模のみでなく，品質レベルについても世界のトップ水準を築いてきたが，品質要求は今後ますます厳しいものになると予想される。

216　第4章　溶接施工・管理

　溶接は，極めて高い温度の熱源を利用して，溶接部に溶融金属を短時間で形成し急速に凝固させる。そのため溶接部は，急熱急冷の熱サイクルを受け熱影響部に組織変化を生じるとともに，熱サイクルにより生じるひずみにより溶接変形や溶接残留応力が発生する。また，溶接施工が不適切であると溶接欠陥も生じるおそれがある。

　溶接技術発達の歴史の裏には，数多くの溶接構造物の破壊や破損事例がある。**表 4.1** に過去の代表的な破損事例を示す。[1),2)] これらの事例のなかには，予測を超える外的荷重や環境変化，未経験の経時的（けいじてき）材質変化などの原因によるものもある

表 4.1　代表的な溶接構造物の破損事例

発生年月	構造物の種類	場所	事故の概要	事故の主原因
1940～ 1946年	戦時標準船 貨物船 タンカ	アメリカ他	5000 隻中約 1000 隻にぜい性破壊が発生。20 隻以上が上甲板，船底まで破断。	全溶接船の設計・工作不良。使用鋼材と溶接部にじん性不足。ぜい性破壊への配慮なし。
1968年4月	LPG 球形タンク	日本 徳山市	水圧試験中に板厚 29mm の 780N/mm² 級高張力鋼の下部縦継手のボンド部からぜい性破壊で全壊。	補修溶接時の 80kJ/cm 大入熱によるボンド部ぜい化と継手の角変形によりぜい性破壊が発生。
1977年4月	LPGタンク	カタール	液化ガス貯蔵フプラントがすべて破壊される大規模な事故。	水平継手の窓型補修溶接部から発生。タンクに残留していた硫化物による応力腐食割れが起点。
1980年3月	A.L.Kielland 海洋構造物	ノルウェー 北海	5 脚柱の半潜水式石油掘削リグが風速 20m/s 暴風で転覆沈没。ソナー支持板のすみ肉溶接部から破断。死者 123 名。	検査対象外の当該すみ肉溶接部の溶接不良の潜在欠陥から疲労き裂が発生・進展。
1980年4月	石油プラント	日本 徳山市	17 年目の定期開放検査後の耐圧試験中に破壊。	0.5Mo 鋼とフェライト系ステンレスクラッド鋼の補修溶接部からき裂発生。補修溶接不良と母材の低じん性が原因と推定。
1984年7月	水添脱硫反応容器 アミン吸収塔	米国 シカゴ	容器の一部を取り替えた補修溶接部に沿って操業中に破壊。死者 17 名	容器内面の補修溶接部の硬化層に水素ぜい化割れが発生し，容器の側壁から全体に伝播。事故直前に内容物の漏洩検知。
1994年1月	建築鉄骨	米国 ノースリッジ	都市直下型の激震による各種構造物の破壊・損傷。建築鉄骨では仕口部，柱支持部等が破断。両方で共通した破壊形式がみられた。	大変形，繰り返し変形のために，溶接欠陥や構造的不連続部からぜい性破壊。
1995年1月		神戸 淡路		
1997年～	首都高速道路	東京	箱形面柱の橋脚隅角部の溶接部において疲労き裂発生。	貫通柱フランジと梁フランジ間の K 開先溶接において片面溶接後の裏はつり不良で，ルート部未溶着部が残存したため，長年にわたる多数の車両通行によりルート部から疲労き裂が発生。
2007年7月	木曽大橋	愛知	橋齢 44 年のトラス橋において腐食により斜材が折損。崩落は逃れる。	トラス斜材のコンクリート埋込み部において局部的に腐食が進行し，疲労破断。

が，多くは溶接施工要領の不適切または設計・施工ミスなどによるものである。これら溶接構造物の破壊や破損は，人命や資産の喪失など社会的に重大な影響を及ぼす。また，経済的にも施工コストと比べて，莫大な損失をもたらす。施工計画や施工管理を疎かにしてはならない理由がこの点にある。

「溶接管理技術者」は過去の破損事例を教訓として，JIS Z 3410：2013（ISO 14731：2006）[3]に規定されている重要な任務と責任を担っていることを自覚し，強い倫理感を持って職務を遂行しなければならない。

4.1.2　品質マネジメントシステムの歴史

(1) 品質マネジメントシステムの世界動向

アメリカのシューハートは，1924年に品質管理図を考案し，生産工程に導入した。これが統計的品質管理（Statistical Quality Control：SQC）の最初であり，シューハートの管理図を用いた統計的品質管理技術が1931年に確立された。

第2次世界大戦中のアメリカでは電子装置の故障が続出し，アメリカ海軍と陸軍は統計的品質管理を用いた規格を制定した。その後，アメリカ品質管理協会が1946年に設立された。そして，統計的品質管理は世界の国々で採用されるようになり，品質保証が重視されるにともない，品質保証期間が設定されるようになった。品質保証体制が進むにつれ，工作部門の品質管理に対し，設計部門には信頼性（使用者が使用した場合，性能を発揮して満足を与える確率）の考えが発展してきた。[4]

欧米においては，1970年代から品質保証システムなどに関する国家規格の制定が相次いで始まり[5]，その後，これらの国家規格を統合して，世界的に共通する品質管理，品質保証システムの国際規格を制定する動きが出てきた。そして，1987年にはBS 5750（イギリス）およびANSI/ASQCZ 1-15（アメリカ）をベースとした最初の「品質管理・品質保証システム」に関する国際規格ISO 9000シリーズ（以下ISO 9000sと記す）が誕生した。このISO 9000sは製品そのものの規格ではなく，製品を作り出すシステムに関する規格である。製造業を中心にした企業への適用を念頭に置いた規格であり，企業が顧客の要求事項を満足する製品およびサービスを継続的に作り出し供給するための，品質システムについて要求事項を規定している。

ISO 9000sに記載されている要求事項を製造者が満たしているかどうかを，一

般の消費者が個々に調査し，評価することは困難である．そこで，1980年代の前半にイギリスとオランダで導入され効果の上がった「審査・登録制度」が，ISO 9000s規格と併せて採用されることとなった．これは，ある製造者が規格や基準に合致しているかどうか（適合性）を認証して公表（あるいは宣言）する場合，第3者による認証が最も客観性，公平性，普遍性に富み，説得力，信用力があるからである．

ISO 9000sの審査・登録制度では，企業（組織）がISO 9000sの要求事項を満足しているかどうかを，第3者機関（審査登録機関）が各国共通のISOルール（ISO標準またはガイド）に従って審査し，適合している場合には，その企業を登録，公表する仕組みをとっている．第3者機関が企業を審査し，適合性を証明することを「認証」（Certification）と呼んでいる．また，企業を認証する審査登録機関を審査し，その適格性を証明することを「認定」（Accreditation）と呼び，用語を区別して使っている．

一方，日本で統計的品質管理が本格的に広まったのは，第2次世界大戦後，デミングの技法を学んで以降である．そして製造工程において，**図4.1**に示すデミングらが提唱したPDCA（計画－実行－チェック－改善）サイクルをまわし，品質のばらつきが小さい製品を市場に提供するようになって，日本製品は「安かろう，悪かろう」から脱皮したといわれている．

その後，製造品質のみならず，Q，C，D，S，M（Quality：品質，Cost：コスト，Delivery：納期，Safety：安全，Morale：モラール（志気））のすべてを改善・向上することを全社一丸となって推進する，全員参加のTQC（Total Quality

図4.1　デミングらが提唱したPDCAサイクル

Control) が発達した。また，QC サークル活動が盛んに行われ，小集団活動や改善提案活動が活発化した。このようにわが国で独自に発達してきた品質管理活動は，経営活動を支える重要な手法として産業界の発展に大いに貢献した。

日本では ISO 9000s への対応が欧米諸国より遅れたが，経済団体連合会の呼びかけにより，関係 35 の団体・協会が参加して，1993 年，審査登録機関を認定する第 3 者機関として日本適合性認定協会（JAB）が設立された。その後，審査登録機関が増え，ISO 9000 を取得する企業が急速に増加している。なお，（一社）日本溶接協会は JAB から要員認証機関として認定されており，溶接管理技術者と溶接技能者の認証事業を行っている。この仕組みを**図 4.2** に示す。

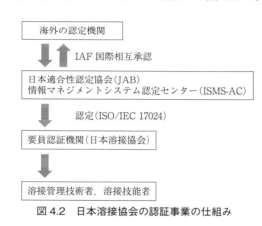

図 4.2　日本溶接協会の認証事業の仕組み

(2) 品質管理，品質保証の欧米型と日本型アプローチの違い

欧米型と日本型の品質管理，品質保証のアプローチの違いを比較して**表 4.2** に示す。[6] 欧米型の品質管理や品質保証の考え方は消費者（購入者）の立場に立っているのに対し，日本型は生産者（供給者）の立場に立っているといわれる。[4],[7]

欧米型アプローチ（ISO）ではマニュアルを作り，作業の手順，個人ごとの任務と責任，権限をはっきりと決める。そして，マニュアル通りに実行することを強要する。マニュアルに従って作業しミスが出ると，マニュアルに不備があると判断して，マニュアルが修正される。また契約に限らず，すべてにおいて文書や記録が重視される。指示はトップダウンであるため，日本型のように職場からの改善が出にくいといわれる。

一方，日本型アプローチは文書化が不得手で，文書化されていても自分で判断

220 第4章 溶接施工・管理

表 4.2 品質管理における欧米と日本のアプローチの特徴 [6]

特　性	欧米型アプローチ	日本型アプローチ
習　慣	・マニュアル主義（重視） ・契約社会	・マニュアル不要（あるいは軽視） ・根回し社会
立　場	・購入者（消費者）の立場 ・供給者（生産者）に要求事項を指示	・供給者（生産者）の立場 ・購入者（消費者）に保証
保証の 考え方	・契約重視 ・第3者による供給者への立ち入り監査 ・システム（または要領書）による保証 ・トップダウン	・購入者の要求（ニーズ）を先取り ・購入者の満足する製品の開発・提供 ・ボトムアップ
手　段	・ISO 9000s ・TQM	・TQM，TQC ・PDCA サークル，小集団活動

（通産省工業技術院資料を一部修正）

して，多少マニュアルからはずれた処置をとることも許される。トップからの指示があいまいでも，具体的実施事項はボトムアップで決められ仕事が進む。日本型の良い点は，うまく機能している場合は効率がよく，迅速に進められる。しかし，要員のモラルや倫理観が失われた場合には，著しく悪い結果を招く可能性がある。日本型の欠点が種々の企業のトラブルで散見され，重要でリスクの大きい作業においてマニュアルが守られていない事例，マニュアルやルールが不備であっても改定しない事例，合否判定基準があいまいなため顧客要求に応じて過剰品質となりコストアップを招く事例などが起きている。

低成長時代，厳しいコストダウンが求められている時代を迎え，また要員の削減が求められる時代に入って，両者の長所を生かし短所を補っていく新しい手法が求められている。

(3) ISO 3834（JIS Z 3400）による溶接管理

ISO 9000s：1987 初版の ISO 9004 では，溶接は熱処理とともに代表的な「特殊工程」と位置付けられた。1994 年版の小改訂では，この表現は削除されたが「特殊工程」の重要性は引き続き認識されている。2000 年に大改訂された ISO 9001 では「特殊工程」の要求事項は「プロセスの妥当性確認」と表現され，より一層明確になった。[8] ISO 9001：2008（JIS Q 9001：2008）[9] の 7.5.2 項では，次の事項のうち適用できるものを含んだ手続きを確立することになった。

① プロセスのレビュー及び承認のための明確な基準。
② 設備の承認及び要員の適格性確認。
③ 所定の方法および手順の適用。

④ 記録に関する要求事項。
⑤ 妥当性の再確認。

　なお，ISO 9001 は 2015 年に改訂され，2008 年版 7.5.2 項に相当する部分は**表4.3** のように簡略化された。

　この要求に対応させて，ISO 3834：1994「金属材料の融接の品質要求事項」[10]が，ヨーロッパ規格 EN729 を基に ISO9000s：1987 を引用規格として制定された。これは ISO 9001 の溶接版ともいうべき規格で，ISO 9000s に従って溶接管理を実施する場合には，ISO 3834 規格に従って管理を行うのが妥当であり，より詳細な品質確保のための手順，および製造事業者が実施すべき活動項目を規定している。「特殊工程」に対して，プロセスの明確化と承認の手順および溶接に従事する要員認証が要求されているため，ISO 3834 は溶接施工要領書（WPS）の作成と承認手順を規定した規格 ISO15607 ～ 15614，ISO 14731（溶接管理技術者の任務と責任），要員認証に関する規格 ISO 9606（溶接技能者の承認試験）および ISO 9712（非破壊検査技術者の承認）を重視し引用している。これらは，**図 4.3** に示すように ISO 3834 を中心としたセット規格といわれ，ヨーロッパでは溶接ファブリケータが ISO 3834 規格を ISO 9001 規格と組み合わせ，事業所

表 4.3　ISO 9001 2008 年版 7.5.2 項の 2015 年版での変更点

ISO 9001：2008　（JIS Q 9001：2008）	ISO 9001：2015　（JIS Q 9001：2015）
7.5.2　製造及びサービス提供に関するプロセスの妥当性確認 　製造及びサービス提供の過程で結果として生じるアウトプットが，それ以降の監視又は測定で検証することが不可能で，その結果，製品が使用され，又はサービスが提供された後でしか不具合が顕在化しない場合には，組織は，その製造及びサービス提供の該当するプロセスの妥当性確認を行わなければならない。 　妥当性確認によって，これらのプロセスが計画どおりの結果を出せることを実証しなければならない。 　組織は，これらのプロセスについて，次の事項のうち該当するものを含んだ手続きを確立しなければならない。 a) プロセスのレビュー及び承認のための明確な基準 b) 設備の承認及び要員の適格性確認 c) 所定の方法及び手順の適用 d) 記録に関する要求事項 e) 妥当性の再確認	8.5.1　製造及びサービス提供の管理 f) 製造及びサービス提供のプロセスの結果として生じるアウトプットを，それ以降の監視又は測定で検証することが不可能な場合には，製造及びサービス提供に関するプロセスの計画した結果を達成する能力について妥当性確認を行い，定期的に妥当性を再確認する。

第4章 溶接施工・管理

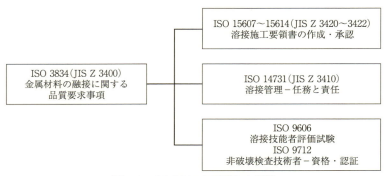

図 4.3 ISO 3834 に関連した規格

表 4.4 品質要求事項の抜粋（JIS Z 3400:2013）

No	要素	附属書B：包括的品質要求事項	附属書C：標準的品質要求事項	附属書D：基本的品質要求事項
1	要求事項のレビュー	レビューが要求される		
		記録を要求	記録が要求される場合あり	記録の要求なし
2	テクニカルレビュー	レビューが要求される		
		記録を要求	記録が要求される場合あり	記録の要求なし
10	生産計画	要求あり		特定の要求なし
		文書化した計画及び記録を要求	文書化した計画及び記録を推奨	
11	溶接施工要領書	要求あり		特定の要求なし
12	溶接施工法の承認	要求あり		特定の要求なし
17	溶接前・中・後の検査及び試験	要求あり		要求される場合は実施
18	不適合，是正処置	管理措置を講じ，手直し手順書を要求		管理措置を講じる
20	工程中の識別	要求される場合は実施		特定の要求なし
21	トレーサビリティ	要求される場合は実施		特定の要求なし
22	品質記録	要求される		要求される場合は実施

認証に適用するケースが増加している。

　JIS Z 3400：2013（ISO 3834：2005MOD）[11]では，**表 4.4** のように 3 水準の品質要求事項を規定し，製品の安全性の重要度，製造の複雑さ，金属学的問題の生じやすさの程度などを考慮して，いずれかを選択するようになっている。

(4) ISO 14731（JIS Z 3410）による溶接管理技術者認証制度

　溶接構造物の製作・製造には，前述のように「特殊工程」である溶接に従事す

る要員の適格性の確認が必要とされ，特に ISO 3834：2005 規格で要求されている溶接の品質保証のためには，認証された溶接管理技術者による品質管理が要求される。そこで，欧州連合（EU）で制定されていた EN 719 規格を基に，国際的に認知された溶接要員としての溶接管理技術者の実行すべき責務を規定した ISO 14731：1997「溶接管理技術者の任務と責任」が発刊された。

この ISO 14731：1997 は 2006 年に大改正された。この改正は，ISO 3834：2005 の内容に強く対応させたものが骨子となっており，溶接管理技術者の業務は ISO 3834：2005 の要求事項を満たすためのものであることが，特に強調されている。[8)]

4.1.3　設計品質と製造品質

品質管理が十分に実施されていなかった時代は，品質保証はもっぱら検査に頼っていた。検査によって不良品を排除することで品質を維持する。検査の厳しさが品質レベルを決定するという検査重点主義であった。

しかし，要求性能が高度化してくると検査費用がかさみ，また不良品の手直しコストが上がって，経営を圧迫するようになった。不良品をできるだけ発生しないように製造部門に重点をおき，製造法や手順を絶えず見直して改良を加えた。さらに，全員参加による小集団活動と，図 4.1 に示した PDCA サイクルをベースとした製造部門の改革によって「品質を製造部門で作り込む」との考え方が合理的であると認識され，定着するようになった。この活動は，製品の高度化，ライバル企業との競合およびコスト競争の激化などに対応するため，継続していかなければならなかった。日本製品の品質向上の成果は，PDCA サイクルをベースとして絶えず改善・改良を継続してきた結果にほかならない。

企業は変化する要求性能に対応して，目標とする品質レベルを設定する必要がある。溶接構造物の場合，最も基本となる品質は設計条件下で破壊しないことであるが，通常はこれだけでは不十分である。顧客の特別要求事項，市場からの要求品質（適用法規，コスト，競合する同業者のレベル，社会的ニーズ等）および製造部門の「工程能力」・「生産能力」を総合的に判断して，「設計品質」（ねらいの品質）を設定し，それを設計図書（設計図面，設計仕様書など）に表現する必要がある。この設定にあたっては設計部門が単独で決めるのではなく，製造部門，検査部門，営業部門などの関係部門によるテクニカルレビュー（デザインレ

ビュー）会議で十分に協議を重ね，最終的に設計部門が決定する。この「設計品質」は，企業のトップマネジメントが設定した品質方針に適合していなければならない。

「設計品質」の設定を受けて，製造部門は「製造品質」（できばえの品質）を製品に作り込まなければならない。そのためには，製造部門は実現可能な「工程能力」[13]を持っている必要がある。「工程能力」をわかりやすくいうと，「どれだけばらつきの小さい製品を作りだせるか，不良率の低い品質水準を維持できるか」である。例えば，溶接の品質特性項目（値）として，脚長，開先寸法，溶接部不良率，継手の引張強さや衝撃値などがあるが，それらのばらつきの程度が1つの「工程能力」の指標である。「工程能力」が不十分な場合，製造方法の修正，WPS の変更，下請負契約者の補強により品質水準を向上するなどの対策をとる必要がある。

「工程能力」が質的能力をいうのに対して，量的能力を「生産能力」という。「生産能力」は，「工場の能力を100％稼働させた時に得られる工場のアウトプット（稼働工数，生産重量，生産金額，溶接長等），または工場の最大設備能力（クレーン能力，機械台数と種類など）」をいう。この両者が，工場の品質を確保する原動力となる。顧客の要求性能および市場の要求品質具現化の流れを，図4.4 に示す。

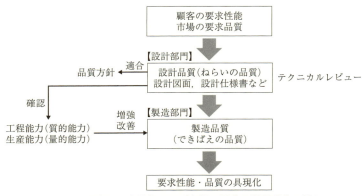

図 4.4　顧客の要求性能および市場の要求品質具現化の流れ

4.2 溶接施工計画

溶接構造物を受注した場合,顧客と受注者の間で様々な文書,図面の確認作業が必要となる。溶接管理技術者の業務として,「溶接施工計画書」,「品質管理計画書」,「安全・衛生管理計画書」などの提出と承認取得作業があり,このなかで,「溶接施工計画書」が最も中心的な文書である。

顧客に提示する「溶接施工計画書」の内容は,JIS Z 3400(ISO 3834)[11]の品質要求事項を網羅しておく必要がある。しかし,製品の出来映えは,計画によって決定されるものであり,施工計画が不十分であったり適切でない場合は,品質が良くても日程やコストが要求されたものから大きく狂ったり,あるいは日程が良くても要求される品質を満足しない場合が起こる。また,コスト削減や日程短縮にかかわる計画・管理は,JIS Z 3400 での品質要求事項ではないが,企業が培ってきたノウハウを駆使して実行すべき項目である。したがって,溶接施工計画策定に際しては,JIS Z 3400 の品質要求事項以外の項目を含めて,**図 4.5** に示す溶接構造物の製造における溶接関連工程のすべての項目について,事前によく問題点を把握し対策を絞り込んだものにしておく必要がある。

溶接施工計画策定の項目は多岐にわたるが,溶接管理技術者が計画に取組む際の基本的な考え方,配慮すべき事項は,**表 4.5** に示すとおりであり,その詳細を以下に述べる。

① テクニカルレビューによる要求品質の確認

契約内容,仕様書,設計図面,製作工事内容および溶接の要求品質を十分に検討・把握するとともに,テクニカルレビューなどにより設計・製作上の懸念事項を解決し,計画に織り込む。検討すべき要求品質としては,静的・動的強度,耐食性,耐摩耗性,外観,寸法精度,残留応力除去の要否,気密試験の要否などがある。

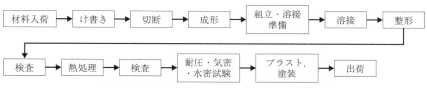

図 4.5 溶接構造物の製造における溶接関連工程

226　第4章　溶接施工・管理

表 4.5　溶接施工計画に取組む際の基本的な考え方，配慮すべき事項

① テクニカルレビューなどによる要求品質の確認
② 適切な溶接方法の選択
③ 溶接材料，溶接施工要領の検討
④ 作業環境，溶接姿勢の検討
⑤ 工場・現場設備の効果的，効率的な運用
⑥ 溶接および試験要員の確認
⑦ 溶接欠陥などの工程阻害要因の検討
⑧ 試験・検査要領および手順の確認
⑨ 安全・衛生への配慮

② 適切な溶接方法の選択

　溶接方法の適用・選択に当たっては，各種溶接方法の特徴，長所・短所を勘案する必要がある。特に，生産性の向上と溶接品質の確保の両面から適切な溶接方法の検討が不可欠である。

③ 溶接材料，溶接施工要領の検討

　母材に適合した溶接材料を選定するとともに，溶接材料の保管・取扱い要領を検討する。溶接施工要領は詳細かつ明確に定めるとともに，その承認の手順を客観的に定めておくことが重要である。工事に際しては，「溶接施工要領書」を基に，組立精度管理，ジグの取扱いなどの全般的な注意事項を含めた「溶接作業指示書」を発行し，作業者への周知・徹底を図る。

④ 作業環境，溶接姿勢の検討

　溶接作業はなるべく工場内で実施し，現場溶接は可能な限り避ける。また，溶接はなるべく下向姿勢で行い，能率がよく，品質確保しやすい作業環境で溶接を実施できるように計画する。

⑤ 工場・現場設備の効果的，効率的な運用

　基本設備（電源容量，運搬移動設備，定盤，作業場所，足場，溶接機と溶接箇所の距離など），作業場所の制約条件，作業従事者への制約条件からくる生産性への影響を考慮した計画とする。

⑥ 溶接および試験要員の確認

　生産に適合した配員計画とし，溶接要員の技量資格を確認する。必要に応じて技量試験を実施するとともに，教育・訓練計画を立案し，実施する。

⑦ 溶接欠陥など工程阻害要因の検討

　溶接欠陥や過度の溶接変形が生じないように，溶接施工条件や溶接順序などをあらかじめ検討し，これらを防止あるいは最小に留めるように計画する。また，

構造物の形状・寸法によって，溶接あるいは検査ができないことがないように設計図面に反映する。

⑧ 試験・検査要領および手順の確認

万一の品質トラブルの際，その原因を追跡できなければならない。そのため，溶接品質の記録が残る仕組みを採用し，トレーサビリティ（追跡性）可能な計画とする。非破壊試験については，高張力鋼溶接部の低温割れなどへの配慮のために「検査待ち時間」を設けられることがあり，事前に工程に織り込んでおく必要がある。

⑨ 安全・衛生への配慮

高所作業，狭あい作業などは，アーク溶接作業にとって安全・衛生管理が重要である。溶接方法，作業環境を十分に配慮した管理・計画とする。

4.2.1 溶接施工要領の決定およびその承認

溶接管理技術者の計画段階における重要な任務の1つが，溶接施工要領を決定して承認を得ることである。JIS Z 3420：2003[14]は，その詳細を規定している。**図 4.6** は，要求されている溶接品質を満足する溶接施工要領を決定するまでの過程と各種要因の相互関係を示したものである。

溶接施工要領書（WPS）は，「溶接の再現性を保証するために，溶接施工要領に要求される確認事項を詳細に記述した文書」[15]で，溶接施工管理上，重要な文

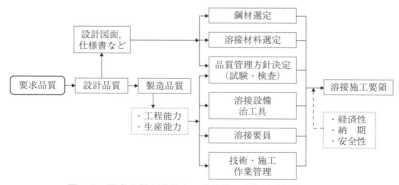

図 4.6　要求品質を満足する溶接施工要領決定過程と要因

228　第4章　溶接施工・管理

書である。そして実工事の継手は，この溶接施工要領書あるいは溶接施工要領書
に基づいて発行された溶接作業指示書に従って溶接される。JIS Z 3421-1：
2003[15)]では，**表 4.6** のように溶接施工要領書に記載する溶接確認項目を挙げてい
る。そして，継手の溶接品質に影響を与える各種因子を必須確認項目（エッセン
シャル・バリアブル）と呼び，この必須確認項目は必ず溶接施工要領書に記載し
なければならない。溶接施工要領書（WPS）の書式は特に定められていないが，

表 4.6　溶接施工要領書（WPS）に記載する項目

1	母材に関連する項目	・材料の種類及び引用規格，継手の板厚範囲，管外径の範囲
2	溶接方法	・適用する溶接方法
3	継手形状及び寸法	・形状及び寸法を示すスケッチ ・積層手順のスケッチ（溶接部の特性に重大な影響を与える場合）
4	溶接姿勢	・明記する
5	開先加工	・開先清掃，脱脂，ジグ止め及びタック溶接・開先加工の方法
6	溶接技術（テクニック）に関する項目	・ウィービングありの場合 　a）手溶接及び半自動溶接では1パスでの最大の幅 　b）機械化溶接では，オシレートの最大振幅，周波数及び停止時間 ・トーチ角，電極角及び／又はワイヤ角度 ・多電極溶接（トーチ数，電極数，トーチ間寸法など）
7	裏はつり	・裏はつりの方法
8	裏当て	・裏当て方法，裏当ての種類，材質及び寸法 ・ガス・バッキングの場合は，ガスの種類
9	溶接材料の関連項目	・種類：種類，製造者及び銘柄 ・寸法 棒及びワイヤの径，帯状電極の場合は幅及び厚さ ・取扱い及び保管：溶接材料の管理要領（適用する場合）
10	電気的なパラメータ	・電流の種類（交流又は直流）及び極性 ・パルス電流による溶接詳細（適用する場合は，溶接機の設定，プログラム選択） ・電流の範囲
11	機械化溶接及び自動溶接	・溶接速度の範囲・ワイヤ供給速度の範囲 ・電流の範囲
12	予熱温度	・溶接開始時に適用する公称温度 ・予熱が不要な場合は，溶接直前の溶接物の最低温度
13	パス間温度	・最高及び必要ならば最低パス間温度
14	予熱保持温度	・溶接が中断される場合に予熱保持されるべき領域の最低温度
15	水素放出のための後熱	・温度範囲，最短保持時間
16	溶接後熱処理	・保持温度，保持時間など ・後熱処理又は時効処理を行うため，後熱処理又は時効処理仕様について作成された別の処理要領書又は引用文書
17	シールドガス	・適切な規格に従った種類，製造事業者及び銘柄

4.2 溶接施工計画　　*229*

表 4.7　溶接施工要領書（WPS）の例（JIS Z 3421-1:2003）

製造事業者の溶接施工要領 文書番号： WPAR 番号： 製造事業者名： 溶接方法： 継手の種類： 開先詳細（スケッチ）*	開先加工及び清掃方法： 母材の種類： 材料の厚さ（mm）： 管の外径（mm）： 溶接姿勢

継手の図	溶接順序

溶接詳細

パス	溶接方法	溶加材の寸法	電流　A	電圧　V	電流／極性の種類	ワイヤ送給速度	溶接速度／運棒長さ	溶接入熱*

溶接材料の種類及び銘柄： 特殊な加熱又は乾燥： ガス／フラックス：　　　シールディング 　　　　　　　　　　　　バッキング ガス流量：　　　　　　　シールディング： 　　　　　　　　　　　　バッキング： タングステン電極の 種類／寸法： 裏はつり／裏当ての詳細： 予熱温度： パス間温度： 予熱保持温度： 溶接後熱処理及び／又は時効： 　時間・温度・方法： 　加熱／冷却速度*：	その他の情報*： （例）ウィービング（パス最大幅）： 　　　オシレーション（振幅,周波数,停止時間)： 　　　パルス溶接の詳細： 　　　コンタクトチップ・母材間の距離： 　　　プラズマ溶接の詳細： 　　　トーチ角度：

製造事業者
（名称，年月日及び著名）

注＊要求された場合にだけ記述する。

JIS Z 3421-1 には**表 4.7** が示されている。

　溶接施工法試験（WPT あるいは WPQT）による溶接施工要領決定までの手順を，**図 4.7** に示す。WPT は，承認前の溶接施工要領書（pWPS）が要求性能を満足することを確認するために行われる試験であり，まず pWPS に従って標準化された試験材を溶接する。溶接された試験材は，要求性能を満たしているか否かを確認するため，**図 4.8** に示す検査および試験が行われる。そして，すべての検査および試験に合格すると溶接施工法承認記録（WPQR）を作成し，顧客や外部の第 3 者機関の承認が得られると，この pWPS は承認された WPS とな

第4章 溶接施工・管理

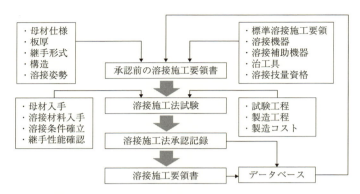

承認前の溶接施工要領書：Preliminary Welding Procedure Specification, pWPS
溶接施工法試験：Welding Procedure Test, WPT あるいは
　　　　　　　　Welding Procedure Qualification Test, WPQT
溶接施工法承認記録：Welding Procedure Qualification Record, WPQR
溶接施工要領書：Welding Procedure Specification, WPS

図4.7　溶接施工法試験による溶接施工要領決定の手順

【突合せ継手（完全溶込み）試験材の検査及び試験】

試験の種類	試験の範囲	注記
目視試験	100%	
放射線透過試験又は超音波探傷試験	100%	超音波探傷試験は板厚8mm以上のフェライト鋼
表面割れ検出	100%	浸透探傷試験又は磁粉探傷試験による。非磁性材料は浸透探傷試験を適用
横方向引張試験	試験片2個	
横方向曲げ試験	試験片4個	
衝撃試験	試験片2組	板厚6mm以上で衝撃特性が規定された場合は溶接金属および熱影響部から各1組
硬さ試験	要求による	
マクロ/ミクロ試験	試験片1個	

備考：T継手，分岐管継手などの規定もある。

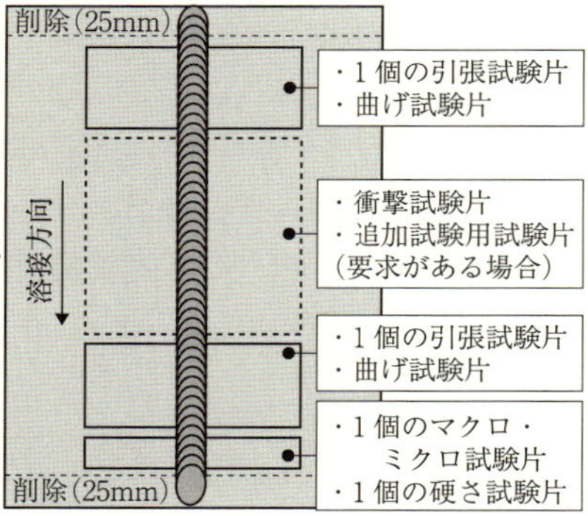

図4.8　溶接施工法試験における試験の種類と試験片採取位置：試験材に板を使用の場合
　　　　（JIS Z 3422-1：2003）

4.2 溶接施工計画　　*231*

表 4.8　溶接施工法の承認方法

承認方法	概　要
溶接施工法試験による承認	標準化された試験材の溶接および試験による溶接施工要領の承認方法。
承認された溶接材料の使用による承認	ある種の材料で，入熱量が規定された範囲内に保持されて熱影響部が著しく劣化しない場合に，承認された溶接材料を使用する溶接施工要領の承認。
過去の溶接実績による承認	過去の実績を引用することによる溶接施工法の承認。対象となる溶接施工要領で，過去に満足のできる溶接を行ったことを証明できる文書が必要。
標準溶接施工法の使用による承認	製造業者によって準備された pWPS で，そのすべての確認項目の範囲が，標準溶接施工法によって許容される範囲内にあるならば承認。
製造前溶接試験による承認	標準化した試験材の形状および寸法が溶接される継手に当てはまらない場合に，製造時の継手を模擬する試験材を使用しての溶接施工法の承認。

（注意）標準溶接施工法とは溶接施工法試験に基づき，検査員または検査機関によって承認された溶接施工法のことである。

る。

　pWPS の承認方法は，**表 4.8** に示すように WPT を含めて 5 つの方法があり，どの承認方法を選択するかは，適用規格の要求事項に従わなければならない。しかし，このような要求事項がない場合には，当事者間で協議し承認方法を決める必要がある。

　表 4.9 は，JIS Z 3422-1：2003[16)] に規定している溶接施工法試験の試験条件と承認範囲の関係を示したものであり，表に示された条件は，それぞれ独立して満足されなければならない。規定された承認範囲から承認範囲外へ溶接確認項目を変更する場合（例えば，溶接方法を被覆アーク溶接からマグ溶接への変更，マグ溶接でシールドガスを炭酸ガス（CO_2）から 80% Ar + 20% CO_2 の混合ガスへの変更など）には，新たな WPT が必要となる。

　以上，溶接施工法の決定と承認の手順について述べた。溶接管理技術者は，溶接施工要領書を作成するだけでなく，その要領書どおりに溶接作業が行われるように溶接技能者に説明し，徹底を図らなければならない。

232　第4章　溶接施工・管理

表4.9　溶接施工法における承認範囲（JIS Z 3422-1:2003）

<table>
<tr><td colspan="2"></td><td colspan="3">承認の範囲</td></tr>
<tr><td rowspan="4">材料に関する事項</td><td>母材の区分</td><td colspan="3">1〜11に区分された母材の区分ごと
区分2.3では下位区分も承認する
（筆者注）区分1:降伏点460N/mm²以下の鋼
　　　　　区分2:降伏点360N/mm²を超えるTMCP鋼
　　　　　区分3:降伏点360N/mm²を超える焼入焼戻し鋼</td></tr>
<tr><td rowspan="5">厚さ</td><td rowspan="2">試験材の厚さt
単位mm</td><td colspan="2">厚さの承認範囲</td></tr>
<tr><td>片面／両面1パス溶接</td><td>多層盛溶接／すみ肉溶接</td></tr>
<tr><td>t≦3</td><td>0.7t〜1.5t</td><td>0.7t〜2t</td></tr>
<tr><td>3＜t≦12</td><td>0.7t〜1.3t</td><td>3〜2t</td></tr>
<tr><td>12＜t≦100</td><td>0.7t〜1.1t</td><td>0.5t〜2t（最大150）</td></tr>
<tr><td rowspan="2">材料に関する事項</td><td></td><td>100＜t</td><td>−</td><td>0.5t〜1.5t</td></tr>
<tr><td>すみ肉溶接ののど厚</td><td colspan="3">試験材ののど厚aの場合，承認範囲は0.75a〜1.5a</td></tr>
<tr><td></td><td rowspan="3">管・分岐管の直径</td><td rowspan="2">手溶接／部分機械化溶接</td><td colspan="2">機械化／自動溶接</td></tr>
<tr><td></td><td>試験材直径　Dmm</td><td>承認範囲</td></tr>
<tr><td></td><td rowspan="2">すべての直径</td><td>D≦25</td><td>0.5D〜2D</td></tr>
<tr><td></td><td></td><td>25＜D</td><td>0.5D以上（最小25）</td></tr>
<tr><td rowspan="15">溶接施工法の共通事項</td><td>溶接方法</td><td colspan="3">溶接方法ごと。組合せ溶接はその種類ごと
組合わせ溶接は個々の溶接方法の承認でも可</td></tr>
<tr><td>溶接姿勢</td><td colspan="3">衝撃試験／硬さ試験が要求されない場合:すべての姿勢
衝撃試験／硬さ試験が要求される場合:溶接入熱の最大の姿勢で衝撃試験を，最小の姿勢で硬さ試験をすれば全姿勢</td></tr>
<tr><td rowspan="4">継手と溶接の種類</td><td>試験材の継手</td><td colspan="2">含めて承認される継手</td></tr>
<tr><td>突合せ継手</td><td colspan="2">T継手及び同じ試験条件のすみ肉溶接</td></tr>
<tr><td>片面溶接</td><td colspan="2">両面溶接及び裏当て金付きの溶接</td></tr>
<tr><td>裏当て金溶接</td><td colspan="2">両面溶接</td></tr>
<tr><td>溶加材と分類</td><td colspan="3">規格分類ごと</td></tr>
<tr><td>電流の種類</td><td colspan="3">電流の種類（交流，直流，パルス電流など）及び極性ごと</td></tr>
<tr><td>入熱</td><td colspan="3">衝撃試験が要求される場合:施工法試験時の値の25%増まで
硬さ試験が要求される場合:施工法試験時の値の25%減まで</td></tr>
<tr><td>予熱温度</td><td colspan="3">下限値は施工法試験の公称予熱温度</td></tr>
<tr><td>パス間温度</td><td colspan="3">上限値は施工法試験の公称パス間温度</td></tr>
<tr><td>水素放出のための後熱</td><td colspan="3">施工法試験時の温度や保持時間の低減や削除は不可。
後熱を付加してもよい。</td></tr>
<tr><td>溶接後熱処理</td><td colspan="3">追加又は省略は不可。保持温度範囲は施工法試験時の±20℃</td></tr>
<tr><td rowspan="5">溶接方法に対する特定事項</td><td>SMAW, セルフシールド</td><td colspan="3">溶接棒の直径は1サイズ上／下のものも承認</td></tr>
<tr><td>SAW</td><td colspan="3">ワイヤシステム（単電極／多電極）ごと。フラックスは製品及び種類ごと</td></tr>
<tr><td>MIG, MAG</td><td colspan="3">シールドガスはガスの種類ごと。ワイヤシステム（単電極／多電極）ごと</td></tr>
<tr><td>TIG</td><td colspan="3">シールドガスはガスの種類ごと</td></tr>
<tr><td>プラズマ溶接</td><td colspan="3">プラズマガスの種類ごと。シールドガスの種類ごと</td></tr>
</table>

4.2.2　溶接作業量の見積り

溶接施工計画で必要なものに溶接作業量の見積りがある。どれだけの溶接作業時間がかかるのか，溶接技能者は何人必要か，溶接材料はどのくらい準備すればよいのか，などを把握するために溶接作業量の見積りは欠かせない。溶接作業量の見積り方法の主なものを，以下に述べる。

（1）溶接長による見積り

図面より溶接継手長を読み取り，溶接長を算出して溶接作業量を見積る方法。この場合，すみ肉継手は両側が溶接されるので，溶接長としては継手長の2倍となる。溶接姿勢は無視して溶接長の合計だけで見積る場合と，溶接姿勢別の溶接長にして見積る場合とがある。この場合，板厚とすみ肉脚長の要素は含まれないので注意が必要である。

（2）溶着金属量による見積り

溶接長とともに，突合せ継手では開先断面積（裏はつり部を含む）から，すみ肉継手では脚長から溶着金属量を求め，それにより溶接作業量や必要溶接材料重量を見積る方法である。なお，必要溶接材料重量を求めるには溶接材料の溶着効率（溶着金属量を溶接材料の消耗量で除したもの）を考慮する必要がある。

（3）換算溶接長による見積り

構造物の各種継手を適用頻度の高い1つの継手，例えば，脚長6mmのすみ肉溶接継手に換算して，その換算溶接長から作業量，溶接材料重量を見積る方法である。

（4）鋼材重量と溶接材料重量の比率による見積り

類似の構造物の過去の実績から推定して求める方法である。例えば，過去の製品で使用した鋼材重量と消費した溶接材料重量の比率を用いて，新たな製品の設計鋼材重量から溶接材料重量を算出し，溶接作業量を見積る方法である。

4.2.3　日程計画

　日程計画に際しては，納期遵守を念頭に工事量，設備能力，製作方法，製造手順などを総合的に考慮しなければならない。この場合，できるかぎり日ごとの工事量の平準化を図り，また工程間の無駄がないように計画する。

　施工や検査での日程上の制約がある場合には，それを日程計画に織り込む必要がある。例えば，780N/mm^{2}級高張力鋼やCr-Mo系低合金鋼の溶接施工においては，拡散性水素による低温割れ発生の危険性があるため，一般的に非破壊検査は，溶接終了後から24～48時間経過した後に行わなければならない。このような場合には，日程計画に必要な「検査待ち」時間を盛り込んでおく必要がある。これ以外にも，予熱や後熱に要する時間，パス間温度を維持するために必要な時間なども日程計画に織り込まなければならない。

4.2.4　溶接設備計画

（1）溶接設備計画の基本

　一般に設備計画は，構造物の種類，生産量，品質レベル，組立方法，施工方法，作業能率などを考慮して決められる。

　溶接設備についても，上に述べたような項目を考慮に入れて，溶接機，自動溶接機などの仕様，台数，配置を計画しなければならない。また，溶接に関連する設備，すなわち，電源容量，搬送設備，作業定盤，切断設備，熱処理設備，各種ジグ類，安全衛生保護具，作業環境用設備などについても計画が必要である。

（2）溶接電源と溶接機器

　ガスシールドアーク溶接などに用いる大部分の直流アーク溶接機の一次電源は三相接続であるが，被覆アーク溶接に用いる可動鉄心形交流アーク溶接機の一次電源は単相入力に設計されている。工場電源は一般に三相負荷を前提に設計されているので，交流アーク溶接機を使用する場合，**図4.9**に示すように溶接機の一次入力端子に，三相交流の配線から三相各ラインの負荷がバランスするように結線するのがよい。ほぼ同負荷の多数の溶接機の場合であれば，溶接機の台数でバランスするように3の倍数台をセットに組んで設置するのがよい。[17]

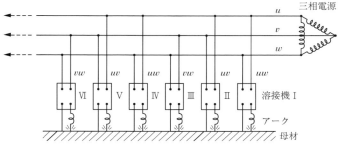

図4.9　三相電源から交流アーク溶接機の接続方法

　溶接機の電力容量は他の設備より大きいため，受電設備の容量は十分に大きくし，供給する電圧に変動が生じないように配線の太さも配慮しなければならない。しかし，溶接機は電灯などのような連続負荷と違って，負荷は断続的であり，また実作業での平均使用電流は，溶接機の定格二次電流より小さい。このため，受電設備容量は接続された溶接機の定格容量を単純に加算した値よりは小さくなる。一般には，断続負荷を連続負荷に換算した電源の等価連続容量という考え方が採用され，通常はこの値を電源の設備容量としている。

(3) 関連する設備，機器，ジグ

　溶接に関連する設備として，次のようなものについても具体的に計画する。
① 被覆アーク溶接棒（以下，溶接棒と記す）乾燥炉・保温庫：使用する溶接棒の種類と量ならびに作業場所の広さから必要台数を決める。300～400℃で乾燥が必要な低水素系溶接棒用乾燥炉と70～100℃で乾燥する非低水素系溶接棒用乾燥炉とを区別する。
② 溶接棒携帯用保管容器：低水素系溶接棒を持ち運ぶための携帯用保管容器を溶接技能者の人数も考慮して準備する。
③ ジグ・ポジショナ：溶接作業は可能な限り下向姿勢で行う。そのためのジグ・ポジショナを準備する。
④ 予熱装置，表面温度計，後熱装置などの装置。
⑤ ガスシールドアーク溶接を屋外で行う場合には防風装置・ジグなど。
⑥ ヒューム回収装置，換気装置などの作業環境改善装置など。

236　第4章　溶接施工・管理

4.2.5　要員計画

　十分な知識と経験を有する要員の確保は，溶接品質の維持・向上のために不可欠である。したがって，要員計画は溶接施工計画のなかでも重要な項目である。また，優れた要員の確保・育成は短期間でできるものではなく，長期的な教育・訓練計画を立て，推進する必要がある。

(1) 溶接施工に関連する要員
　溶接施工に関連する要員としては，溶接管理技術者，溶接作業指導者，溶接技能者，溶接検査技術者および非破壊検査技術者がある。

　IIW では以下のように分類・資格化されている。
　① 国際溶接エンジニア…………IWE：International Welding Engineer
　② 国際溶接テクノロジスト……IWT：International Welding Technologist
　③ 国際溶接スペシャリスト……IWS：International Welding Specialist
　④ 国際溶接プラクティショナ…IWP：International Welding Practitioner
　⑤ 国際溶接検査技術者…………IWI：International Welding Inspector
　⑥ 国際溶接技能者………………IW：International Welder

(a) 溶接管理技術者
　JIS Z 3410：2013[3]では，溶接管理技術者の任務と責任を規定しているが，その業務は JIS Z 3400：2013[11]に規定しているように，溶接施工だけでなく，工事の要求事項のレビュー，テクニカルレビュー，溶接要員，設備，生産計画，溶接材料，検査および試験，品質記録等の文書化など非常に多岐にわたっている。溶接管理技術者は，単に溶接施工管理をするだけでなく，その前後の関連業務にも関与し，広い視野で総合的に溶接品質を確保する役割を負っている。

　溶接に関連した種々の任務を遂行できる溶接管理技術者の存在は，溶接構造物の品質を保証するために不可欠である。

(b) 溶接作業指導者
　溶接作業指導者に求められる資質は，溶接技能者としての作業実績をもち，生産現場の経験も豊かで技術的・技能的に優秀であることである。技能教育や実工事の溶接作業の監督者には，溶接作業指導者が欠かせない。特に重要なのが新人・若手の指導・育成および技能の継承であり，今後，溶接作業指導者の重要性

はますます増大する。

（c）溶接技能者

　溶接の自動化，ロボット化がいかに進んでも，溶接技能者の重要性は変わらない。多くの溶接構造物では，その継手の大部分は，いまだ溶接技能者によって溶接されているし，今後も変わらないと思われる。溶接作業は，自動装置，ロボットだけで完結できるほど単純な作業ではない。知識，経験および技量をもった溶接技能者が，開先精度や作業環境などに応じて適切な判断をしながら施工して，はじめて良い結果が得られる。自動溶接装置や溶接ロボットの操作（教示，条件設定を含む）を行う要員についても技能や知識が要求される。ISO14732やASME規格等では，溶接オペレータの認証を規定している。また，WES 8110/WES 8111では，建築鉄骨ロボット溶接オペレータの認証を規定している。

（d）溶接検査技術者

　溶接検査技術者は，溶接前の開先精度や溶接された継手の外観検査をするとともに寸法検査，破壊試験の立会いなども行う。また，非破壊試験結果も勘案（かんあん）して，要求品質どおりの製品ができているかを総合的に評価する役割を担っている。溶接技能者自身とは異なる客観的な眼で，溶接部を検査することが求められている。近年，溶接の品質要求レベルが厳しくなってきていることから，このような任務をもつ溶接検査技術者の導入が進められている。

（e）非破壊検査技術者

　溶接構造物の非破壊検査技術者は，目視（外観）試験，非破壊試験および各種検査技術についての専門的知識，経験はもとより，溶接技術についても専門知識を保有する必要がある。

（2）要員の認証

　溶接管理技術者は担当する工事に対応した実務能力をもち，溶接管理技術者として認証されていることが望ましい。わが国には，溶接管理技術者の認証制度として，ISO14731/WES 8103による溶接管理技術者認証があり，認証等級としては3等級（特別級，1級，2級）を定めている。これを前述したIIW資格と対比すると，特別級がIWE，1級がIWT，そして2級がIWSに相当する。この認証者はわが国だけでなく，近年はアジア各国でも増え，国際的な資格となりつつある。

　また，溶接技能者は溶接する継手に応じた技能を持ち，JIS規格などの資格認

238　第4章　溶接施工・管理

証を取得しなければならない。溶接技能者資格の認証としては，代表的なものに JIS Z 3801（手溶接技術検定），JIS Z 3841（半自動溶接技術検定），JIS Z 3821（ステンレス鋼溶接技術検定）などに基づいた資格がある。この認証業務は，日本溶接協会が実施しており，その概要を**表4.10**に示す。

　さらに，溶接作業指導者認証としては，WES 8107（アーク溶接作業指導者）による認証がある。

　日本の溶接要員認証制度の主なものを**表4.11**に示す。このなかで，（一社）日本溶接協会が実施している認証については，前述した国際的分類ならびに資格との関連性も定められている。

　非破壊検査技術者に関しては，（一社）日本非破壊検査協会が認証業務を行っている。

表 4.10　主な JIS・WES 溶接技術検定の概要

認証機関／試験機関	（一社）日本溶接協会		
基盤文書	WES 8201「手溶接技能者の資格認証基準」 JIS Z 3801「手溶接技術検定における試験方法および判定基準」 WES 8221「ステンレス鋼溶接技能者の資格認証基準」 JIS Z 3821「ステンレス鋼溶接技術検定における試験方法および判定基準」 WES 8241「半自動溶接技能者の資格認証基準」 JIS Z 3841「半自動溶接技術検定における試験方法および判定基準」		
資格区分	溶接方法／溶接姿勢／試験材形状，板厚／裏当て金の有無		
溶接法と資格数	JIS Z 3801 （手溶接）	JIS Z 3841 （半自動溶接）	JIS Z 3821 （ステンレス鋼）
	被覆アーク溶接：25種 ティグ溶接：5種 組合せ溶接：10種 （ティグ＋被覆アーク） ガス溶接：5種	マグ溶接：17種 セルフシールド溶接：6種 組合せ溶接：10種 （ティグ＋マグ）	被覆アーク溶接：6種 ティグ溶接：5種 ミグ／マグ溶接：6種 組合せ溶接：1種 （ティグ＋被覆アーク）
試験材	400 または 500N/mm² 級炭素鋼 （規定鋼種を使用）		SUS 304,304L 316,316L
溶接材料の区分	区分なし（規定するものを使用）		
継手の種類	突合せ継手		
試験材の形状	板または管		
裏当て金	あり／なし		
溶接姿勢	下向（F），立向（V），横向（H），上向（O），水平／鉛直固定管（P）		
試験材の厚さ（mm）	薄板：3.2（板），4.9（管） 中板：9（板），11（管） 厚板：19（板），20 以上（管）		被覆アーク：9(板)11(管) ティグ：3 ミグ／マグ：9
試験項目	学科試験（初回受験時のみ），外観試験および曲げ試験		
サーベイランス／更新	毎年／3年ごとに再評価試験あり		

表 4.11　日本の溶接要員認証制度

技術者	1. 溶接管理技術者「特別級」「1級」「2級」 　（JIS Z 3410/ISO 14731/WES 8103）［日本溶接協会］ 2. マイクロソルダリング技術者（JIS Z 3851/WES 8109）［日本溶接協会］ 3. アルミニウム合金構造物溶接施工管理技術者「1級」「2級」「3級」 　（LWS A7601）［軽金属溶接協会］ 4. 鉄筋継手管理技士（日本鉄筋継手協会規則）［日本鉄筋継手協会］
作業指導者	1. 溶接作業指導者（WES 8107）［日本溶接協会］ 2. マイクロソルダリングインストラクタ（WES 8109）［日本溶接協会］
技能者	1. 手溶接技能者（JIS Z 3801/WES 8201）［日本溶接協会］ 2. 半自動溶接技能者（JIS Z 3841/WES 8241）［日本溶接協会］ 3. ステンレス鋼溶接技能者（JIS Z 3821/WES 8221） 　［ステンレス協会／日本溶接協会］ 4. チタン溶接技能者（JIS Z 3805/WES 8205）［日本溶接協会］ 5. プラスチック溶接技能者（JIS Z 3831/WES 8231）［日本溶接協会］ 6. 銀ろう付技能者（JIS Z 3891/WES 8291）［日本溶接協会］ 7. すみ肉溶接技能者（WES 8101）［日本溶接協会］ 8. 石油工業溶接士（JPI 7S 31/WES 8102）［石油学会／日本溶接協会］ 9. PC工法溶接技能者（WES 8105）［プレハブ建築協会／日本溶接協会］ 10. 基礎杭溶接技能者（WES 8106） 　［全国基礎杭工業協同組合連合会／日本溶接協会］ 11. アルミニウム溶接技能者（JIS Z 3811）［軽金属溶接協会］ 12. 船舶溶接士（日本海事協会鋼船規則）［日本海事協会］ 13. マイクロソルダリングオペレータ（JIS Z 3851/WES 8109） 　［日本溶接協会］ 14. ガス圧接技能者（JIS Z 3881）［日本鉄筋継手協会］ 15. 鉄筋溶接技能者（JIS Z 3882）［日本鉄筋継手協会］ 16. 発電設備用溶接士（電気事業法・炉規法/WES 8207） 17. ボイラー溶接士（ボイラ及び圧力容器安全規則）［ボイラー協会］
ロボットオペレータ	1. 建築鉄骨ロボット溶接オペレータ（WES 8110/WES 8111） 　［日本溶接協会］

（注）　（　）内は適用規格を，［　］内は認証機関あるいは認証業務実施機関を示す。

（3）教育・訓練

要員計画のなかで大切なことの1つが，溶接技能者の教育・訓練である。溶接技能者の教育・訓練として行うべきことを，以下に挙げる。

① 長期的な教育・訓練計画を立てて実施する。技能は短期間では身につかないので，長期的な計画を立て徐々にレベルアップしていく必要がある。

② 必要な技能資格の認証を取得させるとともに，認証の更新，進級を行う。認証の有効期限切れが起こらないように管理する。

③ 溶接技能コンクールなどに参加させるなどして，意欲向上を推進する。

④ 技能教育を行う指導者（溶接作業指導者）の育成，確保を行う。

⑤ 熟練技能者の持っている知識，技能の視覚化などを工夫して，技能伝承に活用する。

240　第4章　溶接施工・管理

4.2.6　試験，検査計画

　試験，検査計画の策定は，溶接構造物を溶接する際にどのような試験や検査を
どの時点でどのように行うのかを，施工計画の段階で確認し決めることであり，
溶接管理技術者の重要な任務である。表4.12は，溶接前，溶接中および溶接後
に実施しなければならない試験・検査項目を示したものである。[11]

　ここでは一例として，溶接後の非破壊試験の計画段階における留意事項を，以
下に挙げる。

①　計画している非破壊試験が実施できるかどうかを設計図面で確認する。例
　　えば，溶接はできても放射線透過試験（RT）を行うのにX線フィルムの設
　　置ができない構造になっている場合には，超音波探傷試験（UT）で代替す
　　ることを検討するとか，設計部門と協議して設計図面を変更して非破壊試験
　　を可能にしておく必要がある。

②　作業者の安全確保のための配慮を行う。RTの場合は，放射線被曝（ひばく）防止のた

表4.12　溶接前・中・後の点検，検査および試験（JIS Z 3400：2013）

工程段階	点検，検査および試験
溶接前	溶接開始前の点検項目 ①　溶接技能者および溶接オペレータの適格性証明書の適切性および有効性 ②　溶接施工要領書の適切性 ③　母材の識別 ④　溶接材料の識別 ⑤　継手の準備状況（開先形状および寸法） ⑥　取付け，ジグおよびタック溶接 ⑦　溶接施工要領書の特別要求事項（例えば，溶接変形の防止） ⑧　環境を含む溶接に対する作業条件の適切性
溶接中	溶接中の適切な間隔または連続する監視による点検項目 ①　基本溶接パラメータ（例えば溶接電流，アーク電圧，溶接速度など） ②　予熱／パス間温度 ③　溶接金属のパスおよび層ごとの清掃および形状 ④　裏はつり ⑤　溶接順序 ⑥　溶接材料の正しい使用および取扱い ⑦　溶接変形の管理 ⑧　中間検査（例えば，寸法チェック）
溶接後	溶接後，次によって関連する許容基準に適合していることの点検項目 ①　目視検査 ②　非破壊試験 ③　破壊試験 ④　溶接物の外形，形状および寸法 ⑤　溶接後の作業結果および記録（例えば，溶接後熱処理（PWHT）および時効処理）

4.2 溶接施工計画　　*241*

め試験を行っている間は，その場所に入ってはならない。また耐圧試験において，万一の破壊が生じても人身に被害が及ばぬように備える必要がある。

4.2.7　溶接コスト計画

　溶接管理技術者は，溶接構造物の品質を確保するとともに，溶接労務費，溶接設備費，溶接材料費で構成される溶接コストに関わる生産性の評価，向上についても，十分な知識と理解を持っていることが必要である。溶接継手の開先精度をより高めるにはそれ相当のコストがかかるが，それ以上の溶接コスト低減が期待でき，品質と生産性は相反するものではなく，品質と生産性は両立するという認識をもつことが重要である。

　溶接コスト計画の目的は，溶接施工に関わるコスト要因を分析し，溶接生産性を評価して，解決すべき課題を明らかにすることによって溶接コストの削減につなげることである。溶接構造物の製作・製造においては，溶接生産性が工場全体の生産性に大きく影響する場合が多い。

（1）溶接生産性の評価方法

　生産性の定義は，「生産物を作り出すために投入した労働力，賃金，設備，原材料，土地などの生産要素に対して得られた成果がどのくらいか」ということであり，一般に次のように表される。

　　生産性＝産出（アウトプット）／投入（インプット）……………………　(4.1)

　溶接生産性の種類と指標には，**表 4.13**[18] に示すものがあり，目的に応じて使い分けられている。基本的には，インプットとなる生産要素は溶接技能者，溶接設備，溶接材料であり，アウトプットは溶接長，継手長，加工鋼材重量などである。

　生産性は，(4.1) 式のインプットとアウトプットの比率で表されるので，それぞれの要素を何らかの単位で測定することで求まる。例えば，「溶接技能者 1 人が 1 時間当りで溶接する溶接長」は「単位労働時間で施工された溶接長」という産出量を「溶接技能者の労働時間」という投入量で除したものである。その他のアウトプットの測定単位としては，4.2.2 項の溶接作業量の見積りで述べた溶着

242　第4章　溶接施工・管理

表4.13　溶接生産性の種類と指標

インプットの測定の単位／生産性の種類 ＼ アウトプットの測定の単位	溶接長または継手長 (m)	加工鋼材重量 (ton)	換算溶接長 (βL)	消費溶接材料重量 (kg)	製品・部材単位 (台・個など)
労働生産性 溶接技能者労働時間 (hr)	溶接長 労働時間 (m/hr) (または逆数)	労働時間 加工鋼材 (hr/ton) (または逆数)	換算溶接長 労働時間 (m/hr)	消費溶接材料重量 労働時間 (kg/hr)	労働時間 部材個数 (hr/個) (または逆数)
設備生産性 溶接機台数時間 （台・hr）	溶接長 設備台数 ・時間 (m/台・hr)	設備台数 加工鋼材重量 (台/ton)	－	消費溶接材料重量 設備台数 ・時間 (kg/台・hr)	部材個数 設備台数 ・時間 (個/台・hr)
原材料生産性 消費溶接材料重量 （kg）	消費溶接材料重量 溶接長 (kg/m)	消費溶接材料重量 加工鋼材重量 (%)	－	－	消費溶接材料重量 部材個数 (kg/個)
総生産性 溶接工労務費＋溶接材料費＋溶接設備使用費＝総コスト(円)	溶接総コスト 溶接長 (円/m)	溶接総コスト 加工鋼材重量 (円/ton)	－	－	溶接総コスト 部材個数 (円/個)

金属量，換算溶接長および消費溶接材料重量などがある。

表4.13に示したように，溶接生産性の種類と指標は多様であるが，労働生産性が，次の目的で広く用いられている。

① 技術改善または作業改善による削減効果を調べる。
② 要員計画および工数計画立案のベースとする。
③ 労働賃金算定のベースとする。

(2) 生産性向上の方法

溶接の生産性向上を図る取組みには，設計面からの取組み，溶接技術面からの取組みおよび生産管理面からの取組みの3つがある。実際的には，これら3つを総合的に実施することにより，生産性向上が図られている。

表4.14は，それぞれの取組み方法を示したものであり，以下にそれぞれの取

表 4.14　生産性向上の方法

① 設計面からの取組み
・溶接長さの低減
・開先断面積の減少
・大ブロック化
② 溶接技術面からの取組み
・溶接の高速化
・溶着速度の増大
・下向姿勢の採用
・溶接ロボットや無監視溶接の採用
③ 生産管理面からの取組み
・アークタイム率の向上
・開先精度の向上による溶接変形の低減
・溶接不良率の低減

組みの要点を述べる。

① 設計面からの取り組み

　溶接作業量が少なくなるように設計と協議して次のような対策をとる。

・溶接長の低減－板割りの検討により溶接長や継手数を減らす，塑性加工品を用いて溶接をなくす。

・開先断面積の減少－板厚を減らす，開先角度を小さくする，開先幅を狭くする，脚長を減らすなどをして溶着金属量を減らす。ただし，適用規則，基準，仕様書の許す範囲内で溶接欠陥が出ないように留意する必要がある。

・大ブロック化－ブロックを大きくして現場溶接長を削減する。

② 溶接技術面からの取組み

・溶接の高速化－多電極自動溶接機や高速自動溶接機を採用する。

・溶着速度の増大－1パスで多くの溶着速度が得られる溶接法を採用する。

・下向姿勢の採用－ポジショナ等を用いて，可能な限り下向姿勢を採用する。

・溶接ロボットや無監視溶接の採用－1人のオペレータで複数の溶接機を操作し，溶接オペレータの人数を削減する。

③ 生産管理面からの取組み

・アークタイム率の向上－準備，移動，待ち，片付け，スラグ除去，ビード清掃，溶接材料取替えなどの時間を減らし，アークタイム率を向上させる。

・開先精度向上による溶接変形の低減－開先精度を向上させて溶着金属量を減らす。その結果，溶接変形量が減少し，ひずみ取り工数を低減できる。

・溶接不良率の低減－溶接技能者の技量を向上させ，溶接施工管理を徹底し，溶接不良を少なくして，手戻り作業をなくす。

244　第4章　溶接施工・管理

　以上に述べた溶接生産性向上の3つの取組みは一面的でなく，多面的に取組む
ことが重要である。溶接管理技術者は生産性向上のために上記対策を適切に組合
わせて実施することを心掛けねばならない。

　また生産性向上を図るに当たっては，生産性向上に留意するあまり，溶接品質
を疎かにすることがあってはならない。

4.3　溶接施工管理

　溶接は，溶接後の試験や検査によって必ず品質を保証できるとは限らない工程
の1つである。ISO 9000sの初版では，このような工程を「特殊工程」と定義し，
溶接後だけでなく，溶接前，溶接中も含めた一貫した施工管理が必要であると述
べている。また，溶接施工管理の目的は，「経営資源である4M（Man（要員），
Machine（設備），Material（材料）Method（溶接施工法，試験検査など））を駆
使して，与えられた目標（Q（品質），C（コスト），D（納期））を達成すること」
である。そのため，溶接管理技術者は，継手の溶接条件や溶接結果の管理だけで
なく，溶接前の材料，設備，要員の準備も含めた総合的な施工管理を行わなけれ
ばならない。

4.3.1　材料の管理

　母材となる材料は，変形，腐食，劣化などの損傷を受けないように識別・保管
し，誤使用がないようにしなければならない。この母材の保管・取扱いや識別の
計画は，溶接管理技術者の任務である。

(1) 保管管理
　材料は傷ついたり，変形したり，腐食・劣化したりしないように保管する必要
がある。**表4.15**は，材料を保管管理する際の留意事項を示したものであり，炭
素鋼，ステンレス鋼，アルミニウム合金など材料の種類に応じた保管管理が重要
である。

(2) 識別管理
　設計図面に記載されているとおりの材質，寸法（口径，板厚）の材料を誤りな

表 4.15　材料の保管における留意事項

① 鋼材を屋外に長期間保管する場合には，腐食防止のため防錆塗装やシート養生等の対策を講じる。
② ステンレス鋼は，錆の発生しやすい炭素鋼とは分離して保管する。また，ステンレス鋼に亜鉛が付着すると，溶接や高周波曲げ加工の熱によって低融点金属割れを起こすことがあるので，亜鉛めっきされた材料とは接触しないよう分離して保管する。
③ ステンレス鋼は，海塩粒子や鉄粉の付着が発錆の原因となるので対策を講じる。
④ アルミニウム合金は雨や水分で腐食が進行するので，必ず屋内に保管する。

く使用することは，溶接施工管理の第一歩である。

　鋼材に限らず，材料は外観だけでは識別が困難なものが多い。万一，溶接構造物に割れなどの品質トラブルが生じた場合の原因追究のためにも，納入された材料から分割された部材に至るまでの追跡調査ができる「トレーサビリティのある」管理が必要である。

　識別管理で重要なことは，納入された材料をミルシートと照合し，現物確認をすることである。切断，曲げなどの加工作業にかかる前にも同様の確認が必要である。**表 4.16** は，部材の誤使用防止のための識別管理の留意事項を示したものであり，特にマーキングについて，種々の工夫が必要であることがわかる。また，切断によって分割された部材の誤使用防止対策も不可欠である。

　そして，今後は ICT（Information and Communication Technology；情報通信技術）時代に突入し，識別管理のやり方も大きく変化するであろう。

表 4.16　部材の誤使用防止のための識別管理における留意事項

① 切断した部材すべてに鋼種などをマーキングする。
② 鋼種別に表面のプライマやマーキング色を変える。
③ マーキングがめっきや熱処理で消える場合には，ポンチやタグで管理する。（高張力鋼や低温用鋼では，ポンチなどマーキング痕が切欠きとなるので使用が制限される）
④ 切断後の残材についても，後日使用する時のため，あるいはジグ材として用いる場合のことを考慮して，鋼種や圧延方向をマーキングしておく。

4.3.2　溶接材料の管理

　水に濡れたり大気中に放置された被覆アーク溶接棒（以下，溶接棒という）やフラックスは，吸湿した水分がアーク熱で分解して水素を発生し，それが溶接金

246 第4章 溶接施工・管理

属に入り込み溶接欠陥発生の原因となる。特に，高張力鋼用溶接棒では，その水素が低温割れの発生原因となるので，吸湿防止のための取扱い・乾燥・保管管理が重要である。

　溶接棒は被覆剤中の水分を除去するため，その製造工程において，被覆剤成分が変質しない範囲の高い温度で乾燥が行われている。しかし，溶接棒は出荷後，作業現場で使用されるまでに，温度，湿度，時間に応じて被覆剤が水分を再び吸収する。したがって，この水分を除去するために，使用前にもう一度乾燥（再乾燥）を行わなければならない。**標準乾燥条件を表4.17**に示す。

　低水素系以外の溶接棒については，万一吸湿した場合には，使用前に70 〜100℃で乾燥することが推奨されている。この理由はこれらの溶接棒の被覆剤には有機物が含まれているので，100℃を超える温度での長時間の乾燥は，性能を劣化させるおそれがあるためである。

　低水素系溶接棒は，水分を除去するため使用前に300 〜 400℃で30 〜 60分乾燥する必要がある。

　溶接棒の乾燥温度，乾燥時間は銘柄ごとに推奨条件が定められているので，施工時にはその推奨条件に従って管理しなければならない。

　低水素系溶接棒は，乾燥後直ちに使用しない時は100 〜 150℃の温度に保たれる保管容器に入れて吸湿を防ぎ，そこから適宜取り出して使用しなければならない。また，乾燥炉から取り出した後の大気放置時間も制限する必要がある。通常，大気放置時間は炭素鋼用や590N/mm^{2}以下の高張力鋼用溶接棒では4時間以内，780N/mm^{2}高張力鋼用溶接棒で2時間以内と制限されている。この制限

表4.17　被覆アーク溶接棒の標準乾燥条件

被覆系	低水素系			非低水素系（高セルロース系除く）	高セルロース系
適用鋼種	軟鋼〜490N/mm^{2}級高張力鋼	590N/mm^{2}級高張力鋼	780N/mm^{2}級高張力鋼	軟鋼〜低合金鋼	軟鋼〜590N/mm^{2}級高張力鋼
温度（℃）	300 〜 400	350 〜 400	350 〜 400	70 〜 100	70 〜 100
時間（分）	30 〜 60	60	60	30 〜 60	30 〜 60
乾燥許容回数（回）	3	3	2	5	3
乾燥後の許容放置時間（時間）	4	4	2	8	6

1）乾燥条件

1）雨にぬれた場合など著しく吸湿した溶接棒は破棄し，この制限内でも再乾燥・使用してはならない。

時間を超えた場合には，同一の乾燥条件で再乾燥をしなければならない。

また，溶接材料についても，誤使用防止のための識別管理を行わなければならない。溶接棒の場合は，色別管理（棒の端部に色を塗布），乾燥炉や保温庫では銘柄別に置き場所を区分するなどの方法で管理されている。ガスシールドアーク溶接用ワイヤの場合は，ワイヤスプールのラベルや包装箱の銘柄表示で管理されている。

4.3.3　溶接設備の管理

溶接設備および関連する付帯設備の管理は，溶接管理技術者の任務である。作業に使用する機器，装置を常に整備・校正された状態にしておくことは，安全衛生面からも溶接品質・能率面からも不可欠である。

具体的に管理すべき主な内容を，以下に述べる。

① 溶接機，溶接装置は計画的に整備する。故障してから修理するのではなく，問題が生じる前に計画的に整備・調整する。また有効期限の確認も必要である。

② メータ類および計測器類は点検・整備し，正しく校正された状態を維持する。

③ ガスシールドアーク溶接などの場合，チップ，ノズル，オリフィスなどの消耗部品の在庫管理および取替え基準の作成・徹底を図る。

④ 作業定盤，変形拘束用ジグ，ターンテーブル類，予熱および後熱装置，シールドガス供給装置，防風ジグ，換気装置などの付帯設備を整備・調整する。

⑤ 溶接技能者自身による日常点検，始業点検の徹底を図る。そのための点検リストの作成・管理と技能者の教育を実施する。

なお，溶接機器と関連付帯設備の管理を設備担当者に任せきりにするのではなく，溶接管理技術者も主体的に関与して管理することが重要である。

4.3.4　溶接技能者の管理

溶接の自動化，ロボット化が進んでいるが，まだ多くの溶接は人の手によって施工されている。

248　第4章　溶接施工・管理

主な溶接技能者の管理の内容と留意点を**表4.18**に示す。溶接技能者の技能・資格管理，配員管理および技能伝承は，溶接管理技術者の重要な任務である。

表4.18　溶接技能者管理の内容と留意点

内　容	留意点
(1) 技能・資格管理	① 技能資格の認証とその更新管理（期限切れ防止） ② 個人ごとの作業経歴，技能レベル，保有資格の管理 ③ 非破壊検査結果の技能者本人へのフィードバック
(2) 配員管理	① 個人の技能レベル，経験，保有技能資格を考慮した配員 ② 健康状態や作業制限（高血圧による高所作業禁止など）の有無を考慮した配員 ③ 配員する場所の安全・衛生面の事前確認
(3) 技能伝承	① 技能者と協議して，必要な教育・訓練を実施 ② 技能を文書・動画などで記録し，伝承に活用

4.3.5　材料加工と溶接準備の確認

材料は溶接される前に所定の形状に切断され，曲げ加工される場合もある。切断や曲げの加工品質とその精度は，溶接品質および製造コストに大きな影響を及ぼす。

ここでは切断から開先加工までの材料加工と，タック溶接までの溶接準備に関する管理の要点を述べる。

(1) 材料の切断と曲げ加工

（a）切断

切断は，熱切断または機械切断により行われる。一般の鋼構造物では，酸素・アセチレンや酸素・プロパンなどのガス切断で行われる場合が多い。また，切断の高速化，高品質化および高精度化のために，熱ひずみの少ないプラズマ切断やレーザ切断も普及している。

切断ノッチや切断ひずみなどは，後工程の溶接品質や能率に大きな影響を与えるので，切断法や切断条件に十分な配慮が必要である。第1章で述べた各種切断法の特徴ならびに長所，短所をよく把握し，材質，板厚に適した切断法を採用する必要がある。

（b）曲げ加工

曲げ加工は，一般にプレス，ローラなどによる機械的方法あるいはガスバーナによる線状加熱法などの熱的方法が，単独または併用して用いられる。

機械的方法では，機械の加工能力と加工度に応じた材料の強度やじん性も考慮して，冷間加工か熱間加工かを決める。鋼材は加工によるひずみ時効でじん性が劣化することがあるので，冷間加工の程度に留意が必要である。また，縁部からき裂が入ることもあるので，縁部は丸みをつけておく必要がある。さらに，圧力容器では加工硬化やひずみ時効ぜい化を解消するため，冷間加工後に PWHT（溶接後熱処理）が行われる場合がある。

熱的方法の場合は，部材の加熱温度の管理が重要である。焼入焼戻し鋼（調質鋼）は，焼戻し温度を超える温度で熱間加工してはならない。もし，焼戻し温度以上に加熱した場合には再度，焼入焼戻し熱処理（調質）が必要である。また，TMCP 鋼は 600° 以上に加熱すると強度やじん性が低下するので，この温度以上に加熱してはならない。

（2）開先加工および開先精度
（a）開先加工

V 形開先，X 形開先などの開先加工は，熱切断で行われる場合が多い。一方，U 形開先など曲面の場合は機械加工で行われる。開先面に深いノッチがあると，割れ，融合不良などの溶接欠陥の発生原因となり，また開先面に切断スラグが付着したまま溶接すると，ポロシティなどの発生を助長する。開先切断においては，ベベル角度，ルート面の大きさなどの精度確保が重要である。

（b）開先の清掃

開先面（溶接によって溶融する部分）およびその近傍の異物（水分，油脂，錆，塗装，ごみなど）は，溶接欠陥の発生原因となるので除去しなければならない。特に継手の隙間内の水分や塗装などはポロシティの発生を招き，ときには割れの原因となる。注意して清掃すべき継手の隙間の例を**図 4.10** に示す。

製作中に錆が発生しないように鋼材に塗装する一次防錆塗料（ショッププライマ）も，除去しないとポロシティ等の発生につながる。なお，除去しなくてもよいように配慮された溶接性の良好なプライマもある。この場合には除去せずに溶接してよいが，膜厚が厚い場合（例えば，20μm 以上の場合）には除去した方がよい。

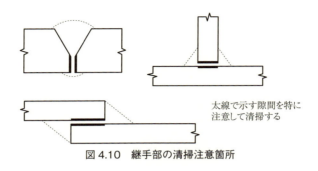

図 4.10　継手部の清掃注意箇所

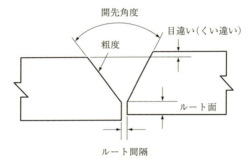

図 4.11　開先管理のための測定項目

(c) 開先精度管理

　開先精度管理とは，開先角度，ルート面，ルート間隔，粗度，および目違い（くい違い）が，溶接施工要領書，仕様書，適用基準の要求範囲内に収まっているかを確認することである。図 4.11 は，開先精度管理項目を示す。

　開先精度が良くないと，溶接工数の増加，溶接欠陥の発生，溶接変形の増大，製品としての寸法不良など，溶接結果全般に悪影響を及ぼす。そのために，ひずみ取りや補修溶接が必要となり溶接コストが増大するので，開先精度管理は極めて重要である。

(d) 開先精度不良の修正

　開先精度が要求されている範囲内に収まっていない場合は，修正加工を行うか，部材の取付けをやり直して，範囲内に収まるように修正しなければならない。

　表 4.19 は，JSQS「日本鋼船工作法精度標準」[19]に規定している突合せ溶接継手およびすみ肉溶接継手の取付け精度を示したものである。備考欄には許容範囲をはずれた場合の処置方法も例示している。

4.3 溶接施工管理　　*251*

表 4.19　突合せ継手およびすみ肉継手の取付け精度（JSQS から抜粋）

大区分		仕上(単位:mm)			
中区分	小区分	項目	標準範囲	許容範囲	備考
取付精度	すみ肉継手の目違い a＝目違い量 t＝板厚 $t_1 \geqq t_2$	重要部材		$a \leqq \dfrac{1}{3} t_2$	$\dfrac{1}{3} t_2 \leqq a \leqq \dfrac{1}{2} t_2$ 10% の増脚長 10% の増脚長 $a > \dfrac{1}{2} t_2$ 取付直し
		その他	$a \leqq \dfrac{1}{3} t_2$	$a \leqq \dfrac{1}{2} t_2$	$a > \dfrac{1}{2}$ 取付直し
	ビームとフレームの食い違い		$a \leqq 3$	$a \leqq 5$	ビームまたはフレームの溶接をばらさずに引きつけて溶接できる範囲を示す
		すみ肉溶接の場合	$a \leqq 2$	$a \leqq 3$	●$3 < a \leqq 5$ 規定脚長＋$(a-2)$増し脚長 ●$5 < a \leqq 16$ 1)面取り溶接または 2)ライナ処理 面取り溶接要領 30-45° ウェブに開先を30〜45°にとり裏当材を当てて溶接後裏当材をとり裏溶接する ライナ処理要領 ●$16 < a$ 1)ライナ処理または 2)一部切替え 一部切替要領　300 以上
		突合せ溶接の場合 （手溶接）	手溶接 $2 \leqq a \leqq 3.5$	$a \leqq 5$	●$5 < a \leqq 16$ 裏当て材を当てて溶接後裏当て材外し裏堀り溶接 裏当て材 ●$16 < a \leqq 25$ 肉盛整形後溶接または母材一部取替え ●$25 < a$ 母材一部取替え 300 以上
			CO_2溶接 $0 \leqq a \leqq 3.5$		
		突合せ溶接(自動溶接) 1.両面サブマージアーク溶接	$0 \leqq a \leqq 0.8$	$a \leqq 2$	●溶落ちが予想される場合はシーリングビードを置く
		2.手溶接または炭酸ガス溶接との混用サブマージアーク溶接	$0 \leqq a \leqq 3.5$	$a \leqq 5$	$a > 5$の場合は手溶接突合せ継手の場合にならう
	突合せ継手の目違い a＝目違い量 t＝板厚	重要部材		$a \leqq 0.15t$ (max3)	●$a > 0.15t$ or $a > 3$ 取付直し
		その他		$a \leqq 0.2t$ (max3)	●$a > 0.2t$ or $a > 3$ 取付直し

252　第4章　溶接施工・管理

(a) 裏当て金と溶接金属

(b) 裏当て金の取付と精度

図 4.12　裏当て金の使用方法

　裏当て金を用いる場合は，図 4.12 (a) に示すように裏当て金の一部が溶けて溶接金属となるので，裏当て金の材質は母材と同材質とする必要がある。また，裏当て金は図 4.12 (b) に示すような隙間が生じないように，精度よく取付けなければならない。

　裏当て金の溶接面に黒皮（くろかわ），錆，油の付着があったり，裏当て金と母材間の隙間に水分があると，溶接の際ポロシティなどが生じやすいので注意すべきである。

　裏当て金として銅を用いるときは，銅がアークで溶融されると溶接金属に割れが生じる。そのため裏当ての銅を溶かさないように，水冷銅板が用いられる。

(3) 組立およびタック溶接

　部材を組立てるとき，部材の位置を確保し，溶接中に開先を正しく保つためにジグによる取付け，またはタック溶接（仮付溶接あるいは組立溶接とも呼ばれ

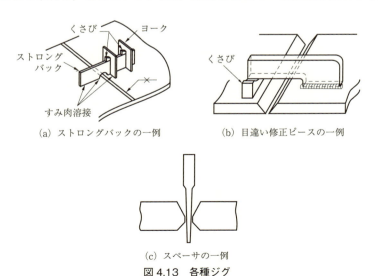

図 4.13　各種ジグ

4.3 溶接施工管理 **253**

る）が行われる。このタック溶接には，被覆アーク溶接，ガスシールドアーク溶接，およびティグ溶接が使用される。

　タック溶接だけでは，突合せ継手の角変形やすみ肉継手の倒れが防止できないので，**図 4.13**（a）に示すストロングバックや倒れ止めピースが使用されることがある。またタック溶接の際に，目違いを修正するには図 4.13（b）に示す目違い修正ピースが，ルート間隔の調整，保持には図 4.13（c）に示すスペーサが用いられる。

　表 4.20 はタック溶接の留意点を示したものであり，タック溶接は本溶接と同様に重要である。

表 4.20　タック溶接の留意点

① タック溶接が割れないように必要かつ十分な長さのビードを，適切な間隔で配置する。高張力鋼では過度の硬化と割れ防止のため，タック溶接の最小ビード長さを 40 ～ 50mm 程度とする。
② タック溶接の品質は本溶接と同様に重要なので，本溶接と同等の溶接材料で行う。マグ溶接継手，サブマージアーク溶接継手あるいは厚板継手のタック溶接を被覆アーク溶接で行う場合は低水素系溶接棒を使用する。
③ タック溶接は，原則として本溶接と同じ技能認証資格を持つ技能者が行うことが望ましい。
④ 高張力鋼などの本溶接で予熱が必要な場合のタック溶接は，急冷によるタック溶接ビード部の硬化，割れを防ぐため，本溶接の予熱温度より 30 ～ 50℃ 高い温度で予熱をする。
⑤ タック溶接ビードが割れたままで本溶接をすると，割れが本溶接ビードに進展することがある。もし，タック溶接ビードに割れが発生した場合は，割れたビードを完全に除去し，新たにタック溶接を行う。

（4）エンドタブ

　突合せ溶接の始端部および終端部にはエンドタブを取付ける。このエンドタブの目的は，**表 4.21** に示すように始終端部の欠陥防止，溶接変形防止および磁気吹き防止などである。

　エンドタブの材質は，母材と同材質とするのが原則である。また，その長さは

表 4.21　エンドタブの目的

① 端部は溶接金属が垂れやすく適切なビード形状が得にくいため，エンドタブでそれを形成しやすくする。
② アークスタート時は不安定でブローホールや融合不良の欠陥が発生しやすいので，エンドタブ上でアークの発生を行う。
③ ビードのクレータ部には，割れなどの欠陥が発生しやすいので，エンドタブ上でクレータ処理を行う。
④ 大きなタブを取付けると，始終端部の欠陥防止の他，溶接変形や磁気吹きの防止にも効果がある。

始終端部に発生しやすい溶接欠陥がエンドタブ内に収まるように設定する。被覆アーク溶接の場合で30～50mm程度，ガスシールドアーク溶接の場合では40～80mm程度の長さのエンドタブが使用される。しかし，実施工では溶接方法の種類，および多層盛溶接か，大入熱の1パス溶接にするのかでクレータ長さが変わるため，溶接方法，積層法などに応じてエンドタブの長さを決める必要がある。特にサブマージアーク溶接では，300mm以上の長さのエンドタブが必要となる場合もある。

なお，場合によってはセラミックス製のエンドタブが使用されることもある。主なエンドタブの例を図4.14に示す。

溶接完了後，製品や設計条件によってはエンドタブをそのまま残してよい場合もあるが，1995年（平成7年）1月に発生した阪神・淡路大震災で破壊した建築鉄骨構造物のなかには，エンドタブを残したままにしたことで，母材とタブ間の隙間（未溶着部）が切欠きとなりぜい性破壊した事例もある。[20] そのため，一般的にはエンドタブは，溶接完了後，除去するのがよい。そして，エンドタブを除去した場合，母材端部はグラインダで平滑に仕上げ，切断ノッチを残さないようにしなければならない。

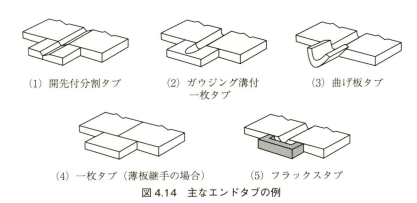

図4.14　主なエンドタブの例

(5) 一時的取付け品の溶接

部材の組立て，運搬および足場架設などのため，ジグ，ピース類の一時的取付け品を溶接することがある。これらの溶接は，一時取付け品を固定するために必要な強度をもち，母材に有害な影響を与えないような溶接方法，溶接材料および施工条件で行うことが要求される。技能資格をはじめ，原則的にタック溶接の場

合と同様の管理が必要である。

　厚板の高張力鋼，低合金鋼などに一時的取付け品を低入熱の溶接で取付けた場合，過度の硬化部や低温割れが生じるおそれがある。それを防ぐため，高目の予熱温度，低水素系溶接棒の使用などに十分注意して溶接を行わなければならない。また，母材にアンダカットやアークストライクが残存すると，そこから供用中にき裂が発生・進展することもあるので，一時的取付け品の溶接といえども丁寧な施工をしなければならない。

　工事完了後，このような一時的取付け品は除去されるが，その際には母材にきずをつけないように除去する。万一，母材にきずをつけた場合には，グラインダできずを除去し，深いきずの場合には肉盛溶接をして平滑に仕上げる。母材が高張力鋼など低温割れを発生しやすい材質の場合には，溶接部を仕上げた後に磁粉探傷試験（MT）や浸透探傷試験（PT）できずが残ってないことの確認が必要である。図4.15は，ピース類の除去方法の例を示したものである。ずさんな溶接で発生した溶接欠陥が残存したまま溶接構造物が供用されると，その溶接欠陥からき裂が発生し，強度部材まで進展することがある。表4.1に示した1980年（昭和55年）3月に発生した北海油田掘削リグ A.L. キーランド号の転覆事故が，そのことを如実に物語っている。

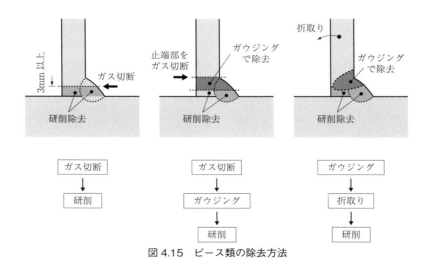

図4.15　ピース類の除去方法

256　第4章　溶接施工・管理

（6）溶接姿勢とジグ

　溶接姿勢には種々の姿勢があるが，溶接品質，作業能率ともに下向姿勢がもっともよい。組立て順序の工夫および適当な定盤やジグを準備して，極力，下向姿勢で溶接できるようにすべきである。溶接ロボットによる施工であっても，ポジショナとの組み合わせによって極力，下向姿勢で溶接する方が品質，能率ともに向上する。

　溶接用ジグの使用目的は，次の3点である。

① 溶接を極力，下向姿勢で行えるようにする。

② 溶接によって生じる変形を拘束し，または適当な逆ひずみを与えることによって製品の寸法精度を高める。

③ 作業を単純化あるいは自動化して，能率を向上させる。

（7）作業環境・場所の確認と整備

　溶接準備として重要な項目に作業環境の確認と整備がある。良好な環境での作業は，溶接品質の向上につながる。そのため作業の安全衛生対策が行われ，無理のない姿勢で作業ができることの確認が重要である。特に留意しなければならない作業環境・場所と，その対応策を以下に挙げる。

① 高所での作業の場合には，足場などの作業床の状態，墜落防止対策，昇降装置の設置などを確認する。

表4.22　溶接環境に関わる規定

状　況	対策処置	規　格
気温が低い	気温が−5℃を下回る場合は，溶接を行ってはならない。気温が−5℃〜5℃においては，接合部より100mmの範囲の母材を加熱すれば溶接することができる。	・日本建築学会 建築工事標準仕様書 JASS 6 鉄骨工事
	母材温度が−20℃より低い場合は溶接禁止。−20℃〜0℃では，溶接開始点から75mmの範囲を15℃に予熱するよう勧めている。	・ASME Sec. Ⅷ Div.1UW-30
風が強い	風の強い日は，遮風して溶接を行う。ガスシールドアーク溶接の場合，風速2m/s以上ある場合には溶接を行ってはならない。ただし適切な防風処置を講じた場合は，この限りでない。	・日本建築学会 建築工事標準仕様書 JASS 6 鉄骨工事
	ガスシールドアーク溶接では，防風対策を施し風速2.2m/s以下にしなければならない。	・AWS D1.1 5.12.1
雨天や湿度が高い	屋内であっても，水分が母材の表面および裏面付近に残っていないことを確認して溶接を行う。	・日本建築学会 建築工事標準仕様書 JASS 6 鉄骨工事

② 狭あいな場所では，換気設備の設置，感電防止措置などを確認する。
③ 屋外での溶接作業では，**表 4.22** に示すような予熱，防風対策など天候に対する配慮をする。

4.3.6 溶接作業の管理

(1) 予熱

予熱とは，溶接または熱切断に先立って，母材に熱を加えることである。

(a) 予熱の目的と予熱温度

予熱の目的のなかで最も重要なのが，低温割れの発生を防ぐことである。予熱を行うと，溶接時の継手部の冷却速度を遅くすることができるので，急冷による熱影響部の硬化が抑制され，また，冷却時間が長くなることで拡散性水素の放出も促進される。すなわち，低温割れの発生原因である「硬化」と「拡散性水素」の二つを減らすことができる。

溶接部の冷却速度と継手の健全性の関係を概念的に示したのが，**図 4.16** である。[21)] 厚板を小入熱，予熱なしで溶接すれば溶接部は急冷され，熱影響部の硬化や低温割れを発生するリスクがある。逆に，大入熱で予熱・パス間温度が高すぎると，溶接部は徐冷され，熱影響部の結晶粒が粗大化し，軟化やぜい化のおそれが生じる。したがって，適正な冷却速度領域で溶接することにより，健全な継手が確保できる。高張力鋼や低合金耐熱鋼においては，炭素当量（Ceq），溶接割れ感受性組成（P_{CM}）および強度が高くなるほど，適正冷却速度領域は狭くなるので注意する必要がある。

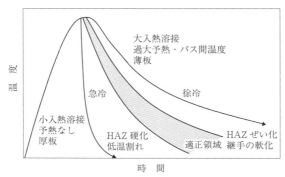

図 4.16　溶接部の冷却速度と継手の健全性

258 第4章 溶接施工・管理

　低温割れ防止以外では，寒冷時の溶接，板厚の厚い継手の溶接および熱伝導率のよい材料の溶接のときに，溶込不良や融合不良を防ぐために予熱を行う場合がある。

　通常，予熱を必要としない場合においても，開先部やその近傍の結露や湿気を除去するため開先付近を 20℃ 程度に加熱する。しかし，結露が生じやすい条件下では，ガスバーナを用いた不適切な加熱は，開先部およびその近傍に水分を誘発し逆効果となるおそれがあるため，適切な温度管理が必要である。

　予熱温度は母材の種類によって単純に決まるものではなく，溶接する構造物または部材の大きさ，板厚，溶接法，溶接材料，溶接条件および作業環境条件によって変更する必要がある。また，低温割れに関係する熱影響部の硬さおよび溶接金属の拡散性水素量は，母材の化学成分，溶接材料に含まれる水素量，大気の湿度，溶接入熱にともなう冷却速度などによって変化し，さらに低温割れには拘束度も影響する。したがって，予熱温度はこれらを総合的に考慮して決めなければならない。

　予熱温度の多くは，工事に適用される法規，基準で規定されている。例えば，

表 4.23　必要予熱温度の例（道路橋示方書・同解説）

単位：℃

鋼　　種	溶接法	板厚区分（mm）			
		25 以下	25 を超え 40 以下	40 を超え 50 以下	50 を超え 100 以下
SM400	低水素系以外の溶接棒による被覆アーク溶接	なし	50	－	－
	低水素系の溶接棒による被覆アーク溶接	なし	なし	50	50
	サブマージアーク溶接 ガスシールドアーク溶接	なし	なし	なし	なし
SMA400W	低水素系の溶接棒による被覆アーク溶接	なし	なし	50	50
	サブマージアーク溶接 ガスシールドアーク溶接	なし	なし	なし	なし
SM490 SM490Y	低水素系の溶接棒による被覆アーク溶接	なし	50	80	80
	サブマージアーク溶接 ガスシールドアーク溶接	なし	なし	50	50
SM520 SM570	低水素系の溶接棒による被覆アーク溶接	なし	80	80	100
	サブマージアーク溶接 ガスシールドアーク溶接	なし	50	50	80
SMA490W SMA570W	低水素系の溶接棒による被覆アーク溶接	なし	80	80	100
	サブマージアーク溶接 ガスシールドアーク溶接	なし	50	50	80

表 4.23 は，「道路橋示方書・同解説」[22]から抜粋した標準予熱温度条件を示したものである。その他，必要最低予熱温度の目安は780N/mm² 高張力鋼で100～150℃，またCr-Mo鋼では1.25Cr-0.5Mo鋼が120～300℃，2.25Cr-1Mo鋼が150～350℃とされている。

　さらに，実施工では以下のようなことも配慮して予熱を行わなければならない。

　溶接ビード長が短いタック溶接や補修溶接では，熱影響部の急冷による硬化が著しいので，表4.20で示したように，予熱温度は，本溶接の際に必要な温度より30～50℃程度高くする必要がある。屋外の作業で，気温が著しく低く，例えば－10℃以下の場合や，風が強く溶接部が急冷されるおそれのある場合には，予熱温度は通常の温度よりやや高くすべきである。一方，ソリッドワイヤを用いたガスシールドアーク溶接では，被覆アーク溶接に比べて拡散性水素量が少ないので，予熱温度を通常より低くできるが，そのためには十分なデータと確認が不可欠である。表4.23に示した標準予熱温度条件も，溶接法，溶接材料の違いを考慮して，予熱温度を設定している。

(b) 予熱の方法

　予熱の方法には，ガス炎加熱法，電気抵抗加熱法，電磁誘導加熱法，炉中加熱法および赤外線加熱法などがある。溶接開始前だけの予熱の場合には，手動による手軽なガス炎加熱法が用いられることが多い。溶接中も長時間加熱を継続する必要がある場合には，装置化したガス炎加熱法や電気抵抗加熱法が用いられる。電気抵抗加熱法は，サーモスタットの組込みによって温度制御が正確にできる。抵抗発熱体の種類には，パイプの円周継手に適しているバンド状のコイルヒータ，直線継手に適しているストリップ（帯状）ヒータなどがある。

(c) 予熱の範囲と確認

　予熱は開先内だけでは不十分で，通常継手の両側50～100mmまで（板厚が30mm以上の場合は板厚の3倍まで）の範囲が所定の温度となるように加熱・保持しなければならない。

　JIS Z 3703：2004[23]は，**図 4.17** に示すように予熱温度の測定位置を，被溶接物の板厚 t が50mm以下の場合は開先の縁から 4×t mm（最大50mm）の位置と板厚 t が50mmを超える場合には開先から少なくとも75mm離れた位置，あるいは当事者間の合意が得られた位置と規定している。また温度測定は，できるだけ加熱の反対側の面で行うと定めている。さらに，予熱温度の確認は，接触形も

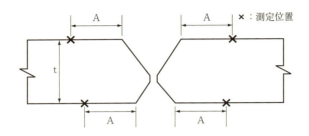

予熱温度は溶接金属部，開先の縁からAの位置で測定

・t≦50mm：A=4×t　ただし最大50mm
・t＞50mm：A=75mm

図4.17　予熱温度および予熱保持温度の測定位置（JIS Z 3703：2004）

しくは非接触形の表面温度計，または感温材（温度チョークや示温ペイントなど）を用いて行う。

(d) 予熱作業の留意点

予熱作業を行うにあたっての留意点を，以下に挙げる。

① 板厚が厚い場合，予熱は母材の表面が所定温度に達してもすぐにやめず，しばらくその温度に保持して，板の内部まで熱が行きわたるようにする。

② 予熱をして溶接を開始したら，溶接は中断せずに溶接を終了させるのがよい。もし，中断して開先部が予熱温度以下に冷えたら，溶接再開時にあらためて予熱を行わなければならない。

③ 板厚が厚く，溶接中に開先部が予熱温度以下になる場合には，溶接中も加熱を継続し，開先近傍が予熱温度以下にならないようにする。

(2) パス間温度

多層盛溶接の場合，1つの中間パスの溶接を始めるときには，直前の溶接パスや開先近傍の母材は温度が高く熱い。そのときの直前の溶接パスおよび開先部周辺の母材部の温度のことをパス間温度という。したがって，パス間温度が設定されるのは，多層盛溶接の場合に限られる。

例えば，「パス間温度は，100℃～350℃」のように下限温度と上限温度で設定される場合や，下限温度だけあるいは上限温度だけを制限する場合もある。

パス間温度の下限温度と上限温度を設定する場合，その目的がまったく異なるので注意が必要である。下限温度は，予熱と同様に低温割れ防止を目的に設定さ

れる。また，溶接施工要領書で予熱温度が規定されている場合には，パス間温度も予熱温度以上に維持されなければならない。

上限温度は，じん性低下や強度低下防止を目的に設定される。多層盛溶接で下層溶接パスの温度が高いまま，すなわち，パス間温度が高い状態で次のパスを置くと，冷却速度が遅くなり過ぎて，溶接金属部の結晶粒の粗大化を招き，溶接金属とボンドのじん性低下および強度低下が生じる。上限温度の管理はこれらの防止のためである。

建築鉄骨構造物において柱－梁の現場溶接継手は，いずれも溶接長が短い。そのため，多パス盛りすると連続溶接になるのでパス間温度が高くなり，溶接金属の強度およびじん性が低下する。1995年（平成7年）1月に発生した阪神・淡路大震災で破壊した建築鉄骨構造物では，このことも破壊の原因の1つといわれている。そして，この震災を契機にマグ溶接部の強度およびじん性を確保するため，日本建築学会では，柱－梁溶接は，適用鋼種において所定の機械的性質を確保するため，**表4.24**のように入熱およびパス間温度を管理する必要があるとしている。[24]

また，パス間温度の測定は表面温度計や感温材（温度チョークや示温ペイントなど）を用いて，溶接金属または溶接開先の縁から10mm以内の位置で測定するように，JIS Z 3703：2004[23]では規定している。

（3）溶接条件

溶接条件は，溶接電流，アーク電圧，溶接速度，シールドガス流量など溶接結果に影響する溶接パラメータのことであり，これら溶接条件は母材の種類，板厚，溶接法，溶接材料，溶接姿勢および開先形状などに応じて決められ，溶接施

表4.24　鉄骨構造建築物における入熱・パス間温度の管理値（JIS Z 3312:2009 解説）

適用鋼材の引張強さ	ワイヤの種類	溶接条件	
		入熱，kJ/cm	パス間温度，℃
400 MPa	YGW-11，15，18，19	15 ～ 40	≦ 350
		15 ～ 30	≦ 450
490 MPa	YGW-11，15	15 ～ 30	≦ 250
	YGW-18，19	15 ～ 40	≦ 350
520 MPa	YGW-18，19	15 ～ 30	≦ 250

・ロボットには適用しない

262 第4章 溶接施工・管理

工要領書に記載される。

　溶接条件は一般に適正条件範囲として示されるが，その範囲の中心値が必ずしも最適値とは限らない。被覆アーク溶接の溶接電流を例にとれば，被溶接物の開先の状態（ルート間隔，ルート面，前パスの状態など）によって，高めの電流あるいは低めの電流が推奨される。

　表4.1に示した1968年（昭和43年）4月に発生した球形タンクの破壊事例では，780N/mm^{2}の高張力鋼に対して80kJ/cm以上の入熱量で補修溶接したことが，ぜい性破壊の原因とされている。この事例からも，溶接部の強度およびじん性を確保するためには，パス間温度と同様に入熱制限も必要であることがわかる。**表4.25**[25]は，国内規格における入熱制限の状況を示したものであり，どの規格も鋼材の種類に対して同程度の溶接入熱で上限を制限している。

　溶接入熱は第2章の（2.1）式で示すように溶接電流，アーク電圧，溶接速度を計測することで求められる。しかし，この方法では実施工において，溶接作業者とは別に溶接速度を計測する要員が必要であり，現実的な方法でない。

　そこで，実施工で用いられている標準積層図の設定による入熱制限の方法を説明する。溶着量は溶接電流に比例し，溶接速度に反比例することより，溶接ビード1パス当りの溶着量をコントロールすることで，溶接入熱を制御することができる。この方法は，板厚，開先形状および管理入熱量ごとに標準積層図を設定するものである。[26]**図4.18**は，「レ形開先で開先角度35°，ルート間隔7mmをYGW-18，1.2mmϕのワイヤを用いて下向き溶接する」場合で，溶接入熱を

表4.25　入熱制限の比較

規　格	構造物	鋼　種	入熱範囲（kJ/cm）
道路橋示方書・同解説	橋梁	SM 490，490Y	原則100以下
		SM 570，SMA570W SM 520 SMA 490W	原則70以下
本州四国道路橋 公団規格		HT 690，780	原則50以下 （層間温度 ≦ 200℃）
水門鉄管協会 水門鉄管技術基準 水圧鉄管・鋼構造物編	水門，水圧鉄管	SHY 685NS	50 （平均45以下が望ましい）
日本ガス協会 球形ガスホルダー指針	球形タンク	HW 490	12〜60 （12〜45）[1]
		HW 685	12〜45 （12〜35）[1]

1）：カッコ内の値は最低使用温度が−30℃以上−10℃未満の場合

開先形状	層	パス／層	電流 (A)	電圧 (V)
ワイヤ径 1.2mmφ 下向溶接 35° 28　7mm	1～4	1	230～400	23～40
	5～6	2	230～400	23～40

板厚 28mm の積層例

図 4.18　溶接入熱制限 (40kJ/cm 以下) の標準積層方法

40kJ/cm 以下に制限するための標準積層方法を示したものである。すなわち，この場合，標準溶接条件にて 1～4 層までは 1 層 1 パス，5～6 層は 1 層 2 パスで溶接を行うことにより，溶接入熱 40kJ/cm 以下で積層されたことになる。

溶接条件の管理は，溶接作業管理の中でも最も重要である。溶接が溶接施工要領書どおりに施工されていることを確認すること，および施工した溶接条件を記録して残すことが必要である。

(4) 溶接順序と溶着法の選定

溶接施工においては，溶接構造物のどの継手から溶接を行っていくか，また 1 本の溶接線をどのような積層手順で溶接するか，という 2 種類の順序を考えなければならない。前者を溶接順序，後者を溶着法（または溶着順序）という。

(a) 溶接順序

溶接順序を誤ると，部材，構造物全体の溶接変形や大きな溶接残留応力を生じ，過度の拘束による割れを発生するおそれもある。溶接順序の選定は，構造物が正しい形状を保つこと，著しい拘束が生じないこと，溶接欠陥が発生しないことなどを総合的に考慮して決定しなければならない。

表 4.26 は，溶接順序選定の基本的考え方を示したものである。

図 4.19 に示すようなタンクの底板などの平板の突合せ溶接では，表 4.26 の (1) の考え方から，①，②，③，④の順序で溶接するのが溶接変形を防止する基

表 4.26　溶接順序選定の基本的考え方

(1) 部材，構造物の中央から自由端に向けて溶接する．すなわち，収縮変形をなるべく自由端に逃がすようにする．
(2) 未溶接継手を横切って溶接してはいけない．
(3) 溶着量（収縮）の大きい継手を先に溶接し，溶着量の小さい継手は後で溶接する．
(4) 著しい拘束応力を発生させない順序で溶接する．

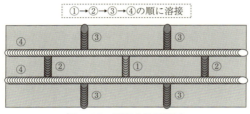

図 4.19　平板の溶接順序

本である．しかし，この順序を誤ると大きな溶接変形が生ずるので注意しなければならない．

図 4.20 (a) は，タンクの側板などの T 形交差箇所で，未溶接継手を横切って溶接しない適正な溶接順序を示したものである．図 4.20 (b) に示すように①を②より先に溶接し，未溶接継手を横切って溶接した場合に，切欠き助長割れが発生するおそれがあるので注意が必要である．

I 形ガーダを現場溶接する場合，**図 4.21** (a) に示すように，溶着量の多いフランジ相互の突合せ溶接（①と②）を先に，ウェブの突合せ溶接（③）を次に，そして最後にウエブとフランジのすみ肉溶接（④と⑤）を行う．この順序を逆に

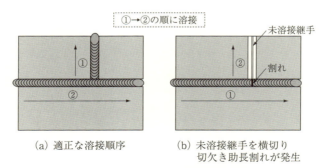

(a) 適正な溶接順序　　(b) 未溶接継手を横切り
　　　　　　　　　　　　切欠き助長割れが発生

図 4.20　T 形交差箇所の溶接順序（未溶接継手を横切らない順序）

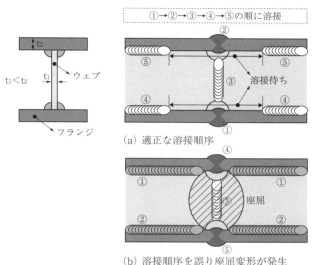

(a) 適正な溶接順序

(b) 溶接順序を誤り座屈変形が発生

図 4.21　I 形ガーダの溶接順序

してフランジの溶接を最後に行うと，ウェブがフランジの収縮のために図 4.21 (b) に示すように座屈変形をすることがある。図 4.21 (a) のような現場継手では，後で溶接する③の突合せ継手の開先合わせを容易にするため（目違いが生じないようにするため）④，⑤のすみ肉継手については，工場で製作する際に③の突合せ継手を挟んで 150 〜 300mm の長さを溶接しないでおく。この④，⑤の未溶接部を「溶接待ち」または「溶接マテ」と呼んでいる。この未溶接部は，③の

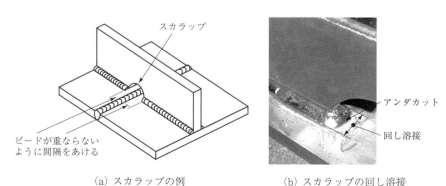

(a) スカラップの例　　　　　　(b) スカラップの回し溶接

図 4.22　スカラップと回し溶接

溶接時の拘束の緩和にも寄与している。

　突合せ継手とこれに交差する方向のすみ肉継手がある場合，**図4.22**（a）に示すように，半円状の切り抜きを設けることがある。これをスカラップという。同様に，すみ肉溶接同士の交差部に設けるものもスカラップである。スカラップは，溶接線の交差部に未溶融部や溶接欠陥を残さないために用いられる。スカラップで注意すべき点は，図4.22（b）に示すようにスカラップのすみ肉溶接の回し溶接にアンダカットがあると，そこが切欠きとなり応力集中部として疲労き裂発生の起点となることである。そのためスカラップの回し溶接は，アンダカットなどが生じないよう丁寧に行わなければならない。

　スカラップは構造物の断面欠損と応力集中を生じるため，疲労き裂の発生源となるおそれがある。また，阪神・淡路大震災などの大震災の際，建築鉄骨構造物に設けられたスカラップのコーナー部から鉄骨が破断した事例があることから，スカラップを設けない工法あるいはスカラップ形状の改良を行い，応力集中を軽減することが推奨されている。造船では，スカラップを埋める方法が一般化されており，埋めやすい扇形スカラップ溶接が1960年代以降世界的に採用され，疲労き裂防止に著しい効果を発揮している。

　はめ込み溶接のように拘束が極めて大きい場合には，拘束割れが発生しやすいので，全長多層法（全長を一方向に連続して溶接すること）は避ける方がよい。

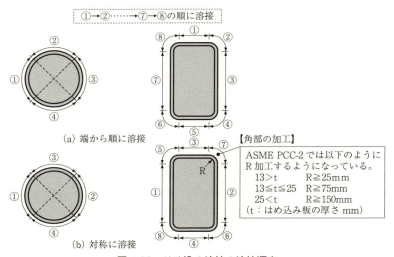

図4.23　はめ込み溶接の溶接順序

溶接順序には，図4.23 (a) に示すように端から順番にやっていく方法と，図4.23 (b) に示すように対称的にやっていく方法とがある。どちらの方法でも，まず①を表面まで溶接を完成させて，次に②を表面まで溶接するという具合に順序を区切って溶接する。さらに，それぞれの順序のビードと次の順序のビードのつなぎは，後で述べるブロック法やカスケード法で丁寧につなぐようにしなければならない。

(b) 溶着法

溶着法には**図4.24**に示すように，溶接線方向に対する溶着法である前進法，後退法，対称法および飛石法と多層盛における溶着法である全長多層法，ブロック法およびカスケード法がある。

後退法および対称法は，横収縮を溶接線に沿って均等にすることを狙った方法である。飛石法は，溶接熱を分散させて横収縮を均等にし，回転変形も小さくし，また薄板で問題となる縦収縮による座屈変形も小さくする方法である。飛石法の場合，単位ビード長を短くすると変形は少なくなるが，ビードの継目箇所が増え，溶接欠陥の発生する可能性が増える。

多層盛溶着法のブロック法およびカスケード法は，厚板の溶接に用いられる。溶接ビードの継目をずらして，継目部の溶接欠陥の発生を防ぐために考えられた方法である。

厚板の溶接で拘束が大きい場合には，多層盛の初層および2, 3層に低温割れ

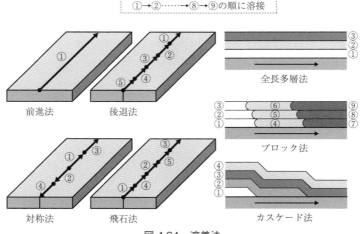

図 4.24 溶着法

が発生しやすい。そのため，ブロック法またはカスケード法で板厚の1/2以上まで連続して積層することが，割れ防止に有効である。

(5) 裏はつりと裏溶接

突合せ溶接継手の被覆アーク溶接やガスシールドアーク溶接の初層は，溶込不良，融合不良，スラグ巻込み，ポロシティ，割れなどの溶接欠陥を生じやすい。したがって，重要な継手では，**図4.25**に示すような裏当て金付き溶接の場合と完全な裏波が得られる片面溶接の場合を除いて，裏はつりを行わなければならない。

前述の表4.1に示した破壊事例では，首都高速道路の貫通柱フランジと梁フランジ間のK形開先溶接部において，裏はつりが不十分で残存したルート部未溶着部から疲労き裂が発生している。このような破壊事故を未然に防ぐため，裏はつりの際には**表4.27**に示す注意事項を遵守しなければならない。特に，裏溶接の際に溶接欠陥を発生させないためには，**図4.26**に示すように裏はつり形状が重

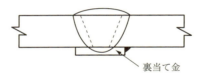

図4.25 裏当て金付き溶接の一例

表4.27 裏はつりの際の注意事項

① 初層溶接部とタック溶接部に発生した欠陥はすべて除去する。
② 裏溶接がやりやすいように，裏はつりした溝（裏開先）は裏面側に広がった形状にしなければならない。（図4.26）
③ エアアークガウジングで裏はつりした場合に，裏はつり面へガウジング電極からの炭素や銅粉が付着していたら除去する。
④ 裏溶接を開始する前に，必ず裏はつり面の表面検査を行い，欠陥が除去されていること，裏はつりした溝が望ましい形状になっているかどうかを確認する。これを「裏はつり検査」といい，目視試験，MT，PTなどで行われる。

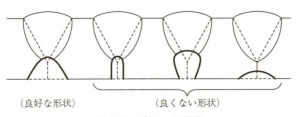

図4.26 裏はつり形状

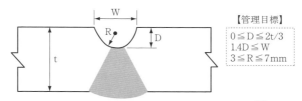

図 4.27　裏はつり形状の管理目標（V形開先）[27]

要であり，図 4.27 に V 形開先の場合の裏はつり形状の管理目標の例を示す。[27]

裏はつりの方法には以下のようなものがあり，裏はつりする溶接金属部の材質などにより，最適な方法が用いられる。

(a) エアアークガウジング

エアアークガウジングは，図 4.28 に示すようにエアアークガウジング用トーチに銅めっきされた炭素電極を挟（はさ）み，この電極と母材との間に直流アークを発生させて，母材を局部的に溶融させる。アーク発生と同時にトーチの口金に設けた穴から圧縮空気を噴出させ，溶融金属を吹き飛ばすことによって，溝を掘る方法である。炭素電極は，掘る溝の深さ，形状に応じて，適切な直径および形状のものを用いる。電源としては一般的にはガウジング専用機を用いるが，直流溶接機でも可能なものがある。

この方法の利点は，熱変形が少ないこと，作業能率が高いことである。一方，欠点は電極炭素の微粉が多量に飛散するので，十分な換気と防じんマスク着用が必要なこと，騒音が大きいこと，および裏はつりした溝に炭素や銅が付着しやすいことである。

裏はつりした溝内に付着した炭素，銅およびスラグなどは，グラインダ，ワイヤブラシで完全に除去する必要がある。特に炭素や銅が付着したままで裏溶接す

図 4.28　エアアークガウジング

ると，割れが発生することがあるので注意が必要である。

裏はつりした溝の形状が良くないと，裏溶接のときにスラグ巻き込みや融合不良などの溶接欠陥が生じるので，溝の形状の検査が重要である。

（b）ガスガウジング

ガスガウジングは，酸素・アセチレン，酸素・プロパンなどのガス炎で，はつり箇所を加熱し，酸素を吹きつけ，酸化反応で生成された酸化鉄を吹き飛ばし，溝を掘る方法である。

この方法の利点は，一般のガス切断器の火口をガスガウジング用の火口に取り替えることで，簡単に裏はつりができること，騒音が小さいことである。一方，欠点は熱による変形を生じること，熱応力で割れが進展するおそれがあることである。なお母材に入る熱量が多く，材質に悪影響を及ぼすおそれがあるので，焼入焼戻し（調質）鋼には適用できない。

（c）プラズマアークガウジング

プラズマアークガウジングは，作動ガスにアルゴン（Ar）＋ 35 ％水素（H_2）を使用して，プラズマアーク熱でガウジングする方法である。この方法は，エアアークガウジングに比べてガウジング溝に炭素や銅などの付着がない，騒音，ヒュームが少ない，さらにステンレス鋼やアルミニウム合金にも適用できるという利点がある。ただし，水素ガスを使うため安全管理上の注意が必要である。

（d）たがねはつり，グラインダ研削

たがねはつりは，ニューマチックハンマにたがねを取付けて削るようにしてはつる方法である。この方法の利点は，熱が加わらないので変形が生じないこと，材質変化がないこと，およびはつりの熱応力による割れが生じないことである。一方，欠点は騒音が激しいこと，欠陥をつぶしたり変形させたりして見逃すことがあることであり，最近ではほとんど使われていない。

グラインダ研削も熱が加わらない方法であり，変形が生じない，材質変化がないという利点はあるが，はつり作業能率が非常に低い。そのためグラインダ研削は，はつり溝が小さい薄板や短い継手に限り用いられることがある。

（6）溶接後の熱処理

溶接後の熱処理には，低温割れ防止を目的として溶接直後に行われる「直後熱」と溶接残留応力の緩和を主目的に行われる「PWHT」（Post Weld Heat Treatment：溶接後熱処理）がある。

(a) 直後熱

　直後熱は，溶接完了直後に溶接部とその周辺を加熱して，ゆっくり冷やすことにより，溶接部の拡散性水素の放出を促し，低温割れ防止を主目的として行われる。溶接完了後すぐに，溶接部を 200 ～ 350℃で 0.5 ～数時間加熱保持する。加熱温度が高いほど，拡散性水素の放出効果は大きく，短時間で目的は達成される。

　Cr-Mo 系低合金鋼は，熱影響部が非常に硬化しやすいため，高い温度での予熱が必要である。しかし，予熱温度が 200℃を超えると，溶接作業性が大幅に低下する，これに対処するため直後熱を併用することで予熱温度を低くして，溶接作業性を改善し，溶接品質を確保することが行われる。

　加熱方法は，ガス炎や電気抵抗などが用いられている。

(b) PWHT（溶接後熱処理）

　PWHT は，溶接残留応力の緩和を主目的として行われるが，熱影響部の軟化，溶接部の延性およびじん性の向上および拡散性水素の除去などにも効果がある。したがって，ぜい性破壊だけでなく，応力腐食割れ，低温割れなどの防止にも有効である。JIS Z 3700：2009 [27]では，最低加熱保持温度，最小保持時間，加熱速度，冷却速度，炉内挿入温度，炉外への取り出し温度などが規定している。[28] JIS に規定している PWHT の熱処理温度および時間を**表 4.28** に示す。また**図 4.29** は，P-1 材の溶接部厚さ 50mm を炉内熱処理した場合の熱処理チャートの一例を示したものである。

　PWHT では温度管理が重要で，温度計測記録も必要であり，一般に炉内加熱

表 4.28　溶接後熱処理の温度および時間（JIS Z 3700：2009）

母材		最低保持温度，℃	溶接部の厚さ t（mm）に対する最小保持時間，h（時間）				
P-No	代表鋼種		$t \leqq 6$	$6 < t \leqq 25$	$25 < t \leqq 50$	$50 < t \leqq 125$	$125 < t$
P-1	炭素鋼 高張力鋼	595		$t / 25$		$2 + (t - 50) / 100$	
P-3	0.5Mo 鋼	595					
P-4	1.25Cr-0.5Mo 鋼	650	$1/4$				
P-5	2.25Cr-1Mo 鋼 5Cr-0.5Mo 鋼 9Cr-1Mo 鋼	675		$t / 25$		$5 + (t - 125) / 100$	
P-9A P-9B	2.25Ni 鋼 3.5Ni 鋼	595	$t / 25$	$1 + (t - 25) / 100$			

1）425℃以上の温度における被加熱部の加熱速度 R_1 及び冷却速度 R_2 は，次による
　a）加熱の場合　$R_1 \leqq 220 \times 25 / t$　ただし，$55℃ / h \leqq R_1 \leqq 220℃ / h$
　b）冷却の場合　$R_2 \leqq 280 \times 25 / t$　ただし，$55℃ / h \leqq R_2 \leqq 280℃ / h$
2）炉挿入・取出し温度は 425℃未満とする。

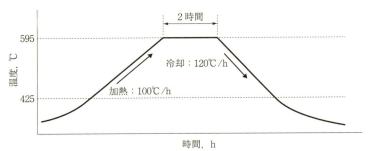

図 4.29　P-1 材の溶接部厚さ 50mm の熱処理チャート

による方法で行われる。現場での熱処理や大型製品で炉に入らない場合には，局部加熱による方法で行われる。

　オーステナイト系ステンレス鋼では，通常は溶接後熱処理を行わない。しかし，過酷な腐食環境で使用する場合，炭化物やぜい化相が析出した場合，および冷間加工によって硬化した場合は，固溶化熱処理，安定化熱処理または応力除去熱処理が行われる。この場合，事前に熱処理設備や水冷装置などの大きさ・性能などを調べて，熱処理の可否を検討する必要がある。

(7) 溶接部の仕上げ

　溶接が終了したら，ビードおよびその近傍をよく清掃しなければならない。スラグは完全に除去し，付着しているスパッタは取り除く。ビード清掃は溶接部の外観試験を正確に行うためにも欠かせない作業である。

　溶接部のビード外観確認の目的は，余盛高さ，脚長などの形状，寸法を確認すること，および割れやピットなどの表面欠陥の有無を検査することであり，一般的には目視で行われる。

　工事仕様書や品質基準に従って，ビード外観を検査し，許容範囲内に収まっているかどうかを確認し，もし収まっていなければ，グラインダなどでビード形状を修正して許容範囲内に収めなければならない。

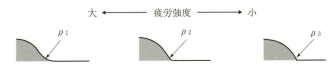

図 4.30　疲労強度に及ぼす止端部曲率半径の影響

繰返し荷重がかかる溶接継手の場合は，ビード止端部が応力集中部となり，**図4.30** に示すように止端部の曲率半径が疲労強度に大きく影響する。止端部にアンダカットがあると疲労強度はさらに低下する。

溶接ビード止端部の仕上げについては（一社）日本橋梁建設協会編の「溶接止端仕上げの手引」に詳述されている。[29] 以下にその概略を示す。

① バーグラインダを用いて止端処理をする。

② 削り込み量は，アンダカットの許容値 0.3mm を目安とし，止端部の曲率半径は 3R 以上とする。

③ グラインダ加工で切欠きを作らないように技量訓練を行い，十分な技量を有する者にグラインダ作業を限定するのが望ましい。

（8）溶接作業の記録

溶接作業の記録（溶接施工記録）は，品質記録として重要であると同時に，プロセスの妥当性確認のために不可欠である。溶接施工記録には，作業日，作業場所，開先形状，溶接条件，熱処理条件，作業者の技能資格などを記入しなければならない。

厳しい品質が要求される場合には，溶接継手ごとに溶接記録を残すことが求められる。この場合には，対象となるすべての継手に識別のための継手番号を付し，継手ごとに溶接施工要領書番号，開先形状確認結果，溶接材料の製造番号，溶接技能者名，溶接施工条件，施工日時などを記録しなければならない。また，溶接後熱処理や非破壊検査についても記録が必要である。

4.3.7　溶接結果の確認と記録

（1）品質の確認

溶接結果の品質確認には以下のような段階がある。

① 溶接技能者自身による自主管理チェック

　溶接前の溶接機や道具類の日常点検，溶接前の開先形状の確認，溶接終了後の目視検査などである。

② 品質管理担当者による品質確認

　作業者の技能資格の確認，溶接施工要領書記載内容と実工事施工条件の照合確認，溶接前・溶接中の品質確認，溶接後の外観検査と寸法確認などである。

274 　第4章　溶接施工・管理

③ 非破壊検査による溶接部の表面・内部品質の確認

　　資格の認証を持った非破壊検査技術者による放射線透過試験（RT），超音波探傷試験（UT），磁粉探傷試験（MT），浸透探傷試験（PT）などを用いた品質確認である。

　上記に加えて，客先の検査員や第3者機関による品質の確認検査が行われる場合も多い。

　溶接管理技術者は，上記全ての段階の品質確認に関与し，総合的に溶接品質を確認・把握しなければならない。そして，溶接補修の要否ならびに補修溶接部の再評価は，溶接管理技術者の重要な任務である。

(2) 品質基準

　適用法規や仕様書などの品質基準に従って，品質確認は行わなければならない。**表4.29**は，建築鉄骨関係の外観検査基準の一例を示したものである。

(3) 品質記録

　溶接工事がどのように準備され，作業がどのように行われ，どのような結果で

表 4.29　外観検査基準の例

名　称	図　示	建築工事標準仕様書（JASS 6）鉄骨工事	
		管理許容差	限界許容差
余盛高さ ビード幅	h B	・B<15:0<h≦3mm ・15≦B<25: 　0<h<4mm ・25≦B: 　0<h≦4B/25mm	・B<15:0<h≦5mm ・15≦B<25: 　0<h<6mm ・25≦B: 　0<h≦6B/25mm
アンダ カット	e	e≦0.3mm	e≦0.5mm
目違い	t e	・t≦15:e≦1mm ・t>15:e≦t/15mm 　かつe≦2mm	・t≦15:e≦1.5mm ・t>15:e≦t/10mm 　かつe≦3mm
ビード表面 の不整	ビード凹凸の高低差(h_1-h_2) h_1 h_2 ビード幅の差(W_1-W_2) W_1 W_2	・ビード凹凸の高低差は溶接 長25mm以内で2.5mm以下 ・ビード幅の差は溶接長 150mmの範囲で5mm以下	・ビード凹凸の高低差は溶接 長25mm以内で4mm以下 ・ビード幅の差は溶接長 150mmの範囲で7mm以下
ピット		溶接長300mm当1個以下。 1mm以下は3個で 1個と計算	溶接長300mm当2個以下。 1mm以下は3個で1個と計算

あったのかは記録に残さなければならない。それらの記録は品質記録と呼ばれ，製品の品質保証のために欠くことのできないものである。

主な品質記録を**表 4.30** に示す。これらの記録は，万一溶接部に関連する割れなどの品質トラブルが起こった場合に，その原因をさかのぼって追究するのに用いられる。このように，記録によりさかのぼってトラブル原因を追跡できることを「トレーサビリティがある」という。「トレーサビリティがある」ことは，品質保証のために欠くことのできない重要な品質要求事項である。

表 4.30　品質記録

① 要求事項／テクニカルレビューの記録
② 材料検査成績書（ミルシート）
③ 溶接材料検査成績書（ミルシート）
④ 溶接施工要領書
⑤ 溶接施工法承認記録（WPQR）
⑥ 溶接技能者又は溶接オペレータの適格性証明書
⑦ 非破壊試験要員の証明書
⑧ 熱処理施工要領および記録
⑨ 非破壊試験および破壊試験要領ならびに記録
⑩ 寸法記録
⑪ 補修記録および不適合報告書
⑫ 要求された場合，その他の文書

4.4　溶接変形の防止と矯正

溶接変形は，構造物の組立において，精度管理の点から工作上重大な障害になるばかりか，その使用性能を損なう場合もある。

また，溶接変形の防止と溶接残留応力の軽減とは相反することが多く，両者を両立させることは困難である。後者は 4.3.6 項（6）で述べた溶接後熱処理等で対応するのが一般的である。したがって，溶接変形をできるだけ小さくする施工と，変形が生じた場合の適切な矯正方法が製品の品質にとって重要である。

4.4.1　溶接変形の防止対策

発生した溶接変形の矯正は困難であり，矯正には多大な労力と時間を要する。また，矯正方法は経験に頼っているところが多い。そのため，設計段階から構造，継手，開先などの溶接設計や製作要領を検討して，変形が許容範囲内に収まるように努めなければならない。

施工段階での変形防止対策で配慮が必要な項目を**表 4.31**に示す。

表 4.31　施工段階での変形防止対策

① 伸ばし代の考慮と部材の寸法精度および組立精度の向上
② 開先精度の向上
③ 逆ひずみ法の適用（**図 4.31**）
④ ひずみ防止ジグの使用（**図 4.32**）
⑤ 組立順序および溶接順序の工夫
⑥ 必要以上の余盛および脚長の禁止

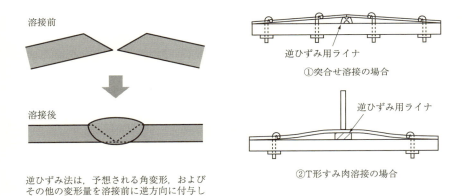

図 4.31　逆ひずみ法の原理ならびに適用例

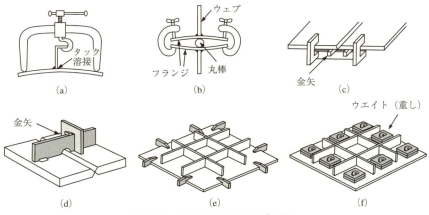

図 4.32　拘束ジグによるひずみ防止

4.4.2　溶接変形の矯正方法

　溶接完了後，溶接変形が許容範囲を超えた場合には，許容範囲に収まるように矯正しなければならない。溶接変形の矯正の方法には「機械的方法」と「熱的方法」とがある。

　溶接変形が生じるのは，溶接部およびその近傍が局所的に収縮することに原因がある。したがって，それを修正するには収縮した箇所を伸ばすか，収縮しなかった箇所を収縮させるのが原則である。「機械的方法」は前者に，「熱的方法」は後者に属する。

(1) 機械的矯正法

　機械的矯正法は，図 4.33 に示すようにローラやプレスなどが用いられ，溶接によって変形が生じた部分（溶接部およびその近傍）を冷間塑性加工により伸ばす矯正方法である。そのため，これらの機械的矯正法には設備的な制約があり，比較的小形の部材および単純形状の構造物にしか適用できない。

(2) 熱的矯正法

　熱的矯正法は，図 4.34 に示すように溶接によって収縮しなかった部分を，局部加熱によって収縮させ矯正する方法である。図 4.35 に，T 形すみ肉溶接材での熱的矯正の例を示す。加熱熱源にはガス炎が広く用いられ，加熱直後に水冷すると効果が大きい。この作業（一般的にはひずみ取りと呼ばれている）は，経験や熟練を要する上に，加熱，急冷により材質が変化することがあるので注意しなければならない。

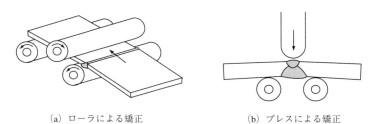

(a) ローラによる矯正　　　　　(b) プレスによる矯正

図 4.33　機械的矯正法の例

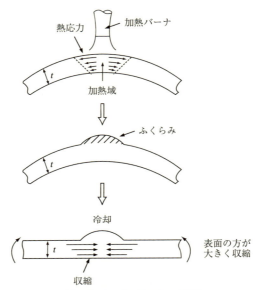

図 4.34 熱的矯正法(ひずみ取り)の原理

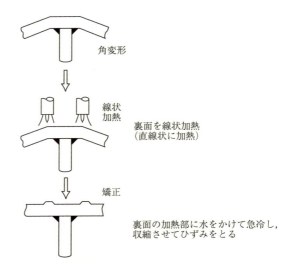

図 4.35 T形すみ肉溶接材の熱的矯正の例

　最高加熱温度は,低炭素鋼や圧延・焼ならし鋼の場合で約 900℃,焼入焼戻し鋼(調質鋼)の場合には 550℃(または焼戻温度以下)とし,それ以上の温度に

加熱してはならない。なお，最高加熱温度については種々の規定があり，例えば，AWS D1.1 規格では，焼入焼戻し鋼（調質鋼）で 600℃ 以下，それ以外の鋼で 650℃ 以下としている。

4.5　溶接欠陥の防止

4.5.1　溶接欠陥とその影響

　代表的な溶接欠陥の種類と分類は第 2 章の**図 2.19** に示すとおりである。一般的には，内部欠陥より表面欠陥の方が，欠陥の先端が丸みのあるものより先端が鋭い欠陥の方が有害である。したがって，割れ，溶込不良，融合不良ならびにアンダカットは重大な溶接欠陥とみなされる。

　また，変形，形状的不連続，硬化や軟化，ぜい化なども溶接部の性能に影響を及ぼす。

　溶接欠陥は，不適切な施工計画，溶接施工要領が原因で発生する場合と，不十分な施工管理により発生する場合とがある。前者の場合には，直ちにその施工を中止し，原因を確認するとともに，原因に関連している全溶接継手を検査しなければならない。また，改善された溶接施工要領を適用する場合には，溶接欠陥が再発しないことを十分に確認しなければならない。

4.5.2　溶接欠陥の防止対策

　ここでは溶接欠陥を防止するために，注意すべき全般的な共通基本事項を述べる。その後，代表的な溶接欠陥について，その発生原因と防止対策を説明する。

（1）共通基本事項
　種々の溶接欠陥を防止するための共通事項を，以下に挙げる。
　① 適切な材料および適切な溶接法の選定
　② 母材，溶接方法に適した溶接材料の選定ならびに適切な乾燥・保管
　③ 適切な溶接姿勢および開先形状の選定。および開先精度の確保
　④ 溶接施工環境（気温，湿度，風，雨，狭あいなど）への対策
　⑤ 溶接技能者および溶接オペレータの教育と適正配置

(2) 低温割れの発生原因とその防止

低温割れは，約300℃以下で発生する割れをいう。低温割れは，その形状が鋭い切り欠きとなるため，溶接欠陥のなかでも重大な欠陥であり，高張力鋼の溶接施工において，その防止対策は重要な管理項目である。

低温割れは，図4.36に示す3つの主要要因により発生する。

したがって，これらの因子を割れが生じない条件にすることが，低温割れの防止につながる。ここでは，設計面および施工面での低温割れ防止策を以下に挙げる。（第2章2.3.2参照）

(a) 鋼材の化学成分の制限

熱影響部の最高硬さを低減する手段の1つが，炭素当量（Ceq）や溶接割れ感受性組成（P_{CM}）の低い鋼材を使用することである。したがって，使用する鋼材を発注する際には，低温割れ防止のため鋼材の化学成分に留意する必要がある。

(b) 溶接部の拡散性水素量の低減

溶接部の拡散性水素が増加する原因は，次のような場合である。
① 開先に水分，錆，油脂等が付着しているのにそのまま溶接した場合
② 吸湿したり，乾燥が不十分な被覆アーク溶接棒を用いて溶接した場合
③ 高温多湿の作業環境で溶接した場合

したがって，開先を清掃して乾燥すること，乾燥した低水素系溶接棒の採用およびマグ溶接やミグ溶接のように水素源の少ない溶接方法を適用することが，拡散性水素の低減になり低温割れ防止につながる。

図4.36 低温割れの3要因

（c）予熱

　予熱をすると溶接後の冷却時間が長く（冷却速度が遅く）なり，熱影響部の硬化が抑制され，また溶接金属の拡散性水素の放出も促進される。このように予熱は低温割れ防止のための重要な手段である。

　予熱を行う溶接で多層多パス溶接を行う場合は，パス間温度も予熱温度以下に下がらないようにしなければならない。

　溶接後の冷却時間が短く（冷却速度が速く）なりやすい厚板の溶接，タック溶接，および部分補修溶接などの場合には，より高い温度で予熱しなければならない。また，溶接入熱を大きくすると冷却速度は遅くなるので，低温割れ防止の効果が得られる。

（d）溶接直後熱

　溶接直後に溶接部を加熱すると拡散性水素の放出が促進され，低温割れ発生の防止につながる。

（e）継手の拘束の低減

　溶接する継手の拘束が大きい場合は割れやすいので，設計面および施工面から拘束を小さくする工夫が必要である。一般的に，板厚が厚くなるほど，平板の継手より立体的になった構造物の継手ほど拘束は大きくなる。

（3）高温割れの発生原因とその防止

　高温割れは，凝固温度範囲で発生する凝固割れが大部分である。ときには熱影響部の割れもあるが，ほとんどが溶接金属内に発生する割れである。高温割れには高温延性低下割れや粒界液化割れも含まれる。ここでは代表的な凝固割れについて，施工面からの防止対策を述べる。

（a）炭素鋼の凝固割れ

　凝固割れは溶接金属の凝固過程で発生する。その代表例として，**図4.37**に示すような「梨形ビード割れ」がある。溶接金属の断面形状が西洋梨に似ていて，その中央で縦長に割れが発生するので「梨形ビード割れ」と呼ばれ，サブマージアーク溶接やマグ溶接で生じやすい。**図4.38**に示すように梨形ビード割れは，溶込み深さ（H）／ビード幅（W）の値が1以上になると発生しやすい。そのため，この割れを防止するには，H／Wの値が1未満となるようなビード断面形状を得る条件で溶接すればよい。（第2章2.3.3参照）

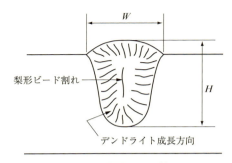

図4.37 梨形ビード割れ

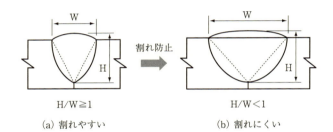

図4.38 施工面での梨形割れ防止策

(b) オーステナイト系ステンレス鋼の凝固割れ

　オーステナイト系ステンレス鋼の溶接部は，凝固割れが生じやすい。この凝固割れは主に溶接金属に発生するが，熱影響部に発生する場合もある。

　溶接金属に発生する凝固割れは，溶接金属のフェライト量を5～10％にすれば防止できる。そのため，溶接金属のフェライト量が5～10％となるように溶接材料製造メーカーで溶接材料（SUS308，SUS316など）を成分設計し製造している。また，大電流や大入熱の溶接は，割れが発生しやすいので避けるべきである。（第2章2.5.2（2）参照）

(4) 再熱割れの発生原因とその防止

　低合金鋼や高張力鋼の溶接部にPWHTを行うと，**図4.39**に示すように再熱

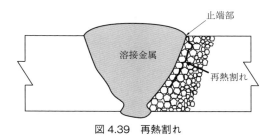

図 4.39 再熱割れ

表 4.32 再熱割れの防止対策

① 再熱割れの発生しにくい成分の母材を選択する。
② 溶接入熱の低減により熱影響部の粗粒化を抑制する。
③ テンパビードにより熱影響部の粗粒を微細化する。
④ 溶接ビード止端部形状を滑らかに仕上げる。

割れを生じることがある。この割れの特徴は，熱影響部の粗粒域に発生し，細粒域や母材には認められないことである。再熱割れの防止には**表 4.32** に示すような対策がある。(第 2 章 2.3.4 参照)

(5) ラメラテアの発生原因とその防止

ラメラテアは，T 継手開先溶接，角継手開先溶接のように鋼板の厚さ方向に大きな引張溶接残留応力が働く場合，圧延により引き延ばされた非金属介在物（主に MnS）とマトリックス（基地）との界面が，はく離して開口する割れである。この割れは**図 4.40** に示すように熱影響部またはその隣接部において，鋼板の圧延表面に平行に，階段状に発生する。

ラメラテアが発生する可能性がある継手（母材の板厚方向に大きな溶接残留応

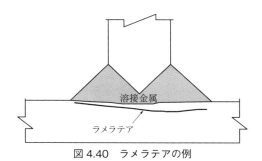

図 4.40 ラメラテアの例

表 4.33　ラメラテアの防止対策

① 母材は硫黄（S）の少ない鋼材を使用する。JIS G 3136 における SN 鋼の鋼種 C（SN400C，SN490C）は，S 量を 0.008% 以下と規定している。
② 板厚方向の絞り値の大きな鋼材を使用する。JIS G 3136 における SN400C，SN490C は厚さ方向絞りを 25% 以上と規定している。
③ 母材の板厚方向に大きな引張溶接残留応力がかからないような継手形式や開先形状とする。
④ バタリング法（ラメラテアの発生する恐れがある鋼材表面に緩衝材として肉盛溶接を行なう方法）の採用や軟質溶接材料を適用する。
⑤ 低温割れが引き金となって起こる場合があるので，低温割れ防止対策をとる。

力が発生する可能性がある継手）については，**表 4.33** に示す設計面および施工面からの防止対策が必要である。

(6) ポロシティの発生原因とその防止

ブローホール，ウォームホール，パイピング，ピットなどのポロシティは，溶融金属中の CO，H_2，N_2 などのガスが逃げ切らないうちに凝固し，内部に残ったものや表面に開口したものである。

これらのポロシティの防止対策を以下に挙げる。

① 開先部の汚れ防止と清掃
・開先部に水分，錆，油脂，塗料などが付着しないようにする。付着している場合には除去と清掃を行う。
・プライマと呼ばれる一次防錆塗料が塗布されている鋼材のすみ肉溶接を行う

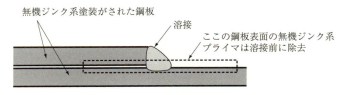

（a）溶接前の処理

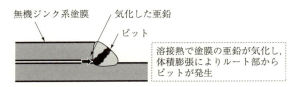

（b）溶接前にプライマを除去せずに溶接した場合

図 4.41　無機ジンク系塗装鋼板の溶接前の処理

場合は，**図 4.41**（a）に示すように継手部（特に合わせ面）のプライマをベルトサンダやグラインダなどで除去してから溶接をする。溶接性の良好な無機ジンク系のプライマの場合は，プライマを除去せずに溶接してもよいが，この場合にはプライマの膜厚を一定値以下になるように管理する必要がある。図 4.41（b）は，膜厚が厚いプライマを除去せずに溶接した場合に発生するピットの例を示したものである。

② 溶接材料の吸湿管理

・溶接材料は，屋内の吸湿しない場所に保管する。

・被覆アーク溶接棒の場合は，種類ごとに乾燥炉で，定められた条件で乾燥・保温を行ったものを使う。

③ 適正な溶接条件による施工

・適正範囲内の溶接条件で施工する。特に過大溶接電流での施工はポロシティが発生しやすい。

・アーク長，および運棒も適正範囲内で施工する。

・溶接速度を速くし過ぎると，特にすみ肉溶接の場合，ブローホールやピットなどのポロシティが発生しやすい。

さらに，ガスシールドアーク溶接の場合には，**表 4.34** に示すような防止対策が不可欠である。

表 4.34　ガスシールドアーク溶接のポロシティ防止対策

① 適正シールドガス流量で溶接する。マグ溶接では 20 ～ 35ℓ/min（分）が適正とされている。シールドガス流量が少な過ぎるとシールド不足で，多過ぎるとシールドが乱れて，ポロシティが発生する。 ② 風がある場合は，トーチ近傍の風速が 2m/s（秒）以下となるように適切な防風対策をして溶接を行う。 ③ ノズル内面にスパッタが付着するとシールドガスの流れが乱れ，ポロシティの原因になるので，ノズル内面に付着したスパッタは，溶接作業中でも除去する。 ④「ノズル－母材間距離」は，25mm 以内に保って溶接する。 ⑤ ウィービング幅は，ノズル口径の 1.5 倍以下とする。

（7）スラグ巻込みの発生原因とその防止

スラグ巻込みは，溶融スラグが浮上せずに溶接金属中に残ったものである。その防止対策を以下に挙げる。

① 前層および前パスのスラグを十分に除去する。

② アークに対してスラグが先行しないようにする（特に立向下進溶接の場合など）。

286 第4章 溶接施工・管理

③ 多層溶接の場合，次のパスを溶接する前に，前パスが凸状になっている場合は凸状の部分を削って形状を修正する。

④ ビードの積層で，ビードとビードの間およびビードと開先面の間に鋭く深い凹み（谷間）を作らないようにする。

⑤ 適正な運棒，棒角度およびウィービング法で施工する。

（8）融合不良の発生原因とその防止

ビードと開先面およびビードとビードが溶け合わずに接触しているだけ，または隙間ができている状態を融合不良という。融合不良の防止対策を以下に挙げるが，スラグ巻き込みの防止対策と同じものが多い。

① 開先角度が狭いと発生しやすいので，適切な開先角度にする。

② 十分な溶込みが得られる適切な溶接入熱で施工する。

③ 前層，前パスや開先面が十分に溶けるような運棒，棒角度およびウィービングで施工する。

④ 多層溶接の場合，次のパスを溶接する前に，前パスが凸状になっている場合は凸状の部分を削って形状を修正する。

⑤ ビードの積層で，ビードとビードの間およびビードと開先面の間に鋭く深い凹み（谷間）を作らないようにする。

⑥ 溶接中，溶融金属が開先部を先行すると発生しやすいので，溶融金属が先行しないような条件，運棒，棒角度で施工する。特に溶接速度が遅い場合に溶融金属が先行しやすいので注意が必要である。

さらに，ガスシールドアーク溶接ではワイヤ突き出し長さが長くならないよう，15〜20mm に保持する。

（9）溶込不良の発生原因とその防止

溶込不良はルート面が溶けずに残った欠陥であり，その防止対策を以下に挙げる。

① 適正な開先形状にする。開先角度が狭すぎる場合，ルート面が大きすぎる場合およびルート間隔が狭すぎる場合に溶込不良が生じやすい。

② 十分な溶込みが得られる適切な溶接入熱で施工する。

③ 裏はつりを行う場合は，ルート面を残さないように十分な深さまではつる。

④ アークの狙い位置が開先ルート中央からずれないようにする。自動溶接で

は，開先倣いを取付けるなどして，狙い位置のずれを防止する。

（10）アンダカットの発生原因とその防止

アンダカットは，図 4.42 に示すように溶接ビードの止端に沿って母材が掘られ，溶接金属が満たされないで溝状に残った欠陥であり，その防止対策を以下に挙げる。

① 過大電流を避ける。
② 溶接速度を遅くする。
③ 適正な溶接棒狙い位置，角度，アーク長で施工する。
④ ウィービングを行う場合には，ウィービング両端で適切な時間停止するなど，ビード止端部での溶融金属不足を防止するようにする。
⑤ 下向姿勢は他の溶接姿勢よりアンダカットが発生しにくいので，できるだけ下向姿勢で施工する。

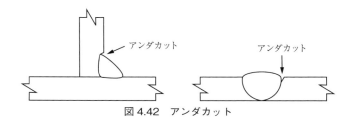

図 4.42　アンダカット

4.6　補修溶接

表 4.1 に示す過去の溶接構造物の破損事例のなかには，補修溶接の不備が破損の直接原因となった事例が数件みられる。

補修溶接は，材料の経年劣化，作業環境の厳しさ，および工程が短いなど厳しい制約条件が伴うことが多く，非常に難しい作業となる場合が少なくない。そのため，充分な施工計画・管理が必要となる。

4.6.1　補修溶接の手順

検査で不合格と判定された溶接欠陥は，補修溶接が必要となる。補修溶接の手

288　第4章　溶接施工・管理

順を以下に挙げる。

① 溶接欠陥の状況（発生状況，発生範囲，検査結果など）を調査し記録する。

② 溶接施工要領書，溶接施工記録を確認するとともに，溶接欠陥の発生原因を分析・解明し，補修溶接方法を計画・立案する。

③ 規準，技術図書，技術論文などを参考にして，補修溶接施工要領書（検査要領書も含む）を作成する。

④ 重要溶接構造物（圧力容器，船舶，橋梁など）の場合，補修溶接施工要領書は事前に，注文主や検査機関の承認を得る必要がある。

⑤ 溶接欠陥を除去し，目視，PT，MT などの検査により，溶接欠陥の残存がないことを確認する。また，類似箇所（同条件の溶接線）に溶接欠陥がないことを RT や UT で確認する。

⑥ 承認された補修溶接施工要領書に従って，補修溶接および検査を行う。

⑦ 補修溶接施工記録（補修箇所，補修溶接施工要領，検査記録など）を作成する。

⑧ 補修溶接施工記録をもとに，必要ならば元の補修溶接施工要領書を改訂し，再発防止の処置を講ずる。

4.6.2　溶接欠陥の除去

溶接欠陥の除去に先立ち，適切な非破壊試験方法によって除去すべき溶接欠陥の位置と範囲を決定する。

次に欠陥性状に応じて，以下のようにグラインダ，エアアークガウジング，チッピングなどの方法で欠陥を除去し，必要に応じ補修溶接のための溝（グルーブ）を整形する。

① アンダカットまたは余盛不足の箇所は，必要に応じて整形する。

② オーバラップ，過大な余盛は，削り過ぎないように注意しながらグラインダ仕上げを行なう。

③ ピットはエアアークガウジング，グラインダなどにより削除する。

④ 表面割れは，その両端から 50mm 以上はつり取って，船底型の形状に仕上げる。

⑤ スラグ巻込み，溶込不良，融合不良，ブローホールなどの内部欠陥は，エアアークガウジングによりはつり取り，実際の位置を確認し，欠陥の端部よ

り 20mm 程度除去し，船底型の形状に仕上げる。明らかな割れの場合には，割れの端部から 50mm 以上はつり取る。

4.6.3　補修溶接の施工条件

補修溶接では，溶接欠陥（割れ）が生じないように技能資格を持った溶接技能者により安全側の溶接施工条件で溶接が行われる。本溶接に低水素系以外の溶接棒を用いた場合でも，低水素溶接棒の使用，もしくはガスシールドアーク溶接法の適用が推奨される。予熱は本溶接時よりも高い温度とし，直後熱も併用されることが多い。

高張力鋼などの補修溶接では，ショートビードとならないように長さ 50mm 以上のビードを置き，層数は 2 層以上とする。母材部の補修では，表面まで溶接肉盛した上に，さらに熱影響部硬化域の組織を改善するために，テンパビードを置き，そのビード凸部をグラインダで平滑に仕上げるのがよい。

4.6.4　補修溶接部の検査

補修溶接部は外観検査のあと，非破壊検査を行う。高張力鋼などでは，低温割れを考慮し，補修溶接が終了して 24 ～ 48 時間経過後に，外観検査，MT または PT，そして内部検査の RT または UT を行う。この際，補修溶接部のみならず隣接する溶接部についても検査を行う。補修溶接が完了したら，補修溶接施工記録を作成する。

4.7　安全，衛生

4.7.1　溶接の安全，健康障害

溶接およびその関連作業では，溶接アークの熱や光，スパッタやスラグなどの飛散物，有害なヒュームやガスの危険，溶接電源による感電災害，火災やガス爆発の危険，さらには高所，狭あい箇所の作業などにおいては，これらの危険，災害から人体や周辺環境を保護する対策が必要である。機械化，自動化などにより安全性や作業環境を改善することができるが，溶接ロボットの暴走などのような

新たな危険が生ずることもある。

(1) アーク溶接の法規制
(a) 労働安全衛生法による規制

労働安全衛生に関する法律の根幹は「労働安全衛生法」である。溶接および溶断（熱切断）作業を行うにあたって，安全・衛生面で規制を受ける法令を，**図4.43** に示す。

労働者の安全と健康を守るために，労働基準法の1つの章で規定されていた安全衛生に係わる規定が，1972年（昭和47年）に独立した法律「労働安全衛生法」として制定・公布された。この法律は，図に示すように労働安全衛生法施行令，労働安全衛生規則などにおいて適用の細部を定めている。

アーク溶接に係わる労働安全衛生法に定める規制の概要の一部を，**表4.35** に示す。[29),30),31)]

(b) じん肺法による規制

常時アーク溶接作業等粉じん作業に従事する労働者に対して，じん肺法は教育，じん肺健康診断などを行うことを義務付けている。[32)]

(2) 溶接で発生する災害および健康障害

溶接作業や溶断（熱切断）作業における危険・有害因子が作業者に及ぼす健康障害は，次のように大別できる。

(a) 比較的短時間で生じる急性障害

金属熱，一酸化炭素中毒，表層性角膜炎など

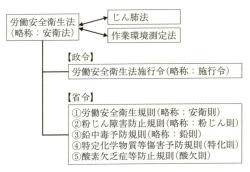

図4.43 溶接に係わる労働安全衛生法令

4.7 安全，衛生　*291*

表 4.35　アーク溶接に係わる法規制

安衛法条項	項　目	内容（要旨）	関係令則・条項		
第 20 条	危険防止 (事業者の講ずべき措置)	機械等に関する規制	安衛則　第 27, 28, 29 ②条		
		爆発・火災等の防止	〃　第 261, 279, 285, 286 条		
		強烈な光線を発散する場所	〃　第 325, 325 ②条		
		電気による危険の防止	〃　第 332, 335 ～ 338, 352 条		
第 22 条	健康障害防止 (事業者の講ずべき措置)	有害原因の除去，ガスの発散の抑制，排気の処理	安衛則　第 576, 577, 579 条		
		立入禁止等	〃　第 585 条		
		保護具等，騒音障害防止用保護具，保護具の数等	〃　第 593, 595, 596 条		
第 31 条	注文者の講ずべき措置	交流アーク溶接機についての措置	〃　第 648 条		
第 42 条	譲渡等の制限	防じんマスク（ろ過材及び面体を有するものに限る。）	施行令　第 13 条		5 号
		交流アーク溶接機用自動電撃防止装置			14 号
第 44 条の 2	型式検定	防じんマスク（ろ過材及び面体を有するものに限る。）	施行令　第 14 の 2		5 号
		交流アーク溶接機用自動電撃防止装置			14 号
第 59 条	安全衛生教育	雇入れ時等の教育	安衛則　第 35 条		
		特別教育	〃　第 36 条		
		特別教育の科目の省略，記録の保存，細目	〃　第 37, 38, 39 条		

(b) 長時間にわたるばく露，吸入により生じる慢性障害

　じん肺症，白内障など

(c) 突発事故

　酸素欠乏症，感電による墜落など

　作業者に生じる障害を防止するためには，溶接における危険要因について十分に認識することが重要である。**表 4.36** は，危険・有害因子が人体に及ぼす影響を示したものである。[32]

4.7.2　熱・光・飛散物，ヒュームおよび有害ガスからの保護

　溶接作業時には，目に見える可視光（青光（ブルーライト）：波長 380 ～

292　第4章　溶接施工・管理

表 4.36　危険・有害因子が人体に及ぼす影響

危険・有害因子		人体に及ぼす影響	
		部位	主な傷・障害
ヒューム	Fe, Mn, Cr, Cu などの酸化物	呼吸器ほか	金属熱，化学性肺炎，じん肺症
ガス	CO，O₃，NOₓ，有機分解ガス	呼吸器ほか	血液の異常，中枢神経障害，心臓・循環器障害，酸素欠乏症
有害光	紫外線	眼	表層性角膜炎，結膜炎
	青光（ブルーライト）		光網膜炎
	赤外線		白内障
	赤外線	皮膚	光線皮膚炎
電撃	－	皮膚	やけど
		その他の臓器・器官	心臓・循環器障害，中枢神経障害
爆発・火災	スパッタ，スラグ，可燃性・爆発性材料，引火性ガス・液体	－	やけど，ガス中毒，煙死
	アース，ケーブル	－	
スパッタ，スラグ，アーク		眼	外傷，飛入
		皮膚	やけど
アーク熱	気温，湿度	全身	熱中症
騒音	音量	耳	騒音性難聴

表 4.37　溶接作業の安全保護具

災害を防止する部位	保護具の名称		適用 JIS
眼	遮光めがね		T 8141：2016「遮光保護具」
	保護面		T 8142：2003「溶接用保護面」
	遮光幕，衝立		
皮膚	手袋		T 8113：1976「溶接用かわ製保護手袋」
	前掛，足カバー		
	安全靴		T 8101：2006「安全靴」
	安全帽		T 8131：2015「産業用ヘルメット」
耳	耳	全音域　1種	T 8161：1983「防音用保護具」
		高音域　2種	
呼吸器	呼吸用保護具		T 8151：2018「防じんマスク」 T 8152：2012「防毒マスク」 T 8153：2002「送気マスク」 T 8157：2018「電動ファン付き呼吸用保護具」
人体	安全ベルト（命綱）		T 8165：2012「安全帯」

530nm）と目に見えない紫外線（波長 200 ～ 380nm），赤外線（波長 800nm 以上）などの有害光，溶接ヒュームおよび有害ガスが発生するとともに，スパッタやスラグなどが飛散する。そのため作業者は，**表 4.37** に示す適切な安全保護具

を装備する必要がある。

（1）熱，光および飛散物からの保護

溶接アークやガス炎は，多量の幅射熱（赤外線）や光線（可視光線，紫外線）を放射し，高圧の電子ビーム溶接ではX線を発生する。また，アーク溶接ではスパッタが，熱切断ではスラグが飛散し，いずれも高温の粒子である。これらの熱，光および飛散物から作業者の眼や皮膚を保護しなければならない。

（a）眼および顔面の保護

紫外線は眼に吸収されやすく，角膜の表層部に障害を与える。これは「電気性眼炎症」として知られている症状である。紫外線の照射を一定量以上，眼に受けると，被ばく条件にもよるが，眼に異物または砂が入った感じになり，涙が流れ，まぶたの痙攣などをともなった急性症状が数時間後に現れる。このような症状は，通常，24時間程度持続し，48時間後にはほとんど不快感は消失する。一方，皮膚に照射されると「日焼け」と同様の赤みを帯びた水脹れの症状となる。

紫外線による眼の障害以上に深刻な影響を与えるのが青光（ブルーライト）である。青光は角膜や水晶体でも吸収されずに網膜まで到達する。

アークを直視すると非常にまぶしさを感じる。この青光による「光網膜炎」については多くの症例が報告されていて「光網膜炎」は視力の低下，視野の一部が見えなくなる，かすんで見えるなどの症状が現れ，数週間から数カ月間続き，日常生活に支障を及ぼすこともある。

赤外線は短時間ではあまり障害にならないが，長時間の照射によって「白内障」などの障害を起こすことがある。

溶接・切断作業では，紫外線や飛散物から眼および顔面を保護するためにヘルメット形またはハンドシールド形保護面にフィルタプレートを装着し，その外側にカバープレートを重ねて使用する。また，酸素・ガス炎によるガス溶接やガス切断でも遮光めがねを着用する。

JIS T 8141：2016[33)]は，**表 4.38** に示すようにアーク溶接，切断作業の状況に応じた遮光度番号のフィルタプレートおよびフィルタレンズの使用を規定している。アーク溶接においては溶接電流値に応じて，適切な遮光度番号のフィルタを選定する必要がある。なお，遮光度番号が 10 以上のフィルタが必要な場合，10よりも小さい番号のものを 2 枚重ねて用いるのが望ましい。

294 第4章 溶接施工・管理

表4.38 フィルタプレートおよびフィルタレンズの使用標準（JIS T 8141：2016）

遮光度番号	アーク溶接・切断作業（アンペア）		
	被覆アーク溶接	ガスシールドアーク溶接	エアアークガウジング
4	–		–
5	30 以下	–	
6			
7	35 を超え 75 まで		
8			
9	75 を超え 200 まで	100 以下	
10			125 を超え 225 まで
11		100 を超え 300 まで	
12	200 を超え 400 まで		225 を超え 350 まで
13		300 を超え 500 まで	
14	400 を超えた場合		350 を超えた場合
15	–	500 を超えた場合	
16			

【備考】
遮光度番号が10以上を使用する場合は2枚を組み合わせて使用。
$N = (n_1 + n_2) - 1$
　　　　　N：1枚の場合の遮光度番号，n_1，n_2：2枚の各々の遮光度番号

(b) 全身の保護

　輻射光やスパッタ，スラグなどによる皮膚の火傷や日焼けを防ぐため，身体に露出部がなくなるように，かわ手袋をはじめ，腕カバー，前掛，足カバー，安全靴などを装着する。これらの保護具は，感電防止に対しても有効である。

(2) ヒュームからの保護

(a) ヒュームが人体に及ぼす危険

　アーク溶接においては，高温で蒸発した金属やフラックスが周囲の大気中で冷却され，微細な鉱物性粉じんとなり煙状となって上昇する。これを「溶接ヒューム」というが，人体に及ぼす影響はヒュームの粒度と化学成分により異なる。

　ヒュームを多量に吸引すると，急性症状として数時間後に悪寒が始まり金属熱（高熱）が現れるが，これは1日程度で自然に回復する。この金属熱は，亜鉛系塗料を塗装した鋼材の溶接や低水素系やステンレス鋼用の溶接棒を使用するときなどに起こりやすい。

　一方，溶接ヒュームを長期間吸引し続けると，慢性症状として「じん肺」を中

毒症状として発症する。これは自覚症状が少なく，胸部Ｘ線写真の陰影として見られ，肺機能検査により障害の程度が確認される。

溶接作業者のヒュームばく露量は，溶接法，溶接材料，ガスの種類などのほか作業場の風向きなどによって異なる。特に，溶接方法あるいは溶接材料を適切に選定して，ヒュームの発生量を低減させることが大切である。ヒューム発生量を溶接法で比較すると，被覆アーク溶接やマグ溶接に比べてサブマージアーク溶接はヒュームの発生が少なく，逆にセルフシールドアーク溶接では数倍のヒュームが発生する。また，マグ溶接の場合にはフラックス入りワイヤを使用するとソリッドワイヤを使用する場合に比べて２～３倍のヒュームが発生する。[34)]

アークにより発生したヒュームは，まず目に見える高濃度の部分が溶接作業者にかかり，次に狭あい部や工場内に拡散して周辺作業者に危険を及ぼす可能性があるので，適切な対策が必要である。

(b)　ヒュームからの保護

屋内，坑内またはタンク内部において溶接作業を行なう場合は勿論のこと，屋外を含む防護策が，粉じん障害防止規則で**表 4.39**[36)]に示すように義務付られている。なお，対応措置としては，次の事項を満足するものでなければならない。

(ｉ)　全体換気装置

動力を用いた換気が必要で，単に窓を開けて自然な空気の流れを利用しての換気は動力を用いていないので，全体換気とは認められない。ただし，局所排気装置，プッシュプル型換気装置など全体換気装置と同等以上の性能を有する装置であれば，全体換気と認められる。全体換気装置の設置は，作業場の大きさ（容

表 4.39　アーク溶接作業の粉じん障害防止規則による規制

粉じん作業の種類	作業場所	対応措置
金属をアーク溶接する作業 金属を溶断する作業 金属をアークを用いてガウジングする作業	屋内	全体換気装置（第５条） 休憩設備（第23条） 清掃の実施（第24条） 呼吸用保護具（第27条）
	坑内	換気装置（第６条） 呼吸用保護具（第27条）
	タンク 船舶の内部 管 車両	休憩設備（第23条） 呼吸用保護具（第27条）
金属をアーク溶接する作業	屋外	休憩設備（第23条） 呼吸用保護具（第27条）

積),粉じん発生量,作業者数などによって装置の能力,配置位置,数を決めなければならない。

(ⅱ) 休憩設備

アーク溶接などを行う作業場以外に,休憩設備を設けなければならない。屋内作業場と同一の建屋内に設ける場合は,遮蔽などにより作業場所からの遮断が必要である。

(ⅲ) 清掃の実施

溶接職場(粉じん作業場所)は,毎日終業時に清掃する。また日常の清掃で除去しきれない場所の清掃を月に1回行わなければならない。さらに,休憩設備の清掃も月に1回以上行わなければならない。

(ⅳ) 呼吸用保護具

溶接は,作業の進行とともにアーク(ヒューム発生点)が移動するので,ヒュームの換気・排気を確実に行うことは困難である。そのため,呼吸用保護具に頼らざるを得ないのが現状である。アーク溶接用呼吸用保護具の種類を図4.44に示す。[35]

① 防じんマスク

金属をアーク溶接する作業では防じんマスクの着用が規定されている。溶接作業において使用するマスクは,国家検定合格品の使用が義務付けられている。防じんマスクの着用では,顔面との密着性を良好に保つことが重要である。

② 電動ファン付き呼吸用保護具

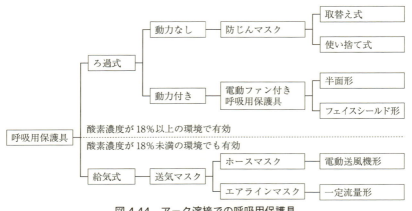

図4.44　アーク溶接での呼吸用保護具

電動ファン付き呼吸用保護具は，携帯バッテリを電源として，小型の電動ファンを回すことによって強制的に作業環境中の空気をフィルタでろ過し，清浄な空気を着用者に送り込む構造となっている。そのため呼吸が楽で，作業者の負担を軽減できる特徴がある。また，溶接用としては半面形および全面形（フェイスシールド形）の2種類がある。

③ 送気マスク

送気マスクは，作業場の環境以外の新鮮な空気や圧縮空気をホースまたは中圧ホースを通じて，着用者に清浄な空気を供給する方式の呼吸用保護具である。送気マスクは，形式，面体の種類および送気方式によってホースマスクとエアラインマスクの2種類に大別される。

(3) 有害ガスからの保護

(a) 有害ガスが人体に及ぼす危険

二酸化炭素（CO_2）をシールドガスとして用いるマグ溶接では，アーク熱によってCO_2が解離し，その約2～4％が一酸化炭素（CO）となる。したがって通気の不十分な場所および狭あいな場所でのマグ溶接は，一酸化炭素中毒の危険性が大きく，最近では死亡者の発生は報告されていないが一酸化炭素中毒は常に発生している。また，溶接アーク熱によって，空気中の窒素が酸化されて生ずる窒素酸化物（NOx）および強い紫外線の照射によって生ずるオゾン（O_3）が多量に発生する場合には注意が必要である。

作業場所の大気中のCOの許容濃度は50ppm（日本産業衛生学会）であり，COを吸入すると一酸化炭素中毒を起こす。一方，CO_2の許容濃度は5000ppm（日本産業衛生学会）とされ，狭あいな場所でマグ溶接を長く続けていると，酸素欠乏（酸素濃度は18％未満）となるので換気には十分注意しなければならない。オゾンについては，許容濃度が0.1ppm（日本産業衛生学会）と極めて低いが，アーク直近では高濃度になるため近年問題視されている。

(b) 有害ガスからの保護

COガスはヒュームと異なり眼に見えないが，**図4.45**に示すようにヒュームの立ち込めている領域（着色部）では高濃度となっているので，[34]ヒュームを除去する対策やヒュームを吸引しないような対策が必要である。ガスに対しては一般の防じんマスクは効果がないので，高濃度の有害ガスを吸入するおそれがある場合には，局所排気を行うと同時に，送気マスクを着用しなければならない。

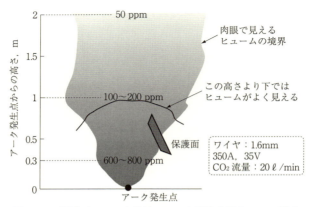

図 4.45 炭酸ガスアーク溶接のアーク発生点近傍の CO 濃度

4.7.3 感電の防止

　人体が直接通電部分に触れると，人体内に電流が流れ，強いショックを受けることがある。これを「電撃」と呼び，電圧が高く，皮膚の電気抵抗が小さいほど電撃は大きくなる。同一電圧の場合，交流のほうが直流よりも危険である。また軽度の電撃であっても，高所からの墜落など2次災害を招くことがある。

(1) 溶接電源による感電災害

　アーク溶接では，アークを安定的に発生，維持するために，無負荷電圧をあまり低くできない。特に交流アーク溶接機では，高い無負荷電圧が必要となり，JIS C 9300-1：2006 では，「定格出力電流に応じて 75V 以下，85V 以下，95V 以下のいずれか」と規定している。この範囲の電圧でも，感電すれば重大災害の危険性がある。

　溶接による感電災害死亡者は，電撃防止装置などの規格化の進展や労働安全衛生規則などの法令整備による効果で，1961 年（昭和 36 年）の 40 名をピークに著しく減少してきた。しかし，2010 年（平成 22 年）以降も毎年 1 ～ 2 名の犠牲者が出ている。

　これまでの溶接作業での共通の災害発生要因として，夏場の暑い季節（7 ～ 9 月）では，次のことが影響しているとみられる。

　① 作業者は気温の上昇から，軽装となって皮膚を露出しがちになる。

② 絶縁保護具（かわ製手袋，安全靴など）の着用が怠りがちになる。
③ 作業時における注意力が散漫になる。
④ 発汗によって皮膚の電気抵抗および皮膚と充電物（溶接棒ホルダに挟んだ溶接棒など）との接触抵抗が減少する。

（2）感電防止のための措置
（a）絶縁形溶接棒ホルダの使用

過去の感電災害では，溶接棒ホルダの導電部分に触れて死亡する例が多かった。現在は導電部分の外側を耐熱性絶縁物で覆うよう規定されており，労働安全衛生規則で絶縁形溶接棒ホルダ以外の使用を禁じている。絶縁物が損傷して，導電部分が露出した溶接棒ホルダを使用してはならない。

（b）電撃防止装置の使用

絶縁形溶接棒ホルダを使用しても，被覆アーク溶接棒の両端は絶縁されていないから，作業環境に応じて電撃防止装置を使用する必要がある。

電撃防止装置は「アークが発生していない時，溶接棒ホルダと母材の間の電圧を25V以下に低減する装置」である。JIS C 9311：2011[37]では，図4.46に示すように，無負荷電圧がかかるまでの始動時間を0.06秒以下，アークを切ってから25V以下の安全電圧となるまでの遅動時間を1.0±0.3秒と規定している。遅動時間は，クレータ処理やタック溶接などのようにアークを時々切りながら作業する場合の作業性を考慮したものである。これは安全装置なので定められた点検を確実に励行しなければならない。

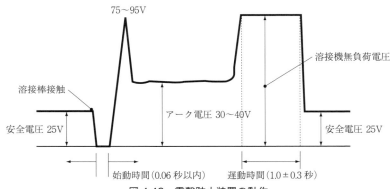

図4.46　電撃防止装置の動作

300 第4章 溶接施工・管理

　労働安全衛生規則では，「導電体に囲まれた狭あいな場所又は2m以上の高所で交流アーク溶接する場合，電撃防止装置を使用しなければならない」と規定している。

(c) ケーブルおよびケーブルコネクタ

　溶接機二次側回路の配線は，一般に600Vゴムキャブタイヤケーブル（JIS C 3327：2000）および溶接用ケーブル（JIS C 3404：2000）が用いられるが，その外装が破損して心線が露出すると，これに触れて感電するおそれがある。外装の破損は，機械的または過電流に基づく熱損傷が要因であることが多い。ケーブルは床面を這わせて用いると，被覆が破損しやすい。特に床面が油などで汚れているところでは，天然ゴムを外装とするキャブタイヤケーブルは，ゴム材料部が膨潤して劣化しやすいので，クロロプレンゴムを外装とするケーブルを用いるのがよい。外装が破損した場合は，完全に絶縁補修を行うか，新品と交換する。なお，ケーブルはアーク電流の大きさに適合した太さのケーブルを用いる。細すぎると電流熱のため外装が早く劣化して，破損の原因になる。

　ケーブルコネクタは，絶縁物が導電部分を完全に覆っていなければならない。湿度の高い場所では，防水構造のコネクタを使用する必要がある。また，接続が緩むと，アークが不安定となりコネクタも過熱焼損するから，容易に緩まないような構造でなければならない。

(d) 接地

　溶接機内部の漏電による感電を防止するため，溶接機外箱を直接接地しなければならない。これをアース接続という。また，出力端子のうち母材に接続する側の端子は，接地しなければならない。

(e) かわ製手袋の使用

　手を火傷から保護する目的で，かわ製手袋を使用することは，感電の防止にも有効である。特に，シリコンで処理したかわ製手袋は耐水性が向上するので，汗で絶縁性が低下するのを防ぎ，耐久性にも優れている。

(f) その他

　万一，不幸にして感電したときには，みだりに被災者に触れず，直ちにケーブルコネクタを外す，スイッチを切る，など電流を遮断しなければならない。その後，救急蘇生を施しながら医師の手当てを待つようにすべきである。

4.7.4　火災，ガス爆発などの防止

(1) 火災，ガス爆発の危険と保護対策

　溶接，溶断作業においては，スパッタやスラグの飛散，母材の加熱，幅射などにより，作業場所周辺の可燃物，爆発物，可燃ガスなどに引火したり，それらが爆発したりする危険性がある。そのため溶接前，必ず危険物を除去しなければならない。もし危険物が動かせない場合には，防熱，防災シートで遮蔽し，消火器を準備しておかなければならない。

　特に危険性が高いのは，使用中の配管やタンクなどを改造，補修する場合である。内部に可燃ガスや引火性液体が残存していることがあるので，ガスを検知した場合には，直ちに溶接を中止する。また解体工事においても同様である。

　さらに注意すべき点は，溶接終了時の安全確認である。燃焼速度が遅い場合には，終了時には異常が認められなくても，しばらくして火災になったという事例もある。溶接機の電源を切って作業を終了し，作業場所の安全を確認してから作業場所を離れなければならない。

(2) 燃料ガスの危険と保護対策

　ガス切断およびガス溶接では，燃料ガスと酸素を使用する。**表 4.40** に示すように燃料ガスに用いる可燃性ガスは，すべて爆発性を持っているので，ガスおよびその容器の貯蔵，使用などについては細心の注意が要求される。

　表中のガスでは，空気との混合物の爆発限界範囲は，アセチレンが最も広く，プロパンが最も狭い。労働安全衛生規則第 305 条は，「アセチレンと接触する部分は銅または銅を 70％以上含む合金を使用しないこと」と定めている。またプロパンは空気よりも重く，低い場所に滞留しやすいので注意が必要である。

表 4.40　燃料ガスに用いる可燃性ガスの爆発限界濃度

可燃性ガスの種類	空気との混合物の爆発限界 Vol.%		酸素との混合物の爆発限界 Vol.%	
	下限界	上限界	下限界	上限界
水素	4.0	75	4	95
アセチレン	2.5	100	2.3	100
プロパン	2.2	9.5	2.2	57
メタン	5.3	14	5.1	61

通常ガス切断器の場合，燃料ガスの噴出速度と燃焼速度が釣合っていると火口の予熱炎は安定している。しかし，燃料ガスの噴出速度が燃焼速度より遅くなったとき，火炎がガス供給側（火口の中）に戻っていく。この現象を一般的に「逆火」と呼んでいる。逆火した火炎が消えずに，そのまま器具内で燃焼を続けたり（連続逆火），さらに火炎が一瞬にして，供給側ホース，調整器，配管，容器等に戻り，爆発を引き起こす（フラッシュバック）と非常に危険である。この逆火してきた火炎を止めるには安全器（逆火防止器）が有効であり，労働安全衛生規則第310条は，「ガス集合溶接装置の配管」について安全器を設けることを定めている。

その他，労働安全衛生規則第263条は，「ガス等の容器の温度を40℃以下に保つこと。」などを定めている。

溶接および切断に使用されるボンベは，容器保安規則第10条で規定しているように充填されているガスの種類によって，その外面の塗色が異なる。また，接続されているゴムホースも誤使用がないように，JIS K 6333：2001 追補1に識別色を規定している。表4.41は，ガス容器およびゴムホースについての充填圧力と色識別を示したものである。

表 4.41 ガス容器およびゴムホースの種類と色識別 [38)39)40)]

ガスの種類	充填圧力 (MPa)	色識別	
		ガス容器	外面ゴム層の色
アセチレン	1.5（15℃）	かっ色	赤色，赤色＋オレンジ色
LPGガス	1.8	−	オレンジ色，赤色＋オレンジ色
水素（H_2）	14.7（35℃）	赤色	(赤色)
アルゴン（Ar）	14.7（35℃）	ねずみ色	緑色
炭酸ガス（CO_2）	3〜6（室温での蒸気圧）	緑色	緑色
酸素（O_2）	14.7（35℃）	黒色	青色

赤色＋オレンジ色：半円周ずつ赤色とオレンジ色に着色

4.7.5 作業環境に応じた安全衛生対策

（1）高所作業の危険防止

高所で作業するときは，墜落を防ぐために表4.42に示すような事前準備と作

表 4.42　高所作業の心得

1. 周囲の状況を把握し，危険な動作や無理な姿勢での作業をしない。
2. 服装を整え，必ず安全帯を使用する。
3. 滑りやすい履物を避ける。雨天や風雪の際は特に注意する。
4. 不完全・不安定な踏み台などは使用しない。
5. 工具や材料は，取り落とすことのないよう結び付けるか，安全な場所に置く
6. はしご，足場，手すりなどの安全度を確かめてから作業にかかる。
7. 足場上の作業では，次の事項を守る。
   (1) 勝手に足場の止め綱を結び変えたり，移動させたりしない。
   (2) 不備な点があれば関係上司に連絡する。
   (3) 足場上に重量物を置かない。
   (4) 足場上を走ったり，飛び降りたりしない。
   (5) 長時間かがみこんで作業した後，急に立ち上がることは避ける（貧血状態になり，ふらつくことがある）。
   (6) 1つの足場上に制限以上の多人数が乗って，作業しない（制限荷重を超えてはならない）。
   (7) 交流アーク溶接機には電撃防止装置を取り付ける。
   (8) 作業中は，溶接棒の残頭や切断片をそのつど容器へ回収し，作業後は，必ずスラグなどを片付け，清掃する。

業中の注意が必要である。溶接および溶断作業では，スパッタやスラグが飛散して落下するので，防災シートや遮蔽板で飛散を防ぐ必要がある。また，溶接棒の残頭や切断片の落下防止の回収容器を準備する。

(2) 狭あいな場所での作業の危険防止

狭あいな場所で溶接，溶断するときは，感電，爆発および火災が発生しやすいので，これらを防止するための処置が必要である。

また，ヒュームが滞留するばかりでなく，溶接のシールドガスやガス炎からの CO_2 が充満して，酸素欠乏となる危険がある。したがって，十分な換気を図ると同時に，必要があれば送気マスクを使用し，監視人を置いて異常に備えなければならない。

送気マスクとしては，JIS T 8153：2002 に定めるエアラインマスクなどがある。送気マスクは，作業を行う場所の空気に関係なく常に清浄な空気を吸うことができるので，酸素欠乏の防止に不可欠なばかりでなく，溶接ヒュームや有害ガスに対しても有効である。しかも，防じんマスクのような吸気抵抗がないので，極めて自然に呼吸することができる。

(3) 熱中症の危険防止

熱中症は，主に外気の高温多湿などが原因で起こる。通常，人の体内で血液の分布が変化し，また汗によって体から水分や塩分が失われるなどの状態に対して，

私たちの体は適切に対処している。しかし、夏季のように外気温度が高くなり、湿度が高くなると、適切に対処できなくなり熱の生産と熱の放出とのバランスが崩れ、体温が著しく上昇する。このような状態が「熱中症」である。

熱中症の危険信号は、

① 体温が高くなる。
② まったく汗をかかないで、触るととても熱く、かつ皮膚が赤く乾いた状態となる。
③ ズキンズキンと頭痛がする。
④ めまい、吐き気がある。
⑤ 応答が奇妙で、呼びかけに反応がないなど意識障害がある。

このような場合には、積極的に熱中症を疑うべきである。そして、意識に少しでも異常がある場合には、緊急事態であることを認識し救急隊への連絡をするとともに、次の応急措置を行わなければならない。

① 涼しい場所への移動。
② 脱衣と体の冷却。
③ 水分および塩分の補給。
④ 医療機関への搬送。

さらに、熱中症にかからないためには、次の対策が必要である。

① 局所冷房（スポットクーラー）や扇風機を設置し、作業環境温度を下げる。
② 日常の健康管理を徹底し、作業時には水分と塩分を十分に補給する。
③ 暑さ指数（WBGT）の指標を用いて適切な予防策を講じる。

(4) 騒音からの保護

噴射気体の流速が大きいエアアークガウジングやプラズマ切断などでは、周波数の高い耳ざわりな騒音が発生する。大きい騒音は、耳鳴りのような一時的障害を起こすだけでなく、長期間その環境に曝されると、不治の聴力障害に陥り難聴になる。

これを防ぐには耳栓を着用しなければならないが、JIS T 8161：1983 は、全音域を遮音する第1種と、主として高音域を遮音する第2種に分けて規定されている。作業時に第2種耳栓を使用すると、会話は遮音されず有害な高音域の騒音だけを遮音できる。聴覚に対しては低音域より高音域の騒音の方が有害であり、第2種耳栓が作業時の使用に適している。

4.7.6 ロボット溶接の安全

産業用ロボットは，1980年（昭和55年）が普及元年といわれ，現在では大企業から中小企業まで多くの工場で用いられている。このような中で，1981年（昭和56年）の死亡災害を契機に，1983年（昭和58年）には労働安全衛生規則を改正し，産業用ロボットの使用について規制した。その体系は図4.47に示すとおりであり[41]，以下に，その主な安全対策を述べる。

(1) 安全衛生特別教育の実施

現在の産業用ロボットの教示作業では，可動範囲内で行うものがあり，誤操作や電磁ノイズが原因の思わぬ動作により作業者に危険を及ぼすおそれがある。したがって，ロボットを取り扱う作業者は，十分な知識と技量を備えていなければならない。

(2) 自動運転中の危険防止

自動運転中のロボットは高速動作しており，最も危険な状態である。危険を防止するには，自動運転中はロボットの可動範囲内に立ち入らないことが基本であ

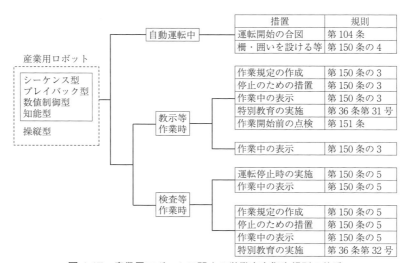

図4.47 産業用ロボットに関する労働安全衛生規則の体系

306　第4章　溶接施工・管理

る。可動範囲外に「安全柵」または「囲い」を設置すること，および出入口扉を開けるとロボットが非常停止する機能をもつ安全プラグなどの設置が義務づけられている。

（3）教示作業中の危険防止

　直接教示作業は可動範囲に立ち入り，かつロボットの動力源が入った状態で行うものであり，安全に対する注意が必要である。このため，作業規定を定めて作業を行うことが必要である。また2人作業の場合，1人は可動範囲外でかつ非常停止ボタンが直ちに押せる状態で，可動範囲内の作業者の監視に専念することなどが義務づけられている。

（4）検査作業中の安全確保

　検査，修理および調整作業は，ロボットの動力源を遮断して行わなければならない。ただし，遮断することが不可能な場合は，作業規定を定めて実施しなければならない。

（5）点検作業によるロボットの状態維持

　作業開始前点検はもちろん，定期的な点検についても実施時期，判定基準，検査方法などを定める必要がある。

　ところが，2003年（平成15年）から10年間に産業用ロボットに起因する労働災害発生状況をみると，休業4日以上の死傷者数372名，うち死亡者数26名となっている。特に，2008年（平成20年）からの5年間の死亡災害（9件）は，いずれも産業用ロボットの稼働中に，柵，囲いの中に立ち入り，挟まれたことが原因となっている。[42]この結果は，労働安全衛生規則で規定された要件が守られていないことを明白に物語っている。

4.7.7　レーザ溶接・切断の安全

　レーザは，近年急速に溶接と切断において利用が拡大しており，安全面においても十分な注意が必要である。溶接，切断に使用されるレーザは，遠赤外線のCO_2レーザ，近赤外線のYAGレーザおよびファイバーレーザであり，これらの光線はまったく目に見えないため，うっかり被ばくする可能性がある。レーザ光

は指向性が強く，その強度はアーク溶接に比べ格段に強いため，レーザの直接被ばくおよび加工物からの反射光に対する安全が重要となる。CO_2レーザ光は眼に入ると，波長が長いので眼球表面で吸収され視力障害，角膜白濁，角膜損傷，白内障などを引き起す。一方，YAGレーザなど近赤外レーザ光が眼に入ると，波長が可視光に近いため，網膜上に集光され重篤（じゅうとく）な網膜障害を起こす。また，すべての加工用レーザは皮膚に当たると火傷や皮膚がんになることがある。さらに，レーザ溶接や切断ではヒュームやガスによる肺障害も起きる。[43]

（1）国内での安全基準

　国内での安全基準は，JIS C 6802：2014[44]で定めている。その安全基準は，レーザ装置側と使用中の被ばくの両面から規定している。レーザ装置はレーザの波長と出力により危険度を分類し，CO_2レーザ，YAGレーザおよびファイバーレーザは，放出レベルのクラス分けの中で最も危険とされるクラス4に該当する。また直接レーザ光路に入るのはもちろん，反射光も危険としている。クラス4のレーザは，連続出力のCO_2レーザで0.5W以上である。

（2）安全対策

　材料加工に使用されるCO_2レーザ，YAGレーザなどは不可視光線であり，またその利用される出力は一般的に数百W以上である。したがって，このようなレーザは，間違いなく最も危険なクラス4のレーザとなる。このためレーザ取扱作業者はレーザ光により大きなダメージを受ける危険があるため，安全対策は充分に講じなければならない。

　レーザ光による危険は大きく2つに分けられる。1つはレーザ光が体に直接照射された場合の危険であり，あと1つはレーザ散乱光による眼や皮膚に対する危険である。

　前者の場合は加工機のインターロックを無効にして使用しない限り，直接作業者にレーザ光が照射されることはないが，インターロックを外しての保守作業時には充分な注意が必要である。

　CO_2レーザとYAGレーザやファイバーレーザの比較を**表4.43**に示す。[45]CO_2レーザの波長は10.6μmで，ほとんどの部材に吸収されるか反射される。一方，YAGレーザとファイバーレーザの波長は，それぞれ1.06μmと1.07μmで，ガラスやアクリルは透過する。このことは安全上大きな相違であり，一般の眼鏡を

308　第4章　溶接施工・管理

表4.43　CO₂レーザとYAGレーザやファイバーレーザの比較

項　目	CO₂レーザ	YAGレーザ	ファイバーレーザ
最大出力（kW）	45	10	100
波長（μm）	10.6	1.06	1.07
眼に対する危険	角膜障害	網膜障害	網膜障害
皮膚障害	表面火傷	深部火傷	深部火傷
透過部材	なし	ガラス，アクリル	ガラス，アクリル

着用していればCO₂レーザは眼鏡ガラスに吸収されるが，YAGレーザやファイバーレーザでは透過して眼に達する。そのためYAGレーザ加工などでは，特に意識して専用の安全眼鏡を着用する必要がある。CO₂レーザの遮光板は，可視性を考慮してアクリル板で構成されることが多い。一方，YAGレーザやファイバーレーザの場合ではレーザ光そのものがアクリル板を透過して，遮光板の役目を果たさないので，鉄製の遮光板や専用の透過窓が必要となる。

　後者の眼に対する危険に対しては，レーザ光保護眼鏡の装着が重要であり，使用するレーザの波長と出力に適したものを採用する必要がある。

　波長からくる性質で火傷の程度も異なる。皮膚を損傷することに変わりはないが，YAGレーザやファイバーレーザの方がより深部まで火傷の程度が広がる。

　以上のことを踏まえて，レーザ管理区域の設定・防護を次のようにするのがよい。

　① レーザ管理区域の設定

レーザ機器管理者は，以下に示すレーザ光により危険に晒（さら）される場所をレーザ管理区域に設定して管理する。

　・レーザ取扱作業者が常時レーザ光を用いて作業する場所

　・レーザ光が通過している場所

　・レーザ発振器の設置場所

　・レーザ光が誤操作などにより照射される可能性のある場所

　・レーザ光が反射する可能性のある場所

　② レーザ管理区域の防護

　・レーザ管理区域はカバーやパーテーションなどの防護囲いを設置して，ドアや必要なカバーなどにインターロックスイッチを取付ける。

　・レーザ管理区域の出入口にはレーザの警告標識，レーザ機器管理者，レーザ取扱作業者，入室許可条件などの注意事項を掲示し，選任されたもの以外の

一般部外者の立ち入りを禁止する。

・レーザ管理区域の防護囲いはレーザ光，散乱光，スパッタの飛散が防止でき，加工状況が確認できる窓を設けたパーテーションがよい。

・防護囲いの部材にはレーザ光を反射しない部材，またはレーザ光の反射を防止するための処置がされたものを用いる。

・防護囲いや床，天井，壁などには可燃性の部材は使用しない。

4.8　溶接部の非破壊試験法と検査

4.8.1　非破壊試験と非破壊検査

溶接継手が要求される性能を確保するために，品質管理の1つの手段として種々の試験・検査が行われる。

溶接施工時に発生する溶接欠陥には，割れ，溶込不良，融合不良，スラグ巻込み，ポロシティ（ブローホール，パイピング，ピットなど），オーバラップ，アンダカットなど種々のものがある。

試験体をきずつけることなく，このような溶接欠陥を検出するために行われるのが「非破壊試験」であり，種々の試験方法が用いられている。

各種非破壊試験により得られた試験結果を，仕様書などで定められた判定基準と比較して，合格あるいは不合格の判定を下すことを「非破壊検査」という。

非破壊検査の目的は，溶接構造物が仕様書および設計図面などに規定された要求品質どおりに製作されているかどうか，すなわち

① 形状，寸法が設計図面どおりで，製作誤差が許容範囲内に収まっているか。

② 材料および溶接継手の品質が，仕様書の規定を満足しているか。

③ 構造物の機能を害するようなものはないか。

などの点を調べることである。

したがって，事前に綿密な計画を立て適切な非破壊試験方法を選択し，最少の時間と費用で必要な非破壊検査を行うことが重要である。それぞれの非破壊試験方法には長所と短所があるので，1つの試験方法ですべての欠陥が検出されるとは限らない。そのため，必要に応じて複数の試験方法を組合わせて適用することにより，検出すべき欠陥の見落しがないようにすべきである。

非破壊試験で用いる用語の説明は次のとおりである。

310　第4章　溶接施工・管理

不連続部：非破壊試験における指示が，きず，組織，形状などの影響によっ
　　　　　て，健全部と異なる部分
きず：非破壊試験によって検出される不連続部
欠陥：法規，仕様書などで規定された判定基準（許容範囲）を超え，不合格と
　　　なるきず

　表4.44は，溶接部に発生する欠陥を検出するために適用される代表的な非破
壊試験方法を示したものである。
　溶接部の非破壊試験に際しては，まず外観試験が行われる。これによりビード
外観や角変形などを調べ，大きな表面割れなどを検出する。また，その後に他の
非破壊試験を適用する際に，支障がないか（疑似指示の原因となる不連続部がな
いか）どうかもチェックする。次に，表面および表面近くのきずの有無を磁粉探
傷試験あるいは浸透探傷試験で調べ，さらに内部に存在するきずの有無を放射線
透過試験あるいは超音波探傷試験で調べるのが原則である。
　特に，試験内容を理解したうえで，検査の目的に合った非破壊試験法を選択
し，これを適正な条件で適用することが重要である。

表4.44　非破壊試験方法の分類

分類	試験方法	略称	英文名称
表面および表層部の試験	外観試験	VT	Visual Testing
	磁粉探傷試験	MT	Magnetic Particle Testing
	浸透探傷試験	PT	Liquid Penetrant Testing
内部の試験	放射線透過試験	RT	Radiographic Testing
	超音波探傷試験	UT	Ultrasonic Testing

4.8.2　溶接部の外観試験（目視試験）

　外観試験（目視試験）は特別な機器を必要とせず，いつでもどこでも適用で
き，迅速に試験結果を得ることができる。しかし，寸法測定のできるもの以外
は，数値化が困難なものを取り扱う。そのため，ばらつきの少ない安定した試験
結果を得るには，試験技術者の知識と経験が要求される。

（1）寸法上の欠陥と測定方法
　寸法上の欠陥の測定例を**図4.48**に示す。

4.8 溶接部の非破壊試験法と検査　*311*

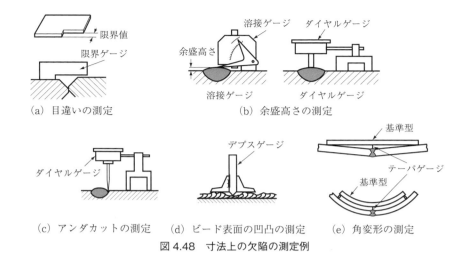

図 4.48　寸法上の欠陥の測定例

(a) 目違い

目違いのチェックは組立時に行う必要がある。測定法の一例を，図 4.48 (a) に示す。

(b) 余盛高さ

図 4.48 (b) に示す溶接ゲージ，ダイヤルゲージを用いて測定する。なお，目違いが生じている場合は，余盛両止端部を結んだ直線からの垂線と余盛との交点の長さが余盛高さとなるので注意する必要がある。

(c) アンダカット

図 4.48 (c) に示すダイヤルゲージを用いて測定する。

(d) ビード表面の凹凸

図 4.48 (d) に示すデプスゲージを用いて測定する。

(e) 角変形

図 4.48 (e) に示す基準型（ストレッチ）とテーパゲージを用いて測定する。

(2) 有無の確認が必要なきず

有無の確認が必要なきずには，割れ，オーバラップ，ピット，スパッタ，クレータなどがある。これらの欠陥については，丁寧な目視による確認が必要である。

(3) 外観試験（目視試験）の判定基準

溶接部の外観試験の判定基準は，構造物の種類，使用目的，使用条件および環境などを考慮して，あらかじめ計測手段と判定基準を明確に定めておく必要がある。

4.8.3　溶接部の表面および表面直下の非破壊試験

(1) 磁粉探傷試験（MT）

(a) 原理と特徴

鉄鋼材料などの強磁性体に電磁石を押し当てて通電すると，強磁性体は磁化する。このとき強磁性体内部には，磁気の流れに対応する磁束が発生する。磁束の流れている経路の途中に，この流れを妨げる割れなどのきずが存在すると，きず部では図4.49 (a) に示すように漏洩磁束を生じる。強磁性体内部の磁束が空間に出たり入ったりするところには，磁石のN極およびS極が形成され，きず部が小さな磁石となる。ここに微細な強磁性体の磁粉を散布すると，図4.49 (b) に示すように，きず部に磁粉が吸着される。吸着による磁粉模様の幅は，実際のきずより数倍から数十倍に拡大されるため検出が容易になる。

このように，きずなどの不連続部に磁極を発生させ，このきず部に形成された磁粉模様を検出することによりきずの有無を調べる試験方法を磁粉探傷試験という。

磁粉探傷試験は，強磁性体のフェライト系鉄鋼材料には適用可能であるが，オーステナイト系ステンレス鋼やアルミニウムなどの非磁性材料には適用できな

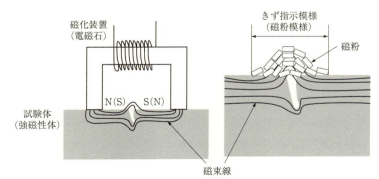

(a) 欠陥からの磁束の漏洩　　(b) きず指示模様（磁粉模様）の形成

図4.49　磁粉探傷試験の原理

い。また，疲労き裂，低温割れ，応力腐食割れなどの微細な割れ状きずの検出性能は優れているが，ピットやブローホールなどの円形きずは検出しにくい。

さらに，表面だけでなく表面直下のきずの検出も可能であり，通常の交流極間法では，表面から1mm程度の深さのきずが検出できる。

磁粉探傷試験に用いる磁粉は，次のように分類される。一般に，工場内では湿式蛍光磁粉が，屋外の明るい所では湿式非蛍光磁粉が用いられる。また，小さいきずを検出したい場合には，蛍光磁粉を使用するほうがよい。

乾式磁粉：乾燥した磁粉をそのまま使用する。開先面等の媒質を嫌う箇所で使用。

湿式磁粉：磁粉を水や油に分散させて使用する。スプレー缶がある。

蛍光磁粉：紫外線を照射すると蛍光を発する磁粉で，暗所で使用され，微細な割れの検出など精密な試験に用いられる。

非蛍光磁粉：色のコントラストを利用して検出度を高める磁粉。白，黒，茶等の色がある。

実施工においては，蛍光を発する磁粉や鋼材表面とコントラストが際立つ色調の磁粉を使用すると，目視検査に比べて視覚による認識が飛躍的に改善する。

(b) 溶接部への適用

磁粉探傷試験における試験体の磁化方法は，**図 4.50** に示すように交流電磁石による極間法，および試験体に電極（プロッド）を押し当てて電流を流すプロッド法を用いる。溶接部の磁粉探傷試験には，交流の極間法が広く用いられている。極間法では磁束線は2つの磁極を結ぶ方向に流れるため，これに直角な方向

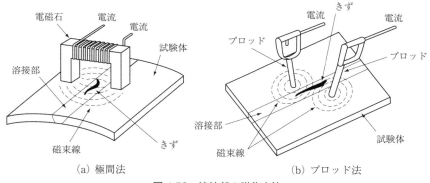

図 4.50　溶接部の磁化方法

314 第4章 溶接施工・管理

に伸びたきずは検出しやすいが，平行な方向のきずは検出が不可能である。すなわち，図4.50（a）に示すように，縦割れを検出する場合は，磁極を溶接線に直角に配置する必要がある。このように極間法で磁化する場合，きずの方向性を考慮して磁極を配置しなければならない。

　プロッド法は電極と試験体との間でスパークを生じた場合に硬化や割れの発生が懸念されるため，高張力鋼には適用できない。

　磁粉探傷試験は，溶接後だけでなく溶接前や溶接中の段階でも実施されることもある。溶接前の検査は開先面に開口しているラミネーションや介在物などの検出を，溶接中の裏はつり面の検査は溶込不良や初層部の割れの検出を目的として，磁粉探傷試験が実施される。裏はつり面の検査では，乾式法によるプロッド法が適用される場合がある。また，溶接最終層および保守検査で割れを検出する場合は，蛍光磁粉を使用した湿式法による極間法が適用されることが多い。

（c）適用上の注意事項

　①　試験箇所をグラインダ仕上げすると，きずがつぶされて検出が困難になることがあるのできずがつぶれないよう注意が必要である。

　②　ビード表面の凹凸が激しい場合には，表面を滑らかにしてから磁粉探傷試験を行う。

(2) 浸透探傷試験 （PT）

（a）原理と特徴

　試験体表面に対して浸透液（ぬれ性のある液体）を塗布する。この状態で5〜20分放置すると表面に開口したきずがあれば，浸透液は毛細管現象によりきずの内部に浸透する。その後，表面に残留している余剰浸透液を拭き取り，現像剤（白色の微粉末）を散布する。現像剤は，きずの内部に染み込んだ浸透液を吸い出し指示模様を形成する。この指示模様は実際のきずの幅より大きくなるため，赤色の浸透液を用いるときずを識別できる。このようにして欠陥を検出する方法を浸透探傷試験という。

　浸透探傷試験は，木材やコンクリートのような液体を吸収する材料には適用できないが，鉄鋼材料をはじめオーステナイト系ステンレス鋼やアルミニウム合金など溶接構造的に用いられるすべての金属材料に適用できる。

　また，割れ状のきずはもちろんピットのような円形きずも検出できる。さらに特殊な装置は必要としないため，試験対象物の形状的な制約を受けることなく，簡

便に適用できる利点もある。このため，磁粉探傷試験が適用し難い部位にも適用されることがある。ただし，きずが表面に開口していなければ，浸透探傷試験では検出できない。また，きず自体は表面に開口していても，その中に水や油脂などが詰まっていると，浸透液がきず内部に浸透しないため，試験に先だって試験体表面を清浄にしておく必要がある。

きずの検出能は探傷剤の性能と試験条件で決まるため，試験に際しては，試験操作の手順に従って的確に行わなければならない。

図4.51に浸透探傷試験の手順を示し，以下にそれぞれの処理方法を順に説明する。

① 表面処理

溶接部表面に著しい凹凸，スラグ，スパッタなどがあると，試験体表面の余剰浸透液を十分に除去できず疑似模様の原因になる。また，きずが覆い隠されるおそれもある。このため正確な試験ができるように表面処理を行う。

② 前処理

試験体表面に付着しているマシン油，防錆油あるいはゴミなどを除去する処理を前処理という。これによりきず内部の異物も取り除くことができ，きずに浸透液を容易に染み込ませることができる。

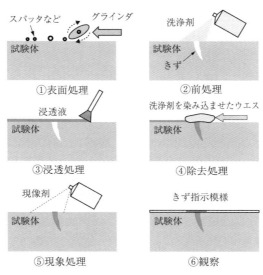

図4.51　浸透探傷試験の手順

316　第4章　溶接施工・管理

③ 浸透処理

　浸透液を試験体表面に塗布し，開口したきず内部に浸透液を染み込ませる処理を浸透処理という。浸透液がきず内部に浸透するのに必要な時間は，浸透液の種類，試験体の材質，きずの性状および温度によって異なる。周辺温度が 15 ～ 50℃の場合，浸透時間は 5 ～ 20 分が標準である。

④ 除去処理

　少量の有機溶剤をつけたウエス（ぼろ布）などを用いて，余剰浸透液を除去する処理を除去処理いう。この良否が試験結果に影響する。表面の余剰浸透液を除去した時のウエスについた浸透液の色がピンク色になった時点で，この処理を終了するのがよい。

⑤ 現像処理

　試験体表面に白色の微粉末を散布し，きず内部の浸透液を吸い上げ，きずによる指示模様を形成させる処理を現像処理という。速乾式現像剤による場合は，スプレーで試験体表面に液体を均一に吹きつけ，薄く均一な塗膜を形成させなくてはならない。現像剤塗膜の厚さを試験面の地肌がかすかに見える程度にすると，コントラストの高い指示模様を得ることができる。

⑥ 観察

　現像処理後，白色光（染色浸透液の場合），または紫外線（蛍光浸透液）を試験面に照射し，指示模様の有無およびその性状を確認する作業を観察という。

　指示模様は浸透液が現像剤塗膜に染み出して形成されるため，その形状および寸法は時間の経過とともに変化する。したがって，現像処理後直ちに，または乾燥後できるだけ早く観察を開始して，必要な現像時間が経過し，指示模様の変化が止まってから最終観察を実施しなければならない。

（b）溶接部への適用

　浸透探傷試験は洗浄方法，現像方法，および観察方法によって多くの種類に分類されている。溶接部に最も多く用いられるのは，溶剤除去性染色浸透液と速乾式現像剤を組み合わせた方法である。この方法は特別な装置を必要とせず，携帯性がよいため，対象物の大きさを問わず，あらゆる溶接構造物に適用できる。特に，疲労き裂のような微細なきずを検出しようとする場合には，染色浸透液の代わりに蛍光浸透液を用いた方が検出しやすい。ただし，きずの検出性能は磁粉探傷試験の方が一般に優れているので，磁粉探傷試験，浸透探傷試験のいずれも適用できる場合には，磁粉探傷試験の適用が望ましい。

(c) 適用上の注意事項

① 浸透探傷試験では前処理として，試験体表面を洗浄剤で清掃することが多いが，その直後の乾燥処理が不完全になると，きずの中に洗浄剤が残留し，肝心の浸透液が入らなくなり，きずの見落としを生じるので注意が必要である。
② 余剰浸透液の除去処理にも注意が必要で，過剰な除去処理によって，きずに浸透した浸透液まで，洗い流さないようにすることが大切である。
③ 現像剤をスプレーで塗布するが，塗膜が薄くても厚過ぎてもきずが検出しづらくなるので，適切な膜厚を確保する必要がある。

4.8.4 溶接内部の非破壊試験

(1) 放射線透過試験 (RT)

(a) 原理と特徴

放射線にはX線，γ線，α線，β線，電子線，中性子線などがあるが，溶接部の試験に広く利用されているのは，X線とγ線である。X線とγ線は発生の仕組が違うだけで，いずれも波長の短い電磁波である。

図 4.52 に放射線透過試験の原理を示す。試験体の底面側に放射線で感光するX線フィルムを置き，放射線を照射する。放射線は物体を透過する性質があるため，試験体を透過してフィルムに到達する。透過放射線強度は試験体の厚さが大きいほど弱くなるため，試験体の厚さが大きいほど撮影時間（露出時間）を長くする必要がある。もし，試験体中に空隙（きず）があると，その部分の透過放射

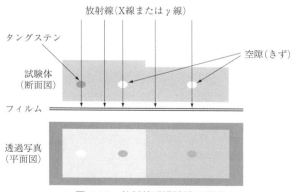

図 4.52　放射線透過試験の原理

線強度は周囲より増大し，フィルムを強く感光（黒化）させる。その結果，フィルムにはきずに対応した黒化像が形成される。また，ティグ溶接を用いた場合のタングステン巻込みの場合，タングステンの比重が大きく放射線を吸収しやすいため，フィルム上ではまわりより白く写る。

放射線の透過方向に奥行のあるポロシティ（ブローホール）やスラグ巻込みのような立体状のきずは明瞭に検出できるが，放射線の透過方向に直角で幅の狭いき裂（割れ），融合不良，ラメラテアおよび母材のラミネーションなどの検出は困難である。

(b) 溶接部への適用

JIS Z 3104：1995[46]では，透過写真を撮影するときの線源，試験体およびフィルムの配置を図 4.53 に示すように規定し，また放射線透過試験を用いて欠陥を検出するためには透過写真は一定の像質が必要であり，これを確認するために，透過度計の識別最小線径，透過写真の濃度範囲，および階調計の濃度差と母材の濃度の比を定めている。JIS Z 2306：2015[47]に規定している一般形の針金形透過度計は，図 4.54 に示すように線径を等比数列的に変化させた 7 本の針金で構成され，透過写真の像質を評価するためのゲージである。また階調計は，透過写真のコントラストを求めるために用いるもので，1 段形の正方形状のブロックであり，厚さと大きさの異なる 15 形，20 形および 25 形の 3 種類がある。透過度計，階調計は適正な撮影が行われたことを確認するため設置されるもので，重要な役

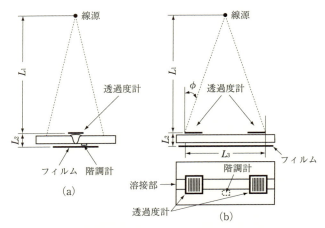

図 4.53　放射線透過試験法の撮影位置（JIS Z 3104：1995 確認 2015）

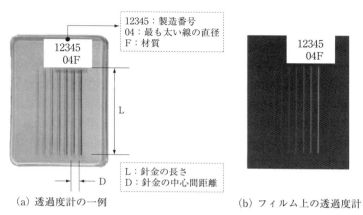

図 4.54　一般形の針金形透過度計とフィルム上での状況

割を果たしている。

撮影が完了すると，適正な観察器を用いて透過写真を観察し，必要条件を確認する必要がある．例えば，母材の板厚が 20mm の突合せ溶接部を通常の A 級の撮影を行った場合の透過写真の必要条件は，以下のように JIS Z 3104：1995 で規定している．

- 透過度計の識別最小線径：0.4mm（母材の厚さの 2％）
- 濃度範囲：1.3 以上 4.0 以下（きずの像以外の部分）
- 階調計の濃度差／母材の濃度：0.035 以上

透過写真で観察されたきずに対して，**表 4.45** に従ってきずの種別分けを行う．第 1 種および第 4 種のきずに対しては，特定の視野内におけるきずの長径と数から点数をつける．また第 2 種のきずに対しては，その長さを，さらに連続して存在する場合はそれらの間隔を考慮して，きず群の長さを測定する．これらのきず点数や長さによって，軽微なものから順に 1 類から 4 類まで分類して評価する．

表 4.45　きずの種別（JIS Z 3104：1995 確認 2015）

きずの種別	きずの種類
第 1 種	丸いブローホール及びこれに類するきず
第 2 種	細いスラグ巻込み，パイプ，溶込み不良，融合不良及びこれに類するきず
第 3 種	割れ及びこれに類するきず
第 4 種	タングステン巻込み

320　第4章　溶接施工・管理

ただし，第3種のきずは，すべて4類に分類する。[46]どのレベルまでを合格とするかは，仕様書などで規定している。

（c）適用上の注意事項

放射線透過試験では，取扱いミスなどで人体に放射線障害を与えられることのないよう管理区域，あるいは立入禁止区域を設けるなど管理体制を確立する必要がある。

（2）超音波探傷試験（UT）

（a）原理と特徴

人の耳に聞こえない高い音を超音波と定義し，この超音波の1秒間当りの振動数（周波数）は約20kHz以上である。超音波は，物体（試験体）の中を一定の速さで音の束となって直進し，伝搬（でんぱん）している途中に不連続部があると反射する性質がある。この性質を利用して試験体内部のきずの有無を調べる方法を超音波探傷試験という。

固体中では，縦波と横波の2種類の超音波が伝搬する。超音波の音速は周波数に無関係で，超音波の種類と伝搬する物体によって定まり，鋼中の縦波および横波の音速は，それぞれ5,900m/秒および3,230m/秒である。

超音波の波長λは，音速Cおよび周波数fを用いて（4.3）式で表される。

$$\lambda = C/f \quad\quad\quad\quad\quad\quad\quad\quad\quad\quad (4.3)$$

したがって，一定の物体の中では周波数が高くなると波長が短くなる。厳密には，超音波は少し広がりながら伝搬する。この広がりを指向角といい，波長に比例するので，周波数が高くなると指向角は小さくなり指向性は鋭くなる。

通常の鋼材では周波数が10MHz以上になると，数mmから数十mm伝搬すると超音波は著しく減衰（げんすい）する。また，逆に周波数が1MHz以下程度に低くなると超音波の広がりが大きくなり過ぎる。したがって，一般には2MHzから5MHzまでの周波数が使われている。

（b）垂直探傷による欠陥の検出

図4.55に垂直探傷の原理を示す。上図は試験体の断面と超音波の伝搬の様子を，下図はその時に得られる波形を示している。垂直探傷では探触子から発信された超音波パルスは，試験体表面に対して垂直に内部に伝搬し，きずや底面のよ

4.8 溶接部の非破壊試験法と検査 　*321*

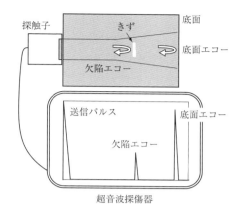

図 4.55　垂直探傷の原理

うな境界部で反射して同じ探触子で受信される。超音波探傷器の表示器はオシロスコープと同じ機能を有しており，横軸の伝搬時間から入射点と反射源との距離が測定される。

　超音波探傷試験では，反射法を用いれば片面からの検査が可能であり，また試験結果がその場で得られる利点がある。一方，試験体中に超音波を効率よく伝搬させるために，マシン油やグリセリンなどの液体を表面に塗布する必要があること，表面状況が超音波の伝搬状況に影響することがあることなど，に留意する必要がある。

　欠陥エコーの高さは，きずの形状，寸法，および方向により異なる。**図 4.56**（a）に示すように，平面状のきずに超音波が垂直に入射した場合には欠陥エコーは高くなる。しかし，図 4.56（b）に示すように球状のきずでは，超音波が四方

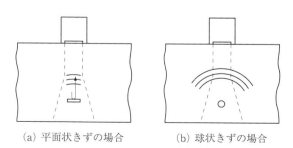

(a) 平面状きずの場合　　(b) 球状きずの場合

図 4.56　きずによる超音波の反射特性

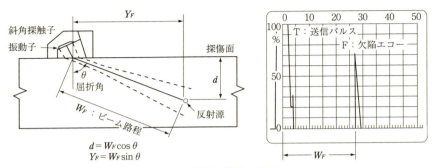

図 4.57　斜角探傷験の原理

八方に広がって反射されるため，高い欠陥エコーは得られない。また，超音波が平面状のきずに斜めに入射する場合は，反射波は別の方向に伝搬して，探触子にはあまり返ってこないため高い欠陥エコーは得られない。

(c) 斜角探傷による欠陥の検出

図 4.57 に，溶接部の探傷に一般的に用いられている斜角探傷法の原理を示す。斜角探傷法では超音波パルスを試験体中に斜めに入射させ，欠陥エコーを受信する。図に示した屈折角 θ としては，45°から 70°までのものがよく用いられる。この屈折角 θ とビーム路程 W_F を用いて，きずまでの水平距離 Y_F および試験体表面からきずまでの深さ d を求めることができる。

超音波パルスは，超音波探傷器の表示器に**図 4.57** の右図のように表示される。この表示器の横軸は超音波の伝搬距離に対応し，伝搬時間より入射点からきずまでのビーム路程 W_F が読みとれるようになっている。また，縦軸は反射の大きさを表している。

(d) 溶接部への適用

超音波探傷試験では，開口幅の狭いき裂，融合不良およびラメラテアのような溶接欠陥ならびに母材のラミネーションでも検出できる。しかし，ポロシティ（ブローホール）のような球状に近いきずは検出が困難である。また，表面近くのきずも検出困難である。また，欠陥エコーからきずの種類を判別することは難しい。

超音波探傷試験を用いて溶接欠陥を検出するためには，次の項目を考慮して試験条件を設定する必要がある。

① 探触子の走査範囲：試験範囲全体に超音波が伝搬するように決定する。

② 探触子感度の調整：欠陥エコーが，あるレベル以上で得られるように調整する．
③ ビーム路程の監視範囲：試験部からのエコーか，それ以外のものかを判別する．

欠陥エコー高さは，標準試験片または対比試験片に加工した人工欠陥（ドリル穴や直線溝）からのエコー高さと比較して測定される．このとき同一の形状，寸法のきずであっても，ビーム路程が長くなるとエコー高さは低くなる．これを補正するために，あらかじめエコー高さとビーム路程の関係（距離振幅特性曲線）を作成している．その一例を図 4.58 に示す．

図中でH線が測定された結果（エコー高さを最大値の80%に設定）であり，M線およびL線はそれぞれのビーム路程において，H線の1/2および1/4のエコー高さに相当する線を引いたものである．きずを評価する場合には，規格などによってどの線を対象とするかが規定されている．

開先面の融合不良を検出しようとする場合は，図 4.59 に示すように超音波が開先面に垂直に入射するように伝搬方向を決める必要がある．また，図 4.60 に示すような溶込不良を検出する場合には，余盛が邪魔になり超音波がきずに届かないことがあるため，屈折角として70°が多く用いられる．また，割れのように方向性が定まらないきずの場合には，多くの方向から探傷して，見落しのないように行う必要がある．欠陥エコーが検出された場合には，その位置から探触子を前後左右に少し動かして，最大の欠陥エコーが得られる位置を求める．

通常，鋼溶接部の超音波探傷試験では，まず対象とする溶接部全域に超音波が伝搬するように探触子を走査させ，規定されたエコー高さレベル（検出レベル）を超えるエコーを検出する．次に，そのエコー高さが最大となるように探触子を

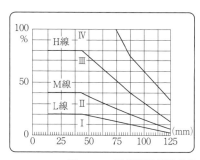

図 4.58　距離振幅特性曲線の例

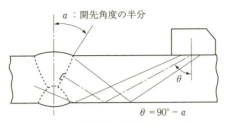

図4.59　開先面の融合不良の検出

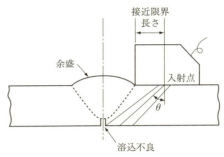

図4.60　余盛付き溶接部の片側溶込不良の検出

走査して，その時の探触子位置およびビーム路程からきずの位置を推定する。さらに，探触子を溶接線方向に走査（左右走査）して，エコー高さが所定の高さを超える範囲をきずの指示長さとして求める。そして，エコー高さときずの指示長さによってきずを評価し，軽微な順に1類から4類まで分類する。どのレベルまでを合格にするかは，仕様書で規定される。

(e) 適用上の注意事項

　超音波探傷試験は，鋼，アルミニウムなど多くの金属に用いられているが，オーステナイト系ステンレス鋼は，溶接部の結晶粒が粗大化するために超音波の散乱が大きく，横波による斜角探傷はほとんど不可能である。また，エレクトロスラグ溶接部も，同じ理由で超音波探傷試験の適用は困難である。

4.8.5　非破壊試験法の特性と適用

　前述したように，非破壊試験方法にはいろいろな種類があり，きずの検出原理が異なるために，試験方法によって検出が容易なきずと難しいきずがある。その

4.8 溶接部の非破壊試験法と検査　*325*

ため，きずの発生位置や種類に応じて適切な試験方法を選択し，場合によっては複数の試験方法を組み合わせて試験する必要がある。

表 4.46 に磁粉探傷試験，浸透探傷試験，放射線透過試験，および超音波探傷試験の特徴を，比較して示す。

4.8.6　新しい非破壊試験技術

（1）放射線透過試験のデジタル化

溶接構造物に対する放射線透過試験のデジタル化の取組みとしては，イメージングプレート（IP），すなわちフイルム状の記憶媒体で放射線の強度分布を記憶させ，専用の読み取り装置でデジタル画像として再生するコンピューテッドラジオグラフィ（CR）と呼ばれる方法が，最も多く用いられている。

表 4.46　各種非破壊試験方法の比較

試験方法		MT	PT	RT	UT
検出原理		磁化させた試験体に磁粉を散布し，磁粉模様できずを検出	試験体表面に浸透液を塗布し，きず内部に浸透した浸透液を現像剤で吸出し，きずを検出	放射線を試験体に照射し，透過放射線強度からきずを検出	超音波を試験体内に伝播させ，エコーの強度と位置より，きずを検出
材質	強磁性体	○	○	○	○
	非磁性体	×	○	○	○
きずの位置	表面	○	○（開口のみ）	×	×
	表面直下	○	×	○	×
	内部	×	×	○	○
きずの情報	種類の判別	○	○	○	×
	表面からの位置（距離）	－	－	×	○
	寸法　長さ	○	○	○	○
	寸法　高さ	×	×	×	○
その他の特徴	検出能	PT より優れる	MT より劣る	－	－
	安全管理	不要	必要	必要	不要
具体的な溶接欠陥		（微細な）割れピット	表面割れピット	ブローホールスラグ巻込み	割れ溶込不良融合不良

○：できる　×できない

326　第4章　溶接施工・管理

(2) 超音波探傷試験の自動化および画像化

　最近では，コンピュータの信号処理速度および記憶容量の増大にともなって，画像表示装置の高度化が図られ，記録をリアルタイムで画像化・映像化する装置が開発されるとともに，さらにそれを立体表示（3次元表示）できる装置も実用化されている。リアルタイムに画像収集ができるシステムの代表例としてTOFD法がある。TOFD法では探触子を溶接線方向に移動させるだけで探傷ができる。

　さらに，探触子の走査を電子的に行うフェーズドアレイ法が医療用に一般化されていたが，工業用に小型で簡易な装置が開発され，超音波探傷試験の主役に置き換わりつつある。

引用・参考文献

1) 溶接学会，日本溶接協会編：溶接・接合技術総論，p.287，産報出版，（2016）
2) 日本溶接協会溶接管理技術者評価委員会：溶接施工管理技術の進歩第4版第3改訂，p.260，日本溶接協会，（2016）
3) JIS Z 3410：2013（ISO 14731：2006）「溶接管理－任務及び責任」
4) 日本規格協会編：新版品質管理便覧，日本規格協会，（1977）
5) 矢野友三郎：世界標準ISOマネジメント，日科技連，（1998）
6) 通商産業省工業技術院資料
7) 久米均：品質保証の国際規格ISO規格の対訳と解説，日本規格協会，（1994）
8) 日本溶接協会溶接管理技術者評価委員会：溶接施工管理技術の進歩第4版第3改訂，p.13-21，日本溶接協会，（2016）
9) ISO 9001：2008（JIS Q 9001：2008）「品質マネジメントシステム－要求事項－」
10) ISO 3834：1994「溶接の品質要求事項－金属材料の融接－」
11) JIS Z 3400：2013（ISO 3834：2005MOD）「金属材料の融接に関する品質要求事項」
12) JIS Q 9001：2015（ISO 9001：2015）「品質マネジメントシステム－要求事項－」
13) JIS Z 8101-2：1999（確認 2005）「統計－用語と記号－第2部：統計的品質管理用語」
14) JIS Z 3420：2003「金属材料の溶接施工要領及びその承認－一般原則－」
15) JIS Z 3421-1：2003「金属材料の溶接施工要領及びその承認－アーク溶接の溶接施工要領書－」
16) JIS Z 3422-1：2003「金属材料の溶接施工要領及びその承認－第1部：鋼のアーク溶接及びガス溶接並びにニッケル及びニッケル合金の溶接」
17) 尾上，小林：現代溶接技術体系第18巻「溶接施工管理・安全衛生」，産報出版，（1980）
18) 寺井，山田：現代溶接技術体系第19巻「溶接の生産性」，産報出版，（1980）
19) 日本船舶海洋工学会工作研究委員会編：JSQS日本鋼船工作法精度標準船殻関係，（2010）
20) 日本溶接協会溶接管理技術者評価委員会：溶接施工管理技術の進歩第4版第3改訂，p.280，日本溶接協会，（2016）
21) 溶接学会編：溶接接合工学の基礎，丸善，（1993）

4.8 溶接部の非破壊試験法と検査　*327*

22）日本道路協会編：道路橋示方書（Ⅰ共通編Ⅱ鋼橋編）同解説，丸善出版，（2012）

23）JIS Z 3703：2004（ISO 13916：1996MOD）「溶接－予熱温度，パス間温度及び予熱保持温度の測定方法の指針」

24）JIS Z 3312：2009「軟鋼，高張力鋼及び低温用鋼のマグ溶接及びミグ溶接ソリッドワイヤ」

25）結城，中西：実用講座溶接構造物規格の比較－鉄鋼構造物－，溶接学会誌，第 67 巻第 8 号，p.611，（1998）

26）大月，千葉ら：マグ溶接における建築鉄骨柱－梁接合部の溶接入熱およびパス間温度の工場管理方法の検討，宮地技報，17 号，p.33-40，（2001）

27）日本規格協会編：実用溶接データブック造船・海洋構造物，（1985）

28）JIS Z 3700：2009「溶接後熱処理方法」

29）日本橋梁建設協会編：溶接止端部仕上げの手引，日本橋梁建設協会，（2012）

30）労働安全衛生法施行令昭和 47 年 8 月 19 日政令第 318 号（最新改正 平成 24 年 9 月 20 日政令第 241 号）

31）労働安全衛生規則昭和 47 年 9 月 30 日労働省令第 32 号（最新改正 平成 24 年 10 月 1 日労働省令第 143 号）

32）小笠原：安全と健康，中央労働災害防止協会，第 57 巻第 5 号，p.20-21，（2006）

33）JIS T 8141：2016「遮光保護具」

34）中央労働災害防止協会編：アーク溶接等作業の安全－特別教育用テキスト－，中央労働災害防止協会，p.118，（2009）

35）WES 9002-2：2016「溶接，熱切断及び関連作業における安全衛生第 2 部：ヒュームおよびガス，日本溶接協会

36）粉じん障害防止規則昭和 47 年 9 月 30 日省令第 18 号（最新改正 平成 24 年 2 月 7 日労働省令第 19 号）

37）JIS C 9311：2011「交流アーク溶接機用電撃防止装置」

38）容器保安規則昭和 41 年 5 月 25 日通商産業省令第 50 号

39）JIS K 6333：1999「溶断用ゴムホース」

40）JIS K 6333：1999AMENDMENT 1：2001「溶断用ゴムホース（追補 1）」

41）芳司，池田ら：産業用ロボットによる労働災害の分析とアンケート結果に基づく規則改正の提言，労働安全衛生研究，第 5 巻第 1 号，p.3-15，（2012）

42）厚生労働省安全衛生部安全課資料，（2013）

43）荒谷：はじめてのレーザ溶接，p.167，産報出版，（2014）

44）JIS C 6802：2014「レーザ製品の安全基準」

45）日本鍛接機械工業会レーザ・プラズマ専門部会編：レーザ加工機取扱作業者用安全講習テキスト，p.19，（2010）

46）JIS Z 3104：1995（確認 2015）「鋼溶接継手の放射線透過試験方法」

47）JIS Z 2306：2015「放射線透過試験用透過度計」

・溶接学会編：新版溶接・接合技術入門，産報出版，（2008）

・溶接学会，日本溶接協会編：溶接・接合技術総論，産報出版，（2016）

・日本溶接協会「溶接用語事典」執筆・編集グループ編：溶接用語事典，産報出版，（2011）

・溶接学会編：溶接・接合便覧 第 2 版，丸善，（2003）

・溶接学会編：溶接・接合概論，産報出版，（2000）

328　　第 4 章　溶接施工・管理

・日本溶接協会溶接管理技術者評価委員会：溶接施工管理技術の進歩第 4 版第 3 改訂，日本溶接協会，（2016）
・原沢：溶接接合教室溶接施工計画と溶接施工管理，溶接学会誌，第 77 巻第 6 号，（2008）
・日本非破壊検査協会編：非破壊検査便覧，日刊工業新聞社，（1992）
・日本溶接協会棒部会編：マグ溶接の欠陥と防止対策，産報出版，（1991）

索　引

アルファベット順

ギリシャ文字

$\Delta t_{8/5}$	92
δ フェライト	128

数字

0.2％耐力	150
1パス溶接	48
1パルス1溶滴移行	48
4M	244
9％Ni鋼	88
475℃ぜい化	135

英字

A_1 変態温度	80
A_3 変態温度	80
A-TIG	27
CAD	65
CCT図	96
CO_2 レーザ	306
CO の許容濃度	297
Cr-Mo 鋼	89
Cr 欠乏層	130
Cr 炭化物	130
F 値	206
HV	156
H 形開先	178
ISO 3834	220
ISO 9000s	217
ISO 9712	221

ISO 14731	221
I 形開先	178
JIS C 9311	299
JIS T 8161	304
JIS Z 3104	318
JIS Z 3421-1	228
JIS Z 3422-1	231
JIS Z 3700	271
JIS Z 3703	259, 261
PDCA サイクル	218
PWHT	175
PWHT（溶接後熱処理）	271
QC サークル活動	219
SM 材	82
S-N 曲線	164
SN 材	83, 150
S-N 線図	164
SR 割れ	107
SS 材	82
$t_{8/5}$	92
TMCP 鋼	85
TOFD 法	326
TQC	218
T 継手	182
U リブ	162
V 形開先	178
V 形切欠き試験片	159
X 形開先	178
YAG レーザ	60, 306

五十音順

あ

アーク	13
アーク圧力	22
アークスタッド溶接	53
アークセンサ	67
アークタイム率	243
アーク柱電圧	16
アーク柱領域	15
アーク長	16
アーク電圧	16
アーク電圧フィードバック制御	51
アークの温度	16
アークの構造	16
アークの硬直性	22
アークの効率	19
アークの電力	15
アーク発熱	35
アークプラズマ	15
アーク溶接	10
アーク溶接ロボット	64
アーク力	22
アウトプット	241
青光（ブルーライト）	293
アクティブ・ティグ溶接	27
アシストガス	73
暑さ指数（WBGT）	304
圧接	10, 211
圧力容器	210
当て金継手	184
アプセット溶接	57
アブレシブウォータージェット（研磨材添加水噴流）切断	74
アルゴン	15
アルミニウム	137
アルミニウム合金	137, 212
安全器（逆火防止器）	302
安全基準	307
安全電圧	299

安全プラグ	306
安全率	200, 206
アンダカット	27, 287
安定化ステンレス鋼	131
安定化熱処理	131

い

イオンシース	16
移行式プラズマアーク	42
異材溶接	135
板厚方向の絞り値	84
一次防錆塗料	249, 284
一様伸び	149
一酸化炭素中毒	297
一定応力	166
一般構造用圧延鋼材	82
イメージングプレート（IP）	325
色識別	302
陰極降下電圧	16
陰極降下領域	15
陰極点	41
インバータ回路	33
インバータ制御交流溶接電源	33
インバータ制御電源	33
インプット	241

う

ウィービング	67
ウィービング幅	285
ウェルドディケイ	130
ウォータージェット切断	74
埋れアーク	25
裏当て金	178, 252
裏はつり	179, 268
裏はつり形状	268
裏はつり検査	268
裏溶接	268
上向	12

え

エアアークガウジング……	269, 288, 304
エアプラズマ切断……………………	72
エアラインマスク……………………	297, 303
鋭敏化…………………………	130, 167
液化割れ………………………………	106
エネルギー遷移温度…………………	161
エネルギー遷移曲線…………………	159
エピタキシャル成長…………………	93
エレクトロガスアーク溶接…………	48
エレクトロスラグ溶接………………	54
円孔……………………………………	154
延性………………………………	150, 156
延性－ぜい性遷移現象………………	159
延性低下割れ…………………………	106
延性破壊………………………………	150
延性破面率……………………………	159
円筒殻…………………………………	152
エンドタブ………………………	198, 253

お

尾………………………………………	186
横弾性係数……………………………	147
欧米型アプローチ……………………	219
応力……………………………………	145
応力繰返し数…………………………	162, 163
応力集中………………	153, 162, 165, 180
応力集中係数…………………………	155, 165
応力集中部……………………………	161, 273
応力除去焼鈍割れ……………………	107
応力比…………………………………	163
応力腐食割れ………………	132, 166, 174
応力振幅………………………………	163, 164
オーステナイト………………………	78
オーステナイト系ステンレス鋼	124, 167
オーバマッチ…………………………	155
遅れ割れ………………………	102, 133
許容濃度………………………………	297
オフラインティーチング……………	65
温度チョーク…………………………	260

か

加圧力…………………………………	55
貝殻模様………………………………	163
外観試験………………………………	310
開先……………………………………	177
開先位置………………………………	68
開先角度………………………………	178, 250
開先加工………………………………	249
開先精度管理…………………………	250
開先深さ………………………	178, 188
開先溶接………………………………	187
改善提案活動…………………………	219
階調計…………………………………	318
回転……………………………………	64
回転変形………………………………	173, 267
外部特性………………………………	28
解離エネルギー………………………	18
外力……………………………………	143
化学反応熱……………………………	71
拡散性水素……………	102, 257, 271, 280
拡散性水素量…………………………	167
角変形…………………………………	173
角膜障害………………………………	308
重ね継手………………	183, 205, 211
可視光…………………………………	291
過時効…………………………………	139
ガス圧接継手…………………………	211
ガス炎加熱法…………………………	259
ガスガウジング………………………	270
カスケード法…………………………	267
ガスシールドアーク溶接……………	13
ガス切断………………………	70, 248
ガセット………………………………	209
画像処理………………………………	68
硬さ試験………………………………	156
片振り試験……………………………	163
活性ガス………………………………	44
活性フラックス………………………	27
カップアンドコーン…………………	149
可動鉄心形電源………………………	31

角継手	183	切欠き助長割れ	264
可燃性ガス	301	切欠きじん性	161
下部ベイナイト	81	均一伸び	149
上降伏点	149	禁止継手	194
換算溶接長	233	金属熱	294
完全溶込み開先溶接	188, 195	（金属）疲労	162
完全溶込み溶接	178, 179		
感電	298		

き

キーホール	43
キーホール溶接	43
機械的矯正法	277
機械的性質	148
機械的方法	249
希釈率	93
基準強さ	200, 206
きず	310
きずの種別	319
基線	186
気体放電	14
気体レーザ	60
技能伝承	248
基本記号	186
脚長	196
逆ひずみ法	176, 276
逆火	302
球殻	152
休憩設備	296
吸収エネルギー	159
給電	44
凝固組織	93
凝固割れ	105, 281
教示作業	306
強度等級	209
極間法	313
局部加熱急冷法	176
局部溶融	105
許容応力	199, 206
許容使用率	36
距離振幅特性曲線	323

くびれ変形	149
グラビティ溶接	49
クリーニング作用	141, 212
クリーニング（清浄）作用	41
クリープ	166
クリープ速度	166
繰返し応力	163
繰返し荷重	179
繰返し負荷	162
グルーブ	177
クレータ	198
グロビュール移行	24

け

継手効率	155
継手設計	193
欠陥エコー	321
欠陥率	156
検査待ち時間	227, 234
建築構造用圧延鋼材	83
現場溶接	191
研磨材（アブレシブ）	75

こ

高温環境	166
高温用鋼	88
高温割れ	105, 129, 139
硬化	257, 281
鋼構造設計規準	204, 206
鋼構造物の疲労設計指針・同解説	207
高サイクル疲労	165
高周波高電圧方式	39
高周波交流	33

降伏現象	149	酸化反応	70
高所作業	302	酸化皮膜	41
剛性	147	酸化ランタン	39
剛性率	147	産業用ロボット	305
拘束ジグ	176, 276	酸素	71
拘束割れ	266	酸素欠乏	297, 303
後退法	267	残留液膜	105
高張力鋼	84	残留応力	167, 174
工程能力	223	残留応力の除去	175

し

降伏応力	148	シーム溶接	56, 181
降伏点	148	シールドガス	13, 121
降伏点伸び	149	シェフラ組織図	128
降伏比	84, 86, 150	シェブロンパターン	158
光網膜炎	293	紫外線	292
交流アーク	23	視覚センサ	68
交流ティグ溶接	40	時間強度	164, 165
交流溶接	49	磁気吹き	22
高力ボルト	167	識別管理	244
呼吸用保護具	296	質別記号	138
固体レーザ	61	シグマ相ぜい化	134, 135, 136
黒化像	318	指向角	320
コンジットケーブル	34, 44	時効ぜい化割れ	107
コンタクトチップ	44	仕事関数	41
コンピューテッドラジオグラフィ（CR）		自己平衡力	170
	325	下向	12
混粒域	96	湿式蛍光磁粉	313

さ

		磁粉探傷試験	312
最高硬さ	97	絞り	150
最小応力	163	下降伏点	149
サイズ	196, 204	シャーリップ	149
最大応力	163	斜角探傷	322
再点弧電圧	23	遮光度番号	293
再熱割れ	107, 282	遮光板	308
サイリスタ制御電源	32	遮光めがね	293
座屈	174	斜方すみ肉溶接	180
座屈変形	173, 265	シャルピー衝撃試験	159
作動ガス	42, 72	十字継手	182
サブマージアーク溶接	50	縦弾性係数	147
酸化セリウム	39	縦弾性率	147
酸化トリウム	39		

334 索引

充填圧力	302
ジュール熱	15
小集団活動	219
承認範囲	231
承認前の溶接施工要領書（pWPS）	229
上部棚エネルギー	159
上部ベイナイト	80
ショートビード	289
初析フェライト	80
ショルダ	63
シリーズアーク	43, 73
ジルコニウム	73
審査・登録制度	218
じん性	158, 159
心線	49, 111
浸炭層	137
浸透探傷試験	314
じん肺	294
じん肺法	290

す

垂下特性	28
水素割れ	167
垂直応力	145, 199
垂直破壊	149
垂直ひずみ	146
水冷銅当て金	48, 54
水冷銅板	252
数値制御（NC）形	64
スカラップ	209, 266
スタッド	53
垂直探傷	320
ステンレス鋼	124
ストレートウォータージェット（通常水噴流）切断	74
ストロングバック	252
スパッタ	24, 46
スプレー移行	26
すみ肉溶接	179, 195, 204
すみ肉溶接継手	155
スラグ巻込み	285

スラグ浴	54
スロット溶接	180

せ

生産性向上	242
生産能力	223
ぜい性き裂	158
ぜい性破壊	157, 174
ぜい性破面率	159
製造品質	223
静的強度	148, 174
赤外線	293
絶縁形溶接棒ホルダ	299
設計品質	223
切断酸素	71
切断ノッチ	248
切断溝	71
セメンタイト	80
セルフシールドアーク溶接	52
遷移温度	160
旋回	64
センサ	66
線状加熱	176
センシング	68
全体換気	295
せん断応力	145, 199
せん断弾性係数	147
せん断破壊	149
せん断ひずみ	147
せん断力	145
全長多層法	266
線膨張係数	167, 212
前面すみ肉溶接	180

そ

送気マスク	297, 303
相変態	78
側面すみ肉溶接	180
塑性ひずみ	149
塑性変形	149
速乾式現像剤	316

索引　*335*

ソフトトウ……………………… 209	チッピング………………………… 288
ソリッドワイヤ…………… 45, 120	遅動時間…………………………… 299
細粒域……………………………… 96	千鳥断続すみ肉溶接………… 180, 190
粗粒域……………………………… 95	柱状晶……………………………… 93
	中立面……………………………… 151

た

耐火鋼……………………………… 89	超音波……………………………… 320
大気放置時間……………………… 246	超音波探傷試験…………………… 320
耐久限……………………………… 164	超音波パルス……………………… 322
耐候性鋼…………………………… 89	超高張力鋼………………………… 85
対称法……………………………… 267	調質鋼……………………………… 85
大ブロック化……………………… 243	直後熱………………… 104, 271, 281
倒れ止めピース…………………… 253	直流高電圧方式…………………… 39
たがねはつり……………………… 270	直角座標形………………………… 64
多関節形…………………………… 64	散り………………………………… 56
立向…………………… 12, 48, 54	

つ

タック溶接………………………… 252	通電時間…………………………… 55
脱酸剤…………………… 112, 121	ツール……………………………… 63
脱炭層……………………………… 137	疲れ………………………………… 162
縦収縮……………………………… 172	疲れ限度…………………………… 164
縦波……………………………… 320	疲れ強さ…………………………… 163
縦曲り変形………………………… 172	

て

妥当性の再確認…………………… 221	ティーチング……………………… 64
ダブルアーク………………… 43, 73	低温用鋼…………………………… 87
タングステン………………… 37, 73	低温割れ 102, 133, 167, 257, 271, 280, 289
炭酸ガス…………………………… 20	定格出力電流……………………… 36
炭酸ガスアーク溶接……………… 44	定格使用率………………………… 36
炭酸ガスレーザ…………………… 60	ティグ溶接………………………… 37
弾性ひずみ………………………… 149	抵抗スポット溶接………………… 55
弾性変形…………………………… 148	抵抗発熱……………………… 15, 35
断続すみ肉溶接……………… 180, 190	抵抗溶接…………………………… 55
炭素鋼……………………………… 77	低サイクル疲労…………………… 165
炭素当量…………………………… 97	低水素系被覆アーク溶接棒……… 116
炭素当量（Ceq）…………… 257, 280	ディスクレーザ…………………… 61
断面係数…………………………… 151	定速送給…………………………… 30
断面減少率………………………… 150	低炭素ステンレス鋼…………… 124, 131
短絡移行…………………………… 24	定電圧特性………………………… 28
短絡移行制御……………………… 46	定電流特性………………………… 28
	低変態温度溶接材料……………… 171

ち

窒素酸化物（NOx）……………… 297	低力率……………………………… 23

336　索　引

適正シールドガス流量 ················· 285
テクニカルレビュー ············ 223, 225
デザインレビュー ····················· 223
鉄筋 ································· 211
デミング ···························· 218
電圧設定 ···························· 35
電位差 ································ 16
電気化学 ···························· 167
電気性眼炎 ·························· 293
電極接触方式 ························ 39
電撃防止装置 ························ 299
電源の自己制御作用 ················· 31
電子シース ·························· 17
電磁的ピンチ効果 ···················· 20
電磁波 ······························ 317
電子ビーム溶接 ····················· 59
電磁ピンチ力 ························ 20
電動ファン付き呼吸用保護具 ········· 296
テンパビード ·················· 283, 289
電離エネルギー ····················· 17
電流設定 ···························· 35
電流－電圧特性 ····················· 15

と

透過度計 ···························· 318
等価連続容量 ························ 235
等脚すみ肉溶接 ····················· 188
統計的品質管理 ····················· 217
動作点 ······························ 28
道路橋示方書 ························ 204
トーチ狙い位置 ····················· 67
トーチの位置情報 ··················· 67
特殊工程 ···························· 220
突合せ継手 ·························· 182
突合せ抵抗溶接 ····················· 57
とつすみ肉 ·························· 180
トップマネジメント ················· 224
トランジスタ ························ 33
トリア ······························ 39
トルク ······························ 151
トレーサビリティ ·········· 227, 245, 275

ドロップ移行 ························ 25

な

内圧 ································ 152
内部欠陥 ······················ 279, 288
ナイフラインアタック ··············· 131
内力 ································ 143
ナゲット ···························· 55
梨型ビード割れ ····················· 106
梨形割れ ···························· 281
軟鋼 ································ 82
難聴 ································ 304

に

肉盛溶接 ···························· 181
二相加熱域 ·························· 96
二相ステンレス鋼 ··················· 124
日程計画 ···························· 234
日本型アプローチ ··················· 219
日本産業衛生学会 ··················· 297
日本適合性認定協会（JAB）········· 219

ね

ねじりモーメント ··················· 151
熱応力 ·························· 168, 169
熱間加工 ···························· 249
熱効率 ······························ 19
熱処理チャート ····················· 271
熱切断 ······························ 70
熱中症 ······························ 303
熱的矯正法 ·························· 277
熱的ピンチ効果 ····················· 20
熱的方法 ···················· 175, 249, 277
熱伝導 ······························ 212
熱膨張 ······························ 168
燃料ガス ···························· 71

の

ノズル電極 ······················ 42, 72
ノズル－母材間距離 ················· 285
のど厚 ······························ 195

索引　337

伸ばし代……………………… 276	ビーム路程………………………… 322

は

パーテーション………………… 308	光切断センサ……………………… 68
ハードトウ……………………… 209	光センサ…………………………… 68
パーライト………………………… 80	光ファイバー……………………… 61
パーライト変態…………………… 80	ひずみ時効…………………… 91, 96
配員管理…………………………… 248	飛石法……………………………… 267
パイロットアーク………………… 42	非調質鋼…………………………… 85
パウダ切断………………………… 71	ビッカース硬さ試験……………… 156
鋼床版……………………………… 162	必須確認項目
白内障……………………………… 292	（エッセンシャル・バリアブル）…… 228
爆発限界…………………………… 301	ピット……………………………… 12
パス間温度………………………… 260	引張試験…………………………… 148
バタリング………………………… 182	引張強さ…………………………… 149
破断寿命…………………………… 163	非熱切断…………………………… 70
発火温度…………………………… 71	非破壊検査…………………… 191, 309
発振波長…………………………… 60	非破壊検査技術者………………… 236
ハフニウム………………………… 73	非破壊試験………………………… 309
はめ込み溶接……………………… 266	被覆アーク溶接…………………… 49
破面遷移温度……………………… 161	被覆アーク溶接棒……… 112, 115, 116
破面遷移曲線……………………… 159	被覆剤…………………………… 13, 112
ばり………………………………… 62	ヒューム…………………………… 52
パルスアーク溶接………………… 39	非溶極式（非消耗電極式）溶接…… 11
パルス期間…………………… 40, 47	標準乾燥条件……………………… 246
パルス周波数……………………… 40	標準積層方法……………………… 263
パルスティグ溶接………………… 39	表面温度計………………………… 260
パルス電流…………………… 40, 48	表面欠陥…………………… 272, 279
パルスパラメータ………………… 40	表面酸化皮膜……………………… 41
パルスマグ溶接…………………… 47	表面張力…………………………… 26
パルスミグ溶接…………………… 47	疲労………………………………… 162
はんだ付…………………………… 10	疲労強度………… 162, 165, 174, 209
半導体レーザ……………………… 61	疲労強度の改善…………………… 166
反発移行…………………………… 24	疲労き裂…………………………… 163
ハンピング………………………… 27	疲労限度…………………………… 164
	疲労試験…………………………… 163

ひ

	疲労寿命…………………………… 163
	疲労設計…………………………… 207
非移行式プラズマアーク………… 43	疲労破壊…………………………… 162
ビーチマーク……………………… 163	品質管理…………………………… 217
ビード止端部の曲率半径………… 273	品質基準…………………………… 274
ビード止端部の仕上げ…………… 273	品質記録…………………………… 274
	品質方針…………………………… 224

338 索引

品質保証システム	217
ピンニング効果	91

ふ

ファイバーレーザ	60, 306
フィルタプレート	293
フェーズドアレイ法	326
フェライト	78
フェライト系ステンレス鋼	124
フェライト変態	80
フェライト量	128, 282
フェルール	53
不可視光線	307
不活性ガス	37
複合すみ肉溶接	180
腐食環境	166
フックの法則	147
プッシュ式ワイヤ送給	34
プッシュ／プル式ワイヤ送給	34
不等脚すみ肉溶接	189
太径ワイヤ	51
部分変態域	96
部分溶込み溶接	178, 179, 188, 195
部分溶込み溶接継手	155
プライマ	249, 284
プラグ溶接	180
プラズマ	14
プラズマアークガウジング	270
プラズマアーク溶接	42
プラズマガス	42, 72
プラズマ気流	21
プラズマジェット	43
プラズマ切断	72, 248
フラックス	13, 122
フラックス入りワイヤ	45, 120
フラッシュ溶接	58
フランジ継手	184
ブリネル硬さ試験	156
プル式ワイヤ送給	34
フレアグルーブ溶接	178
フレア溶接	178, 211

プレイバック形	64
不連続部	310
プローブ	63
ブローホール	12
プロジェクション溶接	56
プロセスの妥当性確認	220
ブロック法	267
プロッド法	313
粉じん障害防止規則	295

へ

平均応力	163, 174
平均電流	48
平衡状態図	78
ベイナイト	80
並列断続すみ肉溶接	180, 190
ベース期間	40, 47
ベース電流	40, 47
へこみすみ肉	180
ヘリウム	17
へり継手	184
変圧器	32
変態	78
変動応力範囲	164
変動荷重	163

ほ

放射線透過試験	317
防じんマスク	296
棒プラス（EP）極性	41
棒マイナス（EN）極性	40
ホースマスク	297
保管管理	244
母材の位置情報	66
補修溶接	287
補修溶接施工記録	288
補修溶接施工要領書	288
補修溶接の手順	287
補助ガス	72
補助記号	186
細径ワイヤ	43

索引　*339*

ポロシティ………………… 12, 139, 284	焼ならし…………………………………… 81
ポロシティ（気孔）…………………… 109	焼戻し……………………………………… 81
ボンドぜい化……………………………… 100	焼戻しマルテンサイト…………………… 82
ボンド部…………………………………… 92	ヤング率………………………… 147, 148
ボンドフラックス………………………… 122	
ボンドマルテンサイト…………………… 136	

ゆ

有害ガス………………………………… 297
有害光…………………………………… 292
有効のど断面積………………………… 195
融合不良………………………………… 286
有効溶接長さ………………… 195, 197, 204
融接……………………………………… 9

ま

マグ溶接…………………………………… 43
曲げ応力………………………………… 151
曲げ試験………………………………… 156
曲げモーメント……………………… 145, 151
摩擦圧接…………………………………… 62
摩擦撹拌接合（FSW）…………… 62, 212
摩擦撹拌点接合（FSSW）……………… 63
マランゴニ対流…………………………… 26
マルテンサイト…………………………… 80
マルテンサイト系ステンレス鋼…… 124
マルテンサイト変態……………………… 80
回し溶接………………… 198, 206, 266

よ

溶落ち……………………………………… 27
溶加材……………………………………… 37
陽極降下電圧……………………………… 16
陽極降下領域……………………………… 16
溶極式（消耗電極式）溶接…………… 11
溶込み不足………………………………… 27
溶込不良………………………………… 286
溶込み率…………………………………… 93
溶剤除去性染色浸透液………………… 316
溶射………………………………………… 43
溶接………………………………………… 9
溶接入熱…………………………… 92, 170
溶接入熱制限…………………………… 263
溶接オペレータ………………………… 237
溶接環境………………………………… 256
溶接管理技術者………………………… 236
溶接記号………………………………… 185
溶接技能者……………………………… 237
溶接技能者管理………………………… 248
溶接金属………………………………… 10
溶接継手形状……………………………… 68
溶接欠陥…………… 155, 156, 158, 166
溶接検査技術者………………………… 237
溶接構造の疲労設計…………………… 209
溶接構造用圧延鋼材……………………… 82
溶接コスト計画………………………… 241
溶接後熱処理…………………………… 175

み

ミグ溶接…………………………………… 43
耳栓……………………………………… 304
未溶着部………………………………… 179

む

無負荷電圧………………………… 23, 299

め

目違い修正ピース……………………… 253

も

毛細管現象……………………………… 314
網膜障害………………………………… 307
モーメント……………………………… 145

や

矢………………………………………… 186
焼入れ……………………………………… 81
焼なまし…………………………………… 81

340 索引

溶接後熱処理（PWHT）割れ …… 107
溶接後の検査…………………… 240
溶接残留応力　161, 162, 169, 174, 271, 275
溶接始終端部…………………… 198
溶接姿勢…………………………… 12
溶接止端仕上げ………………… 162
溶接順序………………… 176, 263
溶接生産性……………………… 241
溶接施工計画書………………… 225
溶接施工法試験（WPT, WPQT）… 229
溶接施工法承認記録（WPQR）…… 229
溶接施工要領書（WPS）……… 227
溶接設備計画…………………… 234
溶接線…………………… 50, 68
溶接速度………………………… 27
溶接中の検査…………………… 240
溶接電源………………………… 28
溶接電流………………………… 27
溶接トーチ………………… 34, 38
溶接長さ………………………… 197
溶接熱影響部…………………… 161
溶接ビード……………………… 26
溶接ヒューム…………………… 294
溶接深さ………………………… 188
溶接変形………… 170, 171, 175, 275
溶接棒…………………………… 49
溶接棒ホルダ…………………… 49
溶接前の検査…………………… 314
溶接要員認証制度……………… 238
溶接用ジグ……………………… 256
溶接ロボット…………………… 64
溶接ワイヤ……………… 117, 122
溶接割れ感受性指数…………… 103
溶接割れ感受性組成…………… 102
溶接割れ感受性組成（P_{CM}）… 257, 280
溶接割れ試験…………………… 110
溶着金属………………………… 37
溶着順序………………………… 176
溶着速度………………………… 243
溶着法…………………………… 267
溶着量…………………………… 172

溶滴……………………………… 24
溶滴移行形態…………………… 24
溶融境界部……………………… 92
溶融金属………………………… 12
溶融スラグ……………………… 49
溶融線熱影響部ぜい化………… 100
溶融池…………………………… 13
溶融池内の対流………………… 26
溶融フラックス………………… 122
横収縮…………………… 172, 267
横波……………………………… 320
横向……………………………… 12
予熱…………………… 104, 257
予熱炎…………………………… 71
予熱温度………………………… 258
予熱ガス………………………… 71
予熱限界温度…………………… 104
予熱の範囲……………………… 259
予熱の方法……………………… 259
余盛止端………………………… 165

ら

ラミネーション………………… 322
ラメラテア……………… 108, 283

り

力線……………………………… 154
リモコンボックス……………… 34
粒界腐食………………………… 130
粒界偏析………………………… 105
両振り試験……………………… 163
理論のど厚……………… 195, 205
臨界電流………………… 26, 47

る

ルート間隔……………… 178, 250
ルート半径……………………… 178
ルート面………………… 178, 250

れ

冷間加工………………… 91, 249

冷却時間‥‥‥‥‥‥‥‥‥‥‥‥ 92
冷却収縮‥‥‥‥‥‥‥‥‥‥‥‥ 170
冷却速度‥‥‥‥‥‥‥ 92, 257, 281
レーザ・アークハイブリッド溶接‥‥ 62
レーザ管理区域‥‥‥‥‥‥‥‥‥ 308
レーザ光‥‥‥‥‥‥‥‥ 60, 68, 73
レーザ切断‥‥‥‥‥‥‥‥‥ 73, 248
レーザポイントセンサ‥‥‥‥‥‥‥ 68
レーザ溶接‥‥‥‥‥‥‥‥‥‥‥ 60
レ形開先‥‥‥‥‥‥‥‥‥‥‥ 178
連続すみ肉溶接‥‥‥‥‥‥‥‥ 180
連続溶接‥‥‥‥‥‥‥‥‥‥‥ 36
連続冷却変態図‥‥‥‥‥‥‥‥ 96

ろ

漏洩磁束‥‥‥‥‥‥‥‥‥‥ 31, 312

ろう接‥‥‥‥‥‥‥‥‥‥‥‥ 10
労働安全衛生規則‥‥‥‥‥ 300, 301, 302
労働安全衛生法‥‥‥‥‥‥‥‥ 290
ローレンツ力‥‥‥‥‥‥‥‥‥ 20
炉内加熱‥‥‥‥‥‥‥‥‥‥‥ 271
ロボット‥‥‥‥‥‥‥‥‥‥‥ 64

わ

ワイヤ‥‥‥‥‥‥‥‥‥‥‥‥ 43
ワイヤカット放電切断‥‥‥‥‥‥ 70
ワイヤ送給‥‥‥‥‥‥‥‥‥‥ 34
ワイヤ送給量‥‥‥‥‥‥‥‥‥ 35
ワイヤタッチセンサ‥‥‥‥‥‥‥ 66
ワイヤ突き出し長さ‥‥‥‥‥‥ 286
ワイヤ溶融量‥‥‥‥‥‥‥‥‥ 35

新版改訂 溶接・接合技術入門

定価はカバーに表示してあります。

2019 年 3 月 20 日　　初　版第 1 刷発行
2021 年 3 月 10 日　　第 2 版第 1 刷発行
2023 年 3 月 10 日　　第 3 版第 1 刷発行
2025 年 3 月 10 日　　第 4 版第 1 刷発行

編　者　　一般社団法人溶接学会
　　　　　一般社団法人日本溶接協会
発行者　　大友　亮
発行所　　産報出版株式会社
　　　　　〒 101-0025　東京都千代田区神田佐久間町 1 丁目 11 番地
　　　　　TEL03-3258-6411／FAX03-3258-6430
　　　　　ホームページ　https://www.sanpo-pub.co.jp/
印刷・製本　　株式会社精興社

©Japan Welding Society, The Japan Welding Engineering Society, 2019　ISBN978-4-88318-179-7 C3057

万一，乱丁，落丁等がございました場合は，発行所でお取り替えいたします。